# 玉石学基础

## YUSHI XUE JICHU

(第3版)

卢保奇 编著

上海大学出版社
·上海·

图书在版编目(CIP)数据

玉石学基础/卢保奇编著. —3版. —上海：上海大学出版社，2021.3(2023.1重印)
ISBN 978-7-5671-4166-7

Ⅰ.①玉… Ⅱ.①卢… Ⅲ.①玉石-基本知识 Ⅳ.①TS933.21

中国版本图书馆CIP数据核字(2021)第025796号

编辑/策划　赵　宇　江振新
封面设计　柯国富
技术编辑　金　鑫　钱宇坤

**玉石学基础(第3版)**

卢保奇　编著
上海大学出版社出版发行
(上海市上大路99号　邮政编码200444)
(https://www.shupress.cn　发行热线021-66135112)
出版人　戴骏豪
\*
南京展望文化发展有限公司排版
江苏省句容市排印厂印刷　各地新华书店经销
开本890mm×1240mm　1/32　印张9.25　插页16　字数262千
2021年4月第3版　2023年1月第7次印刷
印数：28601～31700
ISBN 978-7-5671-4166-7/TS·16　定价　45.00元

版权所有　侵权必究
如发现本书有印装质量问题请与印刷厂质量科联系
联系电话：0511-87871135

# 内 容 提 要

本书全面系统地介绍了我国乃至世界玉石的品种、产地及其基本特征。内容涵盖了2017年最新《珠宝玉石国家标准》中规定的30余种天然玉石。重点阐述了这30余种天然玉石的真伪鉴别特征及其与相似玉石和合成品的区别。在着重介绍每种玉石共性的同时，突出了不同产地该玉种的主要特征及其与其他产地该玉种的对比。特别强调了我国新发现的软玉猫眼和蛇纹石猫眼的特征。同时，对最新发现的假象绿松石等相关玉石及其产地也作了较为详细的介绍。

本书内容丰富、翔实、新颖，集科学性、文化艺术性、趣味性和可读性于一体。既可作为宝玉石、地质、矿物材料、矿产资源、材料科学等相关专业及各类宝玉石培训班的教材，也可供广大玉石爱好者、收藏者及研究者学习参考。

《岱岳奇观》（四大国宝翡翠）

《含香聚瑞》（四大国宝翡翠）

《四海腾欢》（四大国宝翡翠）

《群芳览胜》（四大国宝翡翠）

翡翠戒指

翡翠挂件

和田羊脂白玉雕件

和田翠青玉雕件

和田碧玉雕件

四川软玉猫眼戒面

四川蛇纹石猫眼戒面

岫玉雕件

岫玉雕件

澳大利亚黑欧泊

火欧珀

绿松石—瓷松

孔雀石

孔雀石原石

白独玉雕件

绿独玉雕件

俏色玛瑙虾盘雕件

汉代玛瑙牛角杯（陕西省博物馆藏）

四川凉山南红玛瑙雕件

清代南红玛瑙凤首杯（故宫博物院藏）

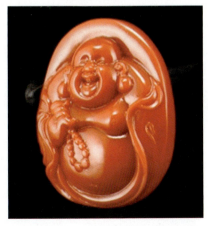
云南保山南红玛瑙雕件

蓝玉髓项链

黄龙玉雕件

黄龙玉中的水草花

葡萄玛瑙

火玛瑙

东陵石手镯

蔷薇辉石玉

虎睛石

鹰睛石

石英岩玉挂件

冰莹玉挂件（变质石英岩）

青金石挂件

河北承德玉雕件

蓝田玉雕件

泰山玉雕件

阿富汗玉（碳酸盐质玉）手镯

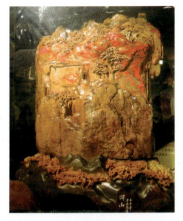
浙江昌化鸡血石雕

浙江昌化鸡血石雕

巴林鸡血石王（重约 36 千克）

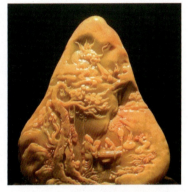
巴林福黄石雕件

巴林冻石雕件

田黄印石

梅花玉

菊花石

青田石雕《花好月圆》

青田石雕《春》

寿山石雕(旗降石)

寿山石雕(五彩都坑石)

贵州罗甸软玉雕件

广西大化软玉雕件

西安绿（云母质玉）雕件

葡萄石戒面

黑曜岩手串

# 目 录

## 第一章 我国玉石的发展简史及现状 ………………………… 1
- 第一节 我国玉石的发展简史 ………………………………… 1
- 第二节 我国玉石资源分布及现状 …………………………… 7

## 第二章 玉石的概念及其分类 …………………………………… 9
- 第一节 玉石的概念 …………………………………………… 9
- 第二节 玉石的分类及产地 …………………………………… 10

## 第三章 翡翠 ……………………………………………………… 15
- 第一节 概述 …………………………………………………… 15
- 第二节 翡翠的矿物组成 ……………………………………… 17
- 第三节 翡翠的结构 …………………………………………… 22
- 第四节 翡翠的颜色 …………………………………………… 26
- 第五节 翡翠的评价 …………………………………………… 29
- 第六节 翡翠的鉴别 …………………………………………… 31
- 第七节 中国四大国宝翡翠 …………………………………… 35

## 第四章 软玉 ……………………………………………………… 38
- 第一节 软玉的发展历史 ……………………………………… 38
- 第二节 软玉的一般特征 ……………………………………… 39
- 第三节 软玉与相似玉石的区别 ……………………………… 40
- 第四节 软玉的质量评价 ……………………………………… 42
- 第五节 软玉的估价 …………………………………………… 44
- 第六节 软玉的成因类型 ……………………………………… 47
- 第七节 新疆和田玉 …………………………………………… 48

  第八节 四川软玉猫眼 ································ 51
  第九节 台湾软玉、青海软玉和江苏溧阳软玉 ············· 64
  第十节 四川龙溪软玉、福建南平软玉和辽宁岫岩软玉 ····· 70
  第十一节 贵州罗甸玉 ································ 74
  第十二节 广西大化软玉 ······························ 75
  第十三节 澳大利亚、俄罗斯、美国、缅甸和朝鲜软玉 ······· 76

第五章 蛇纹石质玉 ········································ 82
  第一节 概述 ·········································· 82
  第二节 辽宁岫玉 ······································ 84
  第三节 四川蛇纹石猫眼 ································ 89
  第四节 西藏桂亚拉地区的蛇纹石质玉 ···················· 109
  第五节 云南蛇纹石质玉 ································ 110
  第六节 安绿玉和鸳鸯玉 ································ 111
  第七节 岫玉的新品种——甲翠 ·························· 113
  第八节 河北承德玉 ···································· 116
  第九节 山东泰山玉 ···································· 117

第六章 欧泊和绿松石 ······································ 119
  第一节 欧泊 ·········································· 119
  第二节 绿松石 ········································ 131

第七章 独山玉、青金石和孔雀石 ···························· 156
  第一节 独山玉 ········································ 156
  第二节 青金石 ········································ 164
  第三节 孔雀石 ········································ 169

第八章 玛瑙、玉髓和石英岩类玉 ······························ 174
  第一节 玛瑙和玉髓 ···································· 174
  第二节 南红玛瑙 ······································ 181
  第三节 黄龙玉 ········································ 183
  第四节 石英岩类玉 ···································· 185

**第九章　云母质玉石、查罗石、大理石和蓝田玉** ············ 193
　　第一节　云母质玉石 ············································· 193
　　第二节　查罗石(紫硅碱钙石) ································· 196
　　第三节　大理石、蓝田玉和阿富汗玉 ························ 198

**第十章　蔷薇辉石玉、青海翠玉、华安玉和符山石玉** ········ 207
　　第一节　蔷薇辉石玉 ············································· 207
　　第二节　青海翠玉 ················································ 211
　　第三节　华安玉 ···················································· 216
　　第四节　符山石玉 ················································ 219

**第十一章　水钙铝榴石、方钠石、葡萄石和蓝纹石** ············ 223
　　第一节　水钙铝榴石 ············································· 223
　　第二节　方钠石 ···················································· 224
　　第三节　葡萄石 ···················································· 225
　　第四节　蓝纹石 ···················································· 227

**第十二章　寿山石、鸡血石、青田石和高岭石质玉石** ········ 228
　　第一节　寿山石 ···················································· 228
　　第二节　鸡血石 ···················································· 232
　　第三节　青田石 ···················································· 254
　　第四节　高岭石质玉石 ·········································· 258

**第十三章　木变石、菊花石、梅花玉和天然玻璃** ··············· 262
　　第一节　木变石 ···················································· 262
　　第二节　菊花石 ···················································· 266
　　第三节　梅花玉 ···················································· 274
　　第四节　天然玻璃(黑曜岩和玻璃陨石) ···················· 276

**参考文献** ································································· 281

**后记** ······································································· 285

**附录一　天然玉石基本名称一览表** ································· 286

**附录二　常见玉石的主要检测数据一览表** ······················· 289

# 第一章　我国玉石的发展简史及现状

**内容提要**

　　本章主要介绍了我国玉石发展的历史、现状及其资源,并对不同历史时期玉石的主要品种和特征进行了较为详细的论述。随着科学技术的发展和人们认识水平的提高,玉石的品种和范围在不断地扩大,如绿松石、青金石、孔雀石、欧泊、玛瑙、独山玉及大理石等。特别描述了故宫博物院、中国地质博物馆以及中国工艺美术馆所珍藏的珍贵的玉雕品。随着社会的发展和人们生活水平的不断提高,玉石饰品已经进入了寻常百姓家庭,中国玉器具有了艺术和商品的双重性,玉石作为一种特殊的商品进入了流通领域。尤其是近几年来,掀起了购买和收藏玉石的浪潮,玉石品的价格不断上涨。我国玉石有着广阔的发展前景。

## 第一节　我国玉石的发展简史

　　我国地质学创始者章鸿钊在《石雅》中称玉石:"雪之白,翠之青,蜡之黄,丹之赤,墨之黑,皆上品。"尤其是以和田玉为代表,所以和田玉又被誉为"中国玉"。和田玉因晶莹美丽、质地温润、坚实致密、表里一致而久负盛名,为历代帝王将相、达官贵人、文人雅士所钟爱,被视为圣洁之物,成为权利和吉祥的象征。

　　东汉许慎在《说文解字》中称玉为"石之美者,玉也,人之美者,君子也,有五德。"五德是把玉的五种物理性质比拟为道法的仁、义、智、勇、洁。

　　中国是世界四大文明古国之一,有着五千年的光辉历史。中国是世界上最早使用玉的国家,如河南裴本岗文化遗址、浙江河姆渡文化层、内蒙古兴隆文化层、辽宁阜新查新文化遗址等所出土的玉器将中华文明史推至距今8 000～10 000年前,比文字记载足足早了3 000年以上,可谓"古国玉史启文明"。

中国玉文化的起源可以追溯到远古时代。原始社会生产力水平低下,石器是主要的劳动工具,也偶尔有玉制的工具。据考古发掘和古玉研究,我国发现最早的玉器是辽宁海城仙人遗址出土的绿色蛇纹石,这也是唯一的旧石器时代的玉器。在辽河流域的阜新就出土了距今约8 000年前的以透闪石玉为玉料的玉器,这是我国乃至世界上最早使用的透闪石玉。在距今约6 000～5 000年的良渚文化层中也出土了透闪石质玉石制品。良渚文化和红山文化是我国用玉的第一个高峰期,被称为"玉器时代"。这一时代是中华古文明的起源时代,也是中华古文明与世界其他各国古文明不同之处。在远古时代的中华大地上,不同地区和不同民族的先民们,发现了透闪石玉,并将其制作成玉器,这在世界上是一个奇迹。

在陕西龙岗寺出土的仰韶文化玉器中有透闪石质的玉铲和玉刀,距今约6 200～6 000年。1976年在浙江余姚河姆渡文化层(公元前5 000～4 750年)发现了玉块、玉管与玉珠等新石器时代早期的玉器。同年,在陕西神木县的"石卵龙山文化"遗址中,出土了由墨玉、青玉制作的镰刀、斧等;新疆罗布漳尔地区早期遗址(属于新石器时代)中也发现了玉斧等玉器。

距今约3 600～3 100年的商殷时期,和田玉成为我国宫廷玉器的主要玉料。近代发掘的商周古墓中,常有软玉器物的出土。商周时期,玉器被朝廷作为祭祀天地的礼品。据《周礼》载:"以玉作六器以礼天地四方,以苍璧礼天,黄琼礼地,青圭礼东方,赤璋礼南方,白琥礼西方,玄璜礼北方。圭璧以祀日月星辰,璋射以祀山。"现存放于故宫博物院的商代和田白玉佩,距今已3 500多年,但仍然光泽温润、花纹清晰,不失其天然本色。

在我国原始社会就有西王母向黄帝和舜献玉环等的传说,也有周穆王西巡欢会西王母于瑶池,采玉而归等的传说。

商、周时期,在继承原始玉器文化的基础上,开始运用先进的铜质工具来制作玉器。玉器已经形成手工业,出现相当规模的手工作坊和技术队伍。所选用的玉石品种更加广泛,选料更加精细,出现了玛瑙、孔雀石、南阳玉、绿松石等数十种玉石。

春秋战国、秦、汉玉器在继承商、周玉器造型纹饰的基础上,提高了造型技艺,出现了生动、活泼、富有情趣、可供赏玩的新特点。成组佩玉、玉剑及其他装饰玉器仍是主要品种,皇家仍以玉为高尚神圣之物。史料"和氏璧"记载中,对该玉描述得栩栩如生。

赵惠文王得到了和氏璧。秦昭王得知,便要以15座城池来换这块玉。幸亏赵国使臣蔺相如机智勇敢,才得以"完璧归赵"。秦始皇统一中国后,用和氏璧制成了传国玉玺。据后人的研究,当时的和氏璧其玉质属于拉长石质玉石。

秦以后的各代王朝都制有"玉玺",它是皇权的象征。

战国、秦、汉时期玉器从造型到工艺都取得了辉煌的成就。玉璧、璜、佩、环、玦、带钩等的浮雕都很精细且富于变化,棱角分明、深浅浮雕、镂空精美的作品大量出现。玉器纹饰图案化,写实常和图案纹饰相间使用,线条流畅,造型柔媚,布局匀称,富有韵律感。玉马、玉鹰、玉人、玉牛、玉鸽、玉灯、玉杯等造型更趋于写实和生动。

汉代以后,墓葬出土的玉器明显减少,说明人们对玉的观念有所改变。南北朝时期,有不少少数民族玉器的出土反映了当时随少数民族侵犯中原,也带来了许多少数民族玉器的风格。同时外国文化也不断传播到中国,对中国文化产生了一定的影响。这时期的新特点就是出现了相当数量的金银宝石首饰制品,金银器及金银宝石首饰开始在社会上流行,宫廷中的杯盏器皿日渐增多。根据玉的用途和对玉的观念的变化,这一阶段发展起来的玉器被称为宫廷玉器,以珍玩为主,礼仪为辅,突破了传统的约束,形成了向造型艺术方面发展的新主流。

宋代由于考古风气的盛行,出现了很多仿古玉器。这类玉器造型上仿制古代,但在设计和选料上、工艺上都有别于古玉。宋代以后的玉器多杯盏、壶盒、炉尊、文房四宝等,制作的花鸟佩饰、人物佩饰以及其他佩饰均明显写实,与古玉造型截然不同。

据历史文献记载:宋徽宗时,曾得西域各地敬献朝廷的和田白玉,制成玉玺,命名为"定命宝",受命时大赦天下。唐代大诗人杜甫曾写道:"勃律天西采玉河,坚昆碧碗最来多,旧随汉使千堆宝,少答朝廷万匹罗。"

元代时期最具代表性的玉雕作品,名为"渎山大玉海",通称"玉瓮",重达3 500 kg,是中国最早的大件玉器。现放置于北京北海团城玉瓮亭中。上面雕琢有海马、海猪、海龙、海犀等,采用深浅浮雕技法,浑厚而壮观,它代表了中国玉器造型和工艺技术的新成就。元代维吾尔族诗人马祖常曾写道:"采玉河边青石子,采来东国易桑麻。"

到了明代,玉雕技术的发展速度较以前迅速,所制玉器精美。明代著名科学家宋应星在《天工开物》中曾专门论述玉石的成因、开采与加工方法,并指出:"凡玉入中国贵重者尽出于阗。"说明当时的优质玉石原料绝大多数来自新疆。玉石主要以新疆和田玉为主。

清代玉器按其用途和造型可分为器皿、艺术造型、玉石盆景、有宝镶嵌和首饰等几大类型。器皿造型品种多,包括了仿古器、皇帝用具等。艺术造型包括了各种圆雕陈设品,有人物、动物、鸟、花卉、插牌、玉山等,其中玉山得到了特别的发展。玉石盆景常用于贵族家庭的豪华装饰,有宝镶嵌等常用于清代官阶服饰。

清代玉器最具代表性的作品是"大禹治水图"玉山子,该作品高224 cm、宽96 cm,重5 330 kg,人物景象造型逼真,代表了中国玉器工艺美术史上的伟大创举、最高水平和卓越的艺术成就。此作品简称"玉禹山",现藏北京故宫博物院。

清皇太后慈禧一生喜好和田玉。太后六十大寿,光绪帝、各位大臣赠送和田白玉、羊脂玉插瓶、如意、透雕葫芦等玉器数千件。七十大寿之际筹划的太后天年之后在寝宫制作停放棺木的大玉座,慈禧亲选了和田青玉,长约3 m、宽约2 m、厚1 m,重达20吨,在运往北京途中,太后驾崩,被玉工们砸了玉料,其中两大块青玉料现分别存放在北京中国地质博物馆和新疆地勘局,作为珍贵的特殊展品供人们参观。

题为《白玉·"盛唐风韵"山子》的近代玉雕精品,采用新疆和田白玉制作而成。作品重达390 kg,利用清代山子散点透视的设计风格,运用浮雕、透雕、镂空雕等技法,淋漓尽致地表现了大唐盛世国泰民安、怡然祥和、富足欢愉的景象。此山子品相硕大,气势宏伟,自然流畅,古色古香,疏密相得益彰,是一件颇具传统玉雕艺术风格的佳作。

清代末年,帝国主义列强侵略中国,使中国沦为半封建半殖民地社会,也为宫廷玉器的使命画上了句号。但中国玉器依然继续生产、流传和发展。玉器早已从宫廷用品转化为可以交换的特殊商品,它的交换价值就在于中国玉器独有的艺术特色,受到商家的青睐,在半封建半殖民地的中国更成为帝国主义列强争相猎取的爱物。

中国玉器从最初的伦理、权力、宗教的象征,发展到供统治阶级赏玩的宫廷用品,再进一步发展为商品贸易的组成部分,它已开始具有艺术和商品的双重性,它的价值也开始随两个因素而变化:一是玉器艺术自身的日臻完善和提高;二是玉器市场的风云变幻,或者说是玉器消费者的品位和需求。玉器代表着中国悠久的历史和中国人民的勤劳和智慧,当它一旦摆脱统治阶级的束缚从宫廷中走出来,便开始在商品市场上广泛发展,充满勃勃生机,显示出极为独特的魅力。

如今,随着社会的发展和人们生活水平的不断提高,人们对宝玉石的需求不断增加,宝玉石饰品已经进入了寻常百姓家庭。在现代生活中,宝玉石不仅是一种典雅华贵的装饰品,而且是财富和文明的标志。为了加强宝玉石的研究和推广,国家以及各地区都相继成立了宝玉石研究机构和陈列馆。同时,宝玉石已经作为一种特殊的商品进入了流通领域。尤其是近几年,掀起了购买和收藏玉器的浪潮,玉石制品的价格不断上涨。玉石的发展在我国有着广阔的前景。

表1-1列出了近几年玉雕品的拍卖情况。

表1-1 近几年玉雕品的拍卖情况

| 名　　称 | 估　　价 | 成　交　价 | 拍卖公司 | 拍卖日期 |
| --- | --- | --- | --- | --- |
| 清乾隆白玉雕十六罗汉山子 | HKD 5 000 000~<br>7 000 000 | HKD<br>9 022 400 | 苏富比 | 2003-10-26 |
| 清康熙帝御用田黄玉石印章一套十二方 | 无底价 | HKD<br>21 343 750 | 佳士得 | 2003-07-07 |
| 清康熙寿山石嵌人物图雕空龙寿纹十二扇围屏 | HKD 8 000 000~<br>10 000 000 | HKD<br>23 583 750 | 佳士得 | 2003-07-07 |
| 清乾隆御制白玉题诗册 | HKD 1 200 000~<br>1 500 000 | HKD<br>2 190 400 | 苏富比 | 2003-10-26 |
| 清中期田黄兽钮方章 | RMB 1 200 000~<br>1 600 000 | RMB<br>2 640 000 | 上海敬华 | 2003-08-24 |
| 清康熙帝御用对印 | RMB 8 000 000~<br>10 000 000 | RMB<br>3 905 000 | 北京华辰 | 2002-04-24 |
| 清乾隆帝旧玉螭钮御用玺一对 | RMB 2 000 000~<br>2 500 000 | RMB<br>2 310 000 | 北京华辰 | 2002-11-04 |
| 清乾隆御制羊脂白玉龙钮瓶 | RMB 2 000 000~<br>2 800 000 | RMB<br>2 310 000 | 中贸圣佳 | 2002-12-07 |
| 清乾隆"十全老人之宝说"玉册 | 咨询价 | RMB<br>6 710 000 | 中贸圣佳 | 2002-12-07 |
| 清白玉狮钮鼎式长方炉 | RMB 1 000 000~<br>1 500 000 | RMB<br>2 475 000 | 北京翰海 | 2001-12-10 |
| 红山文化玉兽形玦 | 咨询价 | RMB<br>2 640 000 | 北京翰海 | 2000-12-11 |
| 清十八、十九世纪翠玉盖碗 | HKD 6 000 000~<br>8 000 000 | HKD<br>4 225 000 | 佳士得 | 2000-10-30 |

续表

| 名　　称 | 估　　价 | 成交价 | 拍卖公司 | 拍卖日期 |
|---|---|---|---|---|
| 清康熙帝御用兽玉玺"康熙御笔之宝" | HKD 6 000 000～8 000 000 | HKD 4 225 000 | 佳士得 | 2000-10-30 |
| 红山文化玉雕太阳神 | RMB 2 000 000～3 000 000 | RMB 2 420 000 | 北京翰海 | 1996-11-15 |
| 红山文化玉龙形钩 | RMB 2 000 000～3 000 000 | RMB 2 530 000 | 北京翰海 | 1996-11-15 |

注：据杨伯达，2004。

## 第二节　我国玉石资源分布及现状

中国素有"玉石之国"之称。所产玉石品种繁多，最著名的有和田玉、岫岩玉、南阳玉（独山玉）、祁连玉、绿松石、寿山石、鸡血石和青田石等。

和田玉分布于昆仑山、天山和阿尔金山等地区，以青玉为主。岫岩玉亦称岫玉，因产于辽宁岫岩而得名，已发现矿点10余处，其中北瓦沟玉矿规模最大，其储量之大在世界上也属罕见。

南阳玉（独山玉）绝大部分可采矿体分布于独山山坡的中、上部，但较深部位仍有优质的玉石矿体存在。

祁连玉因产于甘肃祁连山地区而得名，矿体产于蛇纹石化斜辉辉橄岩内，由矿体中心的翠玉向外围逐渐变为绿玉、白玉、花玉等，质量也逐渐由优变差。

我国宝玉石资源分布较普遍。自1991年以来，中国宝玉石协会及全国大多数省、市、自治区宝玉石协会相继成立，每年都在北京或有关省、市举办珠宝首饰展销会，促进了宝玉石产品的交流。有的省、市开始出现珠宝城或珠宝一条街，或每月定时、定点举办展销会，使市场向定点集中购销和分散购销相结合的方向发展。

就玉石的资源状况而言，和田玉久负盛名，为国内外所罕见，值得进一步开发利用,但青玉较多,白玉和青白玉较少。南阳玉资源已较紧张。密玉、虎睛石、梅花玉、桃花玉等,储量较大、价值较高者为数不多,市场竞争力不强。

我国长年开采并形成批量供应的玉石原料,包括岫玉、独山玉、和田玉、密玉、绿松石、碧玉、玛瑙等品种,仅占已发现品种的18%。据统计,岫岩玉年产量一度占到玉石总产量的一半以上,因此岫玉的发展前景广阔。

中国珠宝首饰的年销售额逐年增长,从20世纪80年代不足2亿元发展到2010年超过2 000亿元。这些数字说明,中国珠宝首饰销售业是一个高速发展的行业,而且具有广阔的发展前景。这一行业的发展必将推动中国经济的快速发展。

# 第二章 玉石的概念及其分类

**内容提要**

本章主要介绍了玉石的概念及其分类。最新版《珠宝玉石国家标准》对天然玉石的定义是：由自然界产出的，具有美观、耐久、稀少性和工艺价值的矿物集合体，少数为非晶质体。根据国家标准，玉石的概念有广义和狭义之分。不同的学者及专家从不同的角度曾对玉石进行了分类。本书根据玉石的矿物成分和岩石学特征将玉石分为十七种类型，并对每种类型玉石的特征及产地进行了概述。

## 第一节 玉石的概念

汉代许慎在《说文解字》中对"玉"的定义是"石之美者"。

19世纪中叶，中国玉器大量流入欧洲，特别是1860年，英、法从圆明园劫得大量玉器。法国矿物学家德穆尔对这些中国玉器的玉质进行了矿物学研究，于1863年把和田玉和翡翠的成分和性质公之于世，将这两种玉石统称为玉，并重新命名。把和田玉统称为"Nephrite"，翡翠统称为"Jadeite"，这一分类在国际上广为流传。传到东方，以摩氏硬度（和田玉6～6.5，翡翠6.5～7）将"Nephrite"译为"软玉"，"Jadeite"译为"硬玉"。我国地质学创始者章鸿钊在《石雅》(1927)中说："一即通称之玉，东方谓之软玉，泰西谓之纳夫拉德(Nephrite)。二即翡翠，东方谓之硬玉，泰西谓之桀特以德(Jadeite)。"这两种玉名称流传至今，在我国2017年新版的《珠宝玉石国家标准》中仍采用"软玉"名称。

和田玉是传统名称。唐延龄等在《中国和阗玉》一书中，按和田玉的分布、成因类型和矿物特征，将其定义为：和田玉是指分布于新疆昆仑山和阿尔金山，由接触交代成因形成的透闪石玉。

《珠宝玉石国家标准》中对玉石的定义为：珠宝玉石是对天然珠宝玉石（包括天然宝石、天然玉石和天然有机宝石）和人工宝石（包括合成宝石、人造宝石、拼合宝石和再造宝石）的统称，简称宝石。

天然珠宝玉石是由自然界产出的，具有美观、耐久、稀少性，并具有工艺价值的，可加工成装饰品的物质的统称。包括天然宝石、天然玉石和天然有机宝石。

天然玉石是由自然界产出的，具有美观、耐久、稀少性和工艺价值的矿物集合体，少数为非晶质体。

由国家标准对天然玉石的定义可知，玉石的概念可分为广义和狭义两种。广义的玉石通常是指凡是天然形成的具有一定色泽、透明度、较大硬度和结构致密的矿物集合体。广义的玉石一般应能达到一定的工艺要求、可被人们所接受和喜爱。按其质地的差别，将不同的玉石划分成不同的档次。再根据其颜色、质地和透明度进一步划分等级。一般来说，每一种玉石中较好的等级应具有浓（浓郁）、阳（鲜明）、俏（色美）、正（纯正）、和（柔和）的颜色，透明度较高及质地细腻等特点。

狭义的天然玉石定义如上述《珠宝玉石国家标准》中所规定的定义。

应当指出的是玉石有的为单矿物集合体，例如玛瑙、软玉等。也有一些玉石是天然多矿物集合体，例如翡翠、独山玉等。

## 第二节 玉石的分类及产地

对玉石的分类，国内外宝玉石学家从不同的角度提出了许多分类方案，但以往提出的分类方案多偏重玉石的商业价值，而较少考虑地质学的因素。

### 一、国外宝玉石的分类

欧美国家将宝玉石统称为 Gem，这个词一般译为"宝石"。而"玉"一词，英文为 jade，专指翡翠（jadeite）和软玉（nephrite）。

## 二、我国玉石分类

栾秉敖(1978)将宝石分为三类：宝石、彩石和有机质宝石。这里所说的宝石包含了一般概念中的玉石。

梁永铭(1979)将宝石分为三类：宝石、玉石、工艺石及建筑装饰石料。

王福泉(1985)将宝石分为宝石和玉石，而进一步把玉石分为玉、玉石和彩石三类。

鱼海麟(2000)建议按照地质学分类方案，根据矿物学和岩石学的特征对玉石进行分类，提出首先按硬度分为高硬度玉石(摩氏硬度大于 5.5)和低硬度玉石(摩氏硬度低于 5.5)两个"属"。再进一步按矿物组合特征划分"种"，然后按颜色等因素划分"品种"。

## 三、本书采用的分类方案

本书采用地质学分类方案，根据矿物成分和岩石学特征将玉石分为以下几种类型：

### （一）硬玉质玉

硬玉质玉的主要矿物组成为硬玉。如翡翠。

翡翠的主要产地是缅甸。除此之外还有俄罗斯、美国、新西兰和日本等，但其质量都远不如缅甸翡翠。

### （二）透闪石质玉

透闪石质玉的主要矿物组成为透闪石。主要包括软玉等。

透闪石质玉以新疆和田玉最著名。和田玉是我国最为名贵的玉石之一。和田玉的矿床(矿点)主要有：塔什库尔干县大同、皮山县卡拉大坂、和田县黑山、且末县塔特勒克苏和塔什赛因、于田县阿拉玛斯。还有其他一些矿点。这些和田玉矿床(矿点)断续分布延伸1 000公里。

新疆另外一种透闪石质玉产于玛纳斯县，称为玛纳斯碧玉，其主要矿物成分是透闪石，玉质半透明、细腻、色绿。

除新疆外,透闪石玉的产地还有:四川石棉县软玉猫眼、四川汶川县龙溪软玉、青海祁连县的昆仑软玉和台湾花莲县的台湾软玉。

(三)蛇纹石质玉

蛇纹石质玉的主要矿物组成为蛇纹石。主要包括岫玉、祁连玉、昆仑玉、台湾玉、广东信宜玉、四川会理玉、广西陆川玉、青海都兰玉等。近年来,在山东泰山及河北承德也发现了蛇纹石质玉。国外主要品种包括:鲍纹玉、威廉玉、朝鲜高丽玉等。

蛇纹石质玉是我国玉石的主要品种之一,且分布最广,以辽宁岫岩县北瓦沟所产岫岩玉最著名,质量最好,其开发利用历史已有两千多年。

其他主要的蛇纹石质玉产地有:

甘肃酒泉、广东信宜、新疆昆仑山、台湾花莲、广西陆川、四川会理、青海都兰、青海祁连、青海茫崖、甘肃武山、山东泰山、山东蓬莱、吉林集安及西藏雅鲁藏布等地。

(四)斜长石质玉

斜长石质玉的主要矿物成分是斜长石和黝帘石。主要包括独山玉、托里独玉和天河石等。

主要产地有:河南南阳和四川等。

(五)绿松石质玉

绿松石质玉的主要矿物成分是绿松石。主要包括松石等。

主要产地有:湖北等。国外产地包括伊朗、美国、墨西哥和埃及等。

(六)蛋白石质玉

蛋白石质玉的主要矿物成分是蛋白石。主要包括欧泊等。

国内主要产地有浙江江山、河南商城等地,国外产地包括澳大利亚和秘鲁等。

(七)石英岩玉

石英岩玉的主要矿物成分是隐晶质的石英。主要包括密玉、京白玉、东陵石和芙蓉石等。密玉主要产于河南密县。京白玉产于北京门头沟区。东陵石产于印度。芙蓉石产于新疆阿勒泰和江西贵溪。除此之外，还包括山东郯城的琅琊玉和贵州晴隆的贵翠等。

（八）硅质玉

硅质玉的主要矿物成分是隐晶质的 $SiO_2$。主要包括玛瑙和玉髓等。

主要产地包括：黑龙江逊克县白灰厂、伊春、东山、阿延河，辽宁阜新、凌源，新疆伊吾，河南南阳，江西金溪、余江，广西都安，南京雨花台，江苏六合及台湾台东等地。

（九）青金石质玉

青金石质玉的主要矿物成分是青金石。主要包括青金石等。

我国主要产地是新疆。国外产地包括阿富汗、俄罗斯、塔吉克斯坦、智利、加拿大、巴西、澳大利亚等。

（十）叶蜡石、地开石质玉

叶蜡石、地开石质玉的主要矿物成分是叶蜡石、地开石。主要包括寿山石、鸡血石、青田石和巴林石等。

主要产地包括：福建福州、浙江青田、浙江昌化、内蒙古巴林右旗等。

（十一）云母质玉

云母质玉的主要矿物成分是锂云母、白云母。主要包括丁香紫玉、广绿石等。

主要产地包括：新疆阿勒泰、陕西商南、广东广宁等。

（十二）白云石—伊利石质玉

白云石—伊利石质玉的主要矿物成分是白云石、伊利石。主要包括白云石、伊利石玉等。

（十三）石榴石质玉

石榴石质玉的主要矿物成分是石榴石。主要包括青海翠玉（乌兰翠玉）、祁连翠玉等。

主要产地包括：青海的祁连、乌兰，新西兰，美国犹他州，南非特兰斯瓦尔及南非等。

（十四）蔷薇辉石质玉

蔷薇辉石质玉的主要矿物成分是蔷薇辉石。主要包括桃花石（粉翠）等。

主要产地包括：北京、陕西、青海等。国外产地有澳大利亚、俄罗斯、印度、瑞典、芬兰、日本等。

（十五）绿泥石质玉

绿泥石质玉的主要矿物成分是绿泥石。主要包括仁布玉和祁连玉等。

西藏仁布县产出的仁布玉，含镁绿泥石90%，用仁布玉雕琢的酒壶、酒杯、手镯、戒指等工艺品极受藏胞欢迎。

青海祁连县产出的祁连玉，主要由斜绿泥石组成。

（十六）大理岩质玉

色泽、花纹、结构、硬度等均符合工艺要求的大理岩质玉，其主要矿物成分是方解石、白云石和石英。

主要产地有：湖南、广西、贵州、新疆及四川等。新疆哈密市尾埂产出的白云石玉，因呈蜡黄、褐黄等色，故称为蜜蜡黄玉。

（十七）高岭石质玉

高岭石质玉石的主要矿物成分是高岭石。主要包括长白石和花石等。

主要产地有：吉林省长白县及贵州省平塘县等。

# 第三章 翡 翠

**内容提要**

本章主要介绍了玉中之王——翡翠名称的由来、矿物组成和化学成分特征、内部结构及其颜色,并介绍了翡翠的评价及估价,以及翡翠与其他相似玉石的鉴别特征。指出组成翡翠的主要矿物有硬玉、钠铬辉石和绿辉石,次要矿物包括角闪石族矿物和长石族矿物等,并含有少量的原生矿物——铬铁矿。根据变质过程不同阶段形成的结构特征,翡翠的结构类型可划分为3类:变晶结构、交代结构和碎裂结构。色、地、匀、形是评鉴翡翠的传统方法。此外,还要考虑翡翠的雕工、重量、光泽等因素。最后介绍了现存于中国工艺美术馆的四大翡翠国宝——岱岳奇观、含香聚瑞、群芳览胜和四海腾欢。

## 第一节 概 述

"翡翠"一词源自中国古代的两种鸟名,翡即赤羽雀,翠即绿羽雀。翡翠因其主要颜色是绿色和褐红色,极像这两种鸟的羽毛色,因而得名。后来,古人将这两个原本形容鸟羽毛的字转用到描写红色和绿色的饰物。大约到了宋代,两字合并,用来描写碧绿色的碧玉(并非指矿物学中的碧玉 $SiO_2$),当时的"翡翠"两个字所指的玉,并非我们现在所说的翡翠玉(即缅甸玉),而是一种软玉。现在,真正的翡翠玉,是硬玉的集合体,成分为钠铝的硅酸盐 $NaAl[Si_2O_6]$,因主要产于缅甸,故又称为缅甸玉。

据考证,翡翠从汉代就传入了中国。史籍记载,早在东汉永元9年(公元97年),云南永昌(今保山)掸国王雍"调遣重泽奉国珍宝"。这是缅甸玉石首次进入中国。掸国即现在的缅甸东北孟拱、孟密一带,当时玉石是作为皇宫贡品。直到明代中叶,中国皇帝派人驻永昌、腾冲专门采购珠宝玉器。据明末《滇志》记载：官给本钱，由民收宝石入于宫。官私合作，使当时大量缅甸玉石进入中国。在清代，从缅甸进入腾冲的商品以玉石珠宝为主，大量玉石汇集腾冲后，一部分就地打磨加工，一部分东经大理运达昆明加工，再远销内地和沿海。清代，由于达官贵人对缅甸翡翠玉的喜爱，使它身价百倍，成为玉中之王。

对翡翠原石的交易俗称"赌石"。云南腾冲是翡翠赌石的主要市场之一。赌石有两种情况：一种是玉石没有任何切口（行语叫"开窗"）的一块砾石，只见外皮，丝毫看不到内部品质；另一种方式是在仔料上切开一个"窗口"，窗口有大有小，让购买者通过"窗口"观察，并推测仔料内部的质量。进行"赌石"交易，全凭购买者的经验、眼力、胆识和运气。交易时，卖方亮出毛石，买方便开始研究颜色、纹理、硬度等等，然后双方开始讨价还价。生意谈成，立即付款交货。有时，买主为了验证一下自己的眼光是否正确，可以当场把玉石剖开，这笔买卖是盈是亏便见分晓。一块黄褐色的翡翠砾石，标价成千上万，甚至达几十万，一刀切开，或许是价值连城的上等料，或许是一钱不值的鹅卵石，分秒之间便见分晓。

据史料记载，慈禧陵墓中曾有翡翠西瓜两个，西瓜皮是绿色的"翠"，瓜瓤是红色的"翡"，其中还有几粒黑色的瓜子。翡翠西瓜是巧妙地利用一整块翡翠的天然色彩雕琢而成。当时价值500万两白银。慈禧太后殉葬的珠宝中还有很多翡翠饰品，如西瓜、荷叶、白菜、玉佛等。今天这些都已成为无价之宝。

珠宝界称翡翠为玉石之王。据苏富比和太古佳士得拍卖行的记录，过去一些高档的帝王绿翡翠饰品（指翠绿色、晶莹通透者），一件价值超过百万元的俯拾皆是。香港李英豪先生在其《保值翠玉》一书中就记载了1981年春季香港佳士得拍卖行拍卖的一尊玻璃种翡翠观音雕件，价值达300万港元。而一对晚清老坑种翡翠玉镯价值竟高达1000万港元，可谓价值连城。

1997年香港佳士得97秋季拍卖会上，一串由27粒翡翠珠子组成的项链以 7 262 万港元成交。1999 年香港佳士得 99 秋季拍卖会上,一只 77.1 克拉的蛋圆形翡翠戒指以 1 985 万港元成交,一只手镯以 1 982 万港元成交。

2005 年在上海的玉石拍卖会上,一重量仅 450 g 的翡翠珍品"如意"摆件,估价高达 2 800 万元人民币。这块"如意"由满绿翡翠雕琢而成,翠色浓正均匀、温润光泽、质地细腻,表面雕刻蝠、鹤、鸟、云,充满富贵祥和之气。珍品长 27 cm、宽 4.5 cm、高 6 cm,底座附有"安枕无忧"、"长寿如意"两枚金牌。据悉,整件作品花费了 18 个月才制作完成。

2005 年 8 月,价值 1.37 亿元的翡翠观音由扬州国际珠宝城购置,玉石高 330 cm、宽 160 cm、重 12 000 kg,是由一整块重达 16 吨的缅甸天然翡翠雕琢而成,翡翠之大,品位之高,堪称世界第一。雕成的观音像造型完美,刀法苍劲流畅,玉中各种天然俏色运用巧妙,神态栩栩如生,花鸟惟妙惟肖,刻画恰到好处,由中国工艺美术大师宋世义、郭石林历时两年雕刻完成。

以上这些价值连城的翡翠的拍卖天价足以说明人们对翡翠的喜爱程度和翡翠的价值所在。

## 第二节　翡翠的矿物组成

翡翠是由隐晶质的单晶或多晶的矿物集合体组成。它的矿物组成决定了翡翠的基本性质。欧阳秋眉(1999)将翡翠的矿物组成按成因划分为变质(变晶)矿物、原生矿物和表生矿物。

### 一、变质(变晶)矿物

翡翠矿物组成中的变质(变晶)矿物,按其含量多少分为主要矿物、次要矿物和副矿物。

(一)主要矿物

翡翠中的主要矿物(指含量在 50% 以上的矿物)为辉石族矿物。辉石族矿物是具有单链结构的硅酸盐。

它的化学组成可用通式 $XY[Si_2O_6]$ 表示,其中 X 为 $Ca^{2+}$,$Mg^{2+}$,$Fe^{2+}$,$Mn^{2+}$,$Na^+$,$Li^+$;Y 为 $Mg^{2+}$,$Fe^{2+}$,$Mn^{2+}$,$Al^{3+}$,$Fe^{3+}$,$Cr^{3+}$,$V^{3+}$。

翡翠中的辉石族矿物主要包括:硬玉、钠铬辉石和绿辉石等。

1. 硬玉

硬玉的化学式为 $NaAl[Si_2O_6]$。它是缅甸和俄罗斯所产翡翠中的主要矿物。其晶形主要有短柱状、长柱状、有时呈纤维状,并构成柱状或纤维状变晶结构。颜色有无色、白色至绿色或紫色。硬玉中的杂质元素主要有 Fe,Ca,Mg,K,Ti,Cr 等。纯的不含杂质的硬玉一般为无色;当含少量的铬(Cr)或铁(Fe)并以类质同象替代铝(Al)时,可使硬玉呈现绿色。

在薄片中有时可见两个世代以上的硬玉,其特征表现为后期细粒状集合体呈脉状穿插切割早期形成的粗粒状集合体。

硬玉经退变质作用或交代作用,可转化为角闪石族矿物。

硬玉矿物的化学成分理论值为 $SiO_2$ 59.45%,$Al_2O_3$ 25.21%,$Na_2O$ 15.34%。表3-1列出了世界主要产地翡翠的化学成分。

表3-1 世界主要产地翡翠的化学成分(质量百分比%)

| 组分 | 理论值 | 缅甸 | 美国加利福尼亚 | 危地马拉 | 日本 | 瑞士 | 苏格兰 | 墨西哥 |
|---|---|---|---|---|---|---|---|---|
| $SiO_2$ | 59.45 | 59.51 | 59.38 | 58.12 | 58.02 | 58.28 | 58.3 | 59.35 |
| $Al_2O_3$ | 25.21 | 24.31 | 25.82 | 20.32 | 22.96 | 21.86 | 20.4 | 22.18 |
| $Fe_2O_3$ | — | 0.35 | 0.45 | 2.09 | 0.77 | — | 2.6 | 1.15 |
| FeO | — | 0.30 | 痕量 | 0.77 | 0.18 | 2.42 | 0.6 | 0.32 |
| MgO | | 0.58 | 0.12 | 2.16 | 1.70 | 1.99 | 1.3 | 1.77 |
| CaO | | 0.77 | 0.13 | — | 1.58 | 2.59 | 2.4 | 2.57 |
| $Na_2O$ | 15.34 | 14.37 | 13.40 | 12.43 | 12.38 | 12.97 | 14.5 | 12.20 |
| $K_2O$ | | 0.20 | 0.02 | 0.10 | 0.16 | | 0.2 | 0.20 |
| MnO | | 0.01 | — | 0.07 | 0.01 | 0.22 | 痕量 | 0.01 |
| $TiO_2$ | | 0.01 | 0.04 | 0.31 | 0.04 | | | 0.18 |
| $Cr_2O_3$ | | | | | | | | |
| $H_2O^+$ | | 0.06 | 0.22 | 0.61 | 0.87 | | | 0.20 |
| $H_2O^-$ | | | 0.16 | | 0.61 | | | |
| 总计 | 100.00 | 100.47 | 99.74 | 100.51 | 99.28 | 100.27 | 100.3 | 100.13 |

注:据Learning,1978。

2. 钠铬辉石

钠铬辉石 $NaCr[Si_2O_6]$ 呈深绿色或孔雀绿色,由于其化学成分有变化而使颜色浓淡不均,往往出现于深色或鲜绿色的翡翠中。在缅甸翡翠中可以比较集中地出现而形成干青种翡翠,而在俄罗斯西萨彦岭翡翠矿床中,则呈零星鲜绿色斑点分布于绿色翡翠中。在薄片下观察,钠铬辉石呈粒状或纤维状,粒径 0.03 mm~2.00 mm。单偏光镜下呈鲜绿色,具有两组平行柱面的(110)解理。

有时还可以明显地见到钠铬辉石遭受蚀变的现象,在钠铬辉石周围形成鲜绿色含铬的镁钠闪石蚀变晕圈。

3. 绿辉石

绿辉石的化学式为 $(Na,Ca)(Al,Mg,Fe)[Si_2O_6]$。在有些深绿色的翡翠中,普遍含有绿辉石。绿辉石普遍存在于缅甸、俄罗斯西萨彦岭、日本及世界其他产地的翡翠中。

肉眼观察绿辉石为颗粒状,呈翠绿色,有时颜色偏蓝,经常在深绿色翡翠中出现。在深色的翡翠(即所谓"墨翠")中,绿辉石占有较大的比例。在有的翡翠种中,硬玉和绿辉石成环带结构,在成分上呈渐变过渡关系。

显微镜观察:绿辉石呈不等粒柱状,多色性明显(蓝绿—黄绿);二轴晶正光性;$2V=70°$;Ⅱ级干涉色。

俄罗斯所产绿辉石中 Na 的含量均高于 Ca。而缅甸绿辉石中 Na 的含量一般低于 Ca,而 Al 均高于 Mg,Fe,Cr。俄罗斯绿辉石中的 Na 和 Al 的含量略高于缅甸绿辉石。

(二)次要矿物

翡翠中的次要矿物有:角闪石族矿物、长石族矿物和少量非晶质矿物。

1. 角闪石族矿物

翡翠中的角闪石族矿物多数为碱性角闪石,而且往往是后期交代辉石或经退变质作用后而形成。常见的角闪石族矿物种类有:阳起石、普通角闪石、镁钠闪石等。

角闪石族矿物粗大者,肉眼观察可见其呈长柱状。在显微镜下观察,可见其呈纤维状、长柱状晶形,角闪石式解理,解理交角为124°或56°。

经常见到角闪石族矿物交代辉石族矿物的现象,往往是沿着硬玉矿物的边缘、解理或裂理开始交代,然后逐渐扩大甚至将辉石族矿物大部分交代,使得硬玉成为粒状"斑晶",基质则为纤维状的阳起石。

在"飘蓝花"种的翡翠中,可见角闪石族矿物呈团块状分布。这是"飘蓝花"的形成原因。有时角闪石族矿物以浸染状的方式交代硬玉矿物,有的形成黑色的"芝麻点",对翡翠的质量产生较大的负面影响。业内人士所谓的"死黑",就是由于角闪石族矿物呈浸染状出现形成的。

在翡翠原石的风化表面,由于差异性风化,可以看到粗粒的角闪石晶体略突出于原石的表面,呈棕色或深绿(黑)色,用手触摸有粗糙感,业内人士称之为"癣"。据陈志强(1998)研究认为,含 $Cr, Fe, Mg$ 的硬玉比纯硬玉更容易被角闪石族矿物交代。角闪石常常选择性交代绿色部位,这就是"黑随绿走"的原因。

2. 长石族矿物

在缅甸和俄罗斯所产的翡翠中,或多或少都可发现长石族矿物,其含量不超过30%。在不同种的翡翠中,其含量有所不同。在缅甸翡翠中,长石往往出现在淡色的翡翠品种中,肉眼很难与白色硬玉分辨。在"八三花青种"翡翠中,含长石较多,甚至可达30%。在翡翠的露头或原石的风化表面上,可以见到高岭土化现象,这也足以说明翡翠中含有长石。在俄罗斯西萨彦岭翡翠矿石中也发现有长石族矿物。

3. 非晶质物

翡翠中常含有一种黑色的非晶质物。呈黑色不规则状、蠕虫状分布于硬玉中,有时断断续续地沿一定方向分布,形成瑕疵。显微镜下观察,不显示任何光学性质。这可能是在高压和相对低温的条件下,硬玉晶体中溶进了其他组分,当压力(或温度)降低时,该组分便从硬玉中溶出来,由于出溶速度过快而未能形成结晶物质,故呈非晶质态。

根据拉曼光谱分析,这些非晶质物为深色金属矿物及有机碳的混合物。

(三)副矿物

翡翠除了上述主要矿物(辉石族矿物)、次要矿物(角闪石族矿物、长石族矿物)之外,还含有少量的副矿物。常见的有楣石,还有石榴子石、磷灰石和绿帘石等。

## 二、原生矿物

在翡翠的组成矿物中,还含有少量的原生矿物——铬铁矿($FeCr_2O_4$)。手标本上,铬铁矿呈黑色斑点状不均匀分布于翡翠集合体中;金属光泽;粉末具有弱磁性。薄片观察,可明显见到黑色铬铁矿颗粒,不透明,常被钠铬辉石交代,形成一种"格子状"构造。铬铁矿尤其是在深鲜绿色翡翠中和含钠铬辉石的翡翠中更加明显。

铬铁矿的化学成分如下(质量百分比%):MgO 为 5.33,$Al_2O_3$ 为 26.12,$SiO_2$ 为 0.28,$Cr_2O_3$ 为 38.69,MnO 为 1.10,FeO 为 27.61,总量为 99.08。

## 三、表生矿物

(一)辉钼矿($MoS_2$)

在俄罗斯西萨彦岭的翡翠中,可明显地见到辉钼矿,这是西萨彦岭翡翠的重要特征。

手标本上观察黑钼矿呈金属光泽,铅灰色,硬度小(指甲可刻划),浸染状或呈零星斑点状分布。其化学组成如下:Mo 为 59.82%,S 为 40.15%,总量为 99.97%。辉钼矿是在后期热液活动中形成的。

(二)表生矿物

翡翠矿体露头或滚石(包括河卵石),由于遭受风化作用,使得其中的某些组分发生变化而形成次生矿物。所形成的次生矿物往往存在于翡翠原石表面的孔隙或裂隙中。常见的次生矿物有褐铁矿、赤铁矿和高岭石等。

1. 褐铁矿

褐铁矿($Fe_2O_3 \cdot nH_2O$)是由铁的氢氧化物(包括针铁矿、水针铁矿、纤铁矿、水纤铁矿等)组成的细粒分散状的聚集体,是多种矿物的混合物。呈细小粉末状存在于翡翠岩风化外皮的颗粒孔隙中,或经淋滤作用渗入裂隙中。

褐铁矿呈棕黄色或黄褐色,它是黄色翡翠的致色矿物。

2. 赤铁矿

赤铁矿($Fe_2O_3$)是褐铁矿经脱水作用而形成的,呈棕红色或褐红色细粒粉末状。主要见于翡翠风化外皮下部的晶体颗粒的孔隙中。它是红色翡翠的致色矿物。

3. 高岭石

高岭石的化学式为$Al_4Si_4O_{10}(OH)_8$。颜色呈白色,粉末状。它是长石经风化作用的产物,常分布在翡翠风化表皮的孔隙中。

## 第三节 翡翠的结构

翡翠是一种特殊的变质岩,是在一定温度和较高压力条件下,经过变质结晶作用形成的。其后,在变质结晶的基础上又叠加了后期的变质改造。与变质岩结构一样,欧阳秋眉(2000)根据变质过程不同阶段形成的结构特征,将翡翠的结构类型划分为3类:变晶结构、交代结构和碎裂结构。

### 一、变晶结构

变晶结构是指在变质作用过程中由重结晶或变质结晶作用形成的结构。变晶结构又可分为粒状变晶结构、柱状(纤维状)变晶结构和斑状变晶结构。

（一）粒状变晶结构

粒状变晶结构又称花岗变晶结构,是指翡翠主要由短柱状或近等轴粒状的硬玉所组成的结构。肉眼可见组成翡翠的晶粒为短柱状,且主要晶粒大致相等。例如,许多豆种翡翠就具有这种结构。根据自形程度可分为半自形粒状和他形粒状结构。

翡翠中粒状结构普遍,粗—中粒者多不透明,质地粗且疏松。具细粒半自形或他形粒状结构者,质地坚韧、柔和,透光性较好。

（二）柱状变晶结构

柱状变晶结构或纤维状变晶结构是指翡翠主要由柱状、长柱状或纤维状硬玉组成的结构。有时还可见到数量不等的纤维状矿物（如透闪石）。柱状、长柱状和纤维状矿物常呈定向或半定向排列,有时也呈无定向、束状或放射状分布。具纤维状变晶结构的翡翠质地相对较好,细腻、温润,属于玻璃种。

（三）斑状变晶结构

具斑状变晶结构的翡翠的晶粒粒度相差悬殊,粗的晶粒肉眼易见,称为斑晶,而细的颗粒肉眼难以分辨,称为基质。这种斑状结构可由多种原因形成。例如冰豆种,斑晶为粗粒,种为豆种,而基质细小,肉眼难以分辨,透明。又如油豆种,基质具有细粒纤维状的油青种结构特点,但是较粗粒者则是豆状的斑晶。

翡翠斑状变晶结构很普遍,最常见的是硬玉矿物既作为基质,又作为变斑晶存在。有时可见透闪石变斑晶分布于硬玉矿物基质中,或硬玉呈变斑晶分布于透闪石基质中。

具斑状变晶结构的翡翠可能有多种生成条件。

1. 重结晶作用

斑晶矿物与基质同属一种矿物。斑晶的形成是在岩石遭受到重结晶作用时,某些晶体处于生长环境较优越的部位（如物质供应充分）,晶体生长速度快于基质晶体所致。

2. 交代作用

某些翡翠的变斑晶系由交代作用形成。例如,绿辉石沿硬玉颗粒边界对硬玉矿物进行交代,交代到一定阶段,硬玉的残余部分成为一孤岛状斑晶,被周围纤维状绿辉石所包围,这在行内被称为油豆种。也有后期溶液交代早期形成的硬玉,而形成颗粒较大的晶体。例如,一些深绿色的硬玉大晶体是交代早期形成的细粒硬玉形成的,这便成为一种"疵点"存在于翡翠中。只要仔细观察,翡翠中斑状变晶结构是极为普遍的。

## 二、交代结构

交代结构通常是指在流体参与的条件下经交代作用形成的结构。翡翠主体的结构是变晶结构,再经过后期的交代作用,可以形成局部性的交代结构。

欧阳秋眉(2000)将翡翠的交代结构进一步划分为边缘交代结构、内核交代结构、渗入交代结构和交代假象结构4个亚类。

(一)边缘交代结构

根据边缘交代结构的特点,可将其划分为以下几种类型。

1. 交代环带结构

交代环带结构的特点是由于交代作用而使硬玉矿物的边缘或外环的化学成分发生改变,这种变化在偏光显微镜下不一定能显示出来,但从电子探针背散射成分像图上可见。例如,矿物颗粒内核成分为硬玉,而外环为绿辉石,或内核为绿辉石,而外环为硬玉。

2. 交代蚕蚀结构

交代蚕蚀结构的特点是由于交代作用而使原生矿物边界的轮廓呈港湾状。

3. 交代残余结构

交代残余结构的特点是当交代作用较强时,原生矿物仅保留少量残留物。例如,干青种翡翠内的钠铬辉石中可见铬铁矿的交代残余。

(二)内核交代结构

根据内核交代结构的特点,可将其划分为以下两种类型。

1. 交代穿孔结构

交代穿孔结构的交代作用是从矿物内核开始交代形成的。

2. 交代花蕊结构

交代花蕊结构的交代作用发生在束状或放射状硬玉交汇的核部,呈花蕊状。

(三)渗入交代结构

渗入交代结构是交代作用沿矿物颗粒内部解理、矿物与矿物颗粒间隙以及矿物集合体中的显微裂纹发生的,由此形成的结构变种有以下2种。

1. 交代条纹结构

交代条纹结构的交代作用沿一组或几组解理发生,同一方向的交代条纹有相同的光性方位。

2. 交代网状结构

交代网状结构的交代作用沿矿物的显微网状裂纹或矿物与矿物颗粒间隙发生,交代矿物呈网状或网脉状分布。如钠铬辉石呈网状交代铬铁矿。

(四)交代假象结构

交代假象结构是指一种矿物颗粒被另一种矿物完全交代,仅保留了被交代矿物的晶形特征,从而形成交代假象结构。例如,花青种翡翠中的铬铁矿可以完全被钠铬辉石所交代而形成等轴粒状的铬铁矿的交代假象结构。

### 三、碎裂结构

碎裂结构是指刚性岩石在低温下所受的定向压力超过弹性限度时,使岩石和组成矿物发生碎裂和位移所致。

根据变质作用的强弱产地,可将翡翠的碎裂结构进一步划分为以下两种。

(一)碎裂结构

碎裂结构的特点是翡翠因受力而轻微破碎时,矿物晶粒发生破裂、扭折或位移,矿物呈波状消光。矿物颗粒之间的接触处发生破裂,形成带棱角的不规则碎屑,间有少量碎粒和碎粉,构成碎裂结构。

(二)糜棱结构

糜棱结构的特点是翡翠遭受十分强烈的应力作用,原岩矿物大部分被破碎成粉末,并滑动而形成层状似流动构造,少量残留物呈眼球状或残斑状,构成糜棱结构。

## 第四节 翡翠的颜色

### 一、翡翠的颜色分类

翡翠是世界上颜色最丰富的一种玉石,被誉为"玉中之王"。在自然界,翡翠可以有各种颜色,但主要的颜色种类有绿、红、紫罗兰、白、黄、蓝、灰、黑等,其中绿色的变化最多。民间有三十六水、七十二豆、一百零八蓝之说,说明翡翠颜色的变化多端。

在绿色翡翠中,最珍贵的颜色是玻璃艳绿色。颜色均匀、明亮的绿色翡翠称为"帝王玉"。一般认为,铬是导致翡翠呈祖母绿色的主要致色离子。

尽管绿色翡翠在市场上占据主导地位,但是近年来颜色特殊的翡翠也开始流行。如紫色、黄色、红色和黑色的翡翠。这些颜色的翡翠配以全新的款式,给人以耳目一新的感觉。

### 二、紫色翡翠

(一)主要特征

紫色翡翠的矿物组成较纯,以硬玉为主,占96%以上,有时含少量绿辉石或钠长石。副矿物有榍石、锆石和磷灰石。经过交代蚀变的紫色翡翠中可以出现钙铝榴石、绿帘石等。钙铝榴石和榍石共生,产出在放射状硬玉的核心部位。

紫色翡翠一般呈致密块状构造,有时具角砾状构造。在有绿色存在时,可呈斑杂状和脉状构造。经过交代蚀变可出现条带状和斑点状构造。多数紫色翡翠的硬玉矿物呈定向或半定向排列,有时也呈现扇形和放射状排列。

紫色翡翠的物理性质与白色翡翠及淡绿色翡翠的物理性质相似,摩氏硬度为6.5~7,密度为3.30~3.34 g/cm$^3$。折射率(点测)为1.66左右。紫外灯照射下无荧光反应。在反射光下,紫色翡翠有明显的翠性。在透视光下有典型的粒状镶嵌结构。

(二) 颜色品种

紫色翡翠的紫色呈块状或斑状分布,一般不太均匀,从来不呈色根出现。不同色调紫色翡翠的颜色有其特殊性,主要有以下几种颜色品种。

1. 蓝紫色翡翠

蓝紫色翡翠的颜色偏蓝,这种颜色的紫色翡翠一般呈粒状结构,颗粒较粗,不透明,颜色不均匀。

2. 粉紫色翡翠

粉紫色翡翠的紫色带有粉红色色调,有时粉红色色调多于紫色色调,有时紫色色调又多于粉红色色调。一般颜色比较淡,且分布比较均匀。因此,行家将其比拟为藕粉色。

3. 茄紫色翡翠

茄紫色翡翠是指夹有灰色的紫色翡翠。其颜色分布较均匀,较暗。若与其他紫色翡翠相比,其结构比较细,多数呈细粒结构,也有呈纤维状结构。半透明的冰种。在放大条件下,往往可见含有灰黑色尘点状包体,也可能含有混合微细包体,这可能是其颜色鲜明度差的主要原因。

4. 桃红紫翡翠

这种颜色的翡翠极稀少,颜色为桃红色微带紫色,颜色分布均匀,透明度高,水头足,质地细。这种桃红色翡翠只在国际拍卖会上出现过:一次是20世纪80年代在苏富比拍卖行展出过一桃红色翡翠观音,十分诱人。另一次是在1999年,佳士得拍卖行展出的桃红色翡翠图章。

5. 近蓝色翡翠

这种颜色的翡翠呈浅蓝色、海蓝色,带有较少的紫色色调,颜色较均匀,透光性比较好。这种蓝色翡翠非常少见。

### (三)化学成分及颜色成因

不同色调紫色翡翠的主要化学成分 $SiO_2$ 为 58.72%～59.85%,$Al_2O_3$ 为 24.21%～24.82%,$Na_2O$ 为 14.45%～15.00%;次要化学成分 MgO 的含量为 0.09%～0.42%,CaO 为 0.19%～0.68%。

对颜色产生影响主要是极微量的致色离子。主要有:$TiO_2$<0.01%,$Cr_2O_3$<0.01%,$Fe_2O_3$ 为 0.02%～0.14%,FeO 为 0.04%～0.16%,MnO 为 0.01%～0.04%。

欧阳秋眉(2001)通过对紫色翡翠的矿物成分、结构、构造及成色机理进行综合研究,认为紫色翡翠的颜色属原生色,在形成期次上应早于绿色。Fe、Mn、Ti、Mg 等杂质离子组合是导致紫色翡翠呈色的主要原因。

## 三、墨翠

墨绿色的翡翠,在反射光下呈黑色,在透射光下则呈现暗绿色。这种颜色的"隐性"特征使其更具魅力。这种翡翠商业上称为墨翠,矿物学名称为绿辉石玉。

### (一)主要特征

玉石呈玻璃光泽(强的反射性是由于其具有细粒结构、抛光性好的缘故),透明—半透明,结构细腻,呈显微纤维状结构,少见显微粒状结构,摩氏硬度为 7,密度 3.34～3.44 g/cm³,折射率 1.667～1.670(点测法),查尔斯滤色镜下呈黑色,无荧光效应。

墨翠的主要矿物为绿辉石,含量为 80%～90%。仅含少量的硬玉、钠铬辉石和极少量的黑色物质。

薄片中绿辉石呈纤维状微晶,无色到灰绿色或蓝绿色,具明显的多色性(黄绿色—蓝绿色),二轴晶正光性,2V=70°,最高干涉色为Ⅱ级。

有些绿辉石玉具有碎斑结构,斑晶定向性差,有时具有弱定向性,粒径可达 0.5 mm×0.8 mm～0.4 mm×0.9 mm。

### (二)墨翠与相似玉石的区别

目前,在翡翠市场上出现了大量的黑色玉料,其外观、颜色、结构和透明度与绿辉石玉非常相近。这些相似玉石主要是黑色的闪石玉和蛇纹石玉。根据它们的相对密度、折射率和红外光谱特征(图3-1)(欧阳秋眉,2001),可以很容易地把它们与绿辉石玉区分开来(表3-2)。

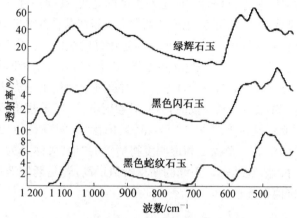

图3-1　绿辉石玉及其仿制品的红外光谱

表3-2　绿辉石玉与其仿制品的比较

| 玉　　种 | 摩氏硬度 | 密度/(g·cm$^{-3}$) | 折　射　率 |
| --- | --- | --- | --- |
| 绿辉石玉 | 7 | 3.34～3.44 | 1.667～1.670 |
| 黑色闪石玉 | 6 | 约3.00 | 约1.62 |
| 黑色蛇纹石玉 | 4.5 | 约2.52 | 1.52 |

注:据欧阳秋眉,2001。

## 第五节　翡翠的评价

颜色、透明度、瑕疵等是评价翡翠的一般方法。

### 一、颜色

优质翡翠的颜色为翠绿色。翠色应具有"浓、阳、正、和"的特点。

"浓"指翡翠的绿色饱满、碧绿;"阳"指翡翠的绿色鲜艳明亮、不暗淡;"正"指翡翠呈翠绿色而无杂色,且翠绿色自然柔和;"和"指翡翠的绿色分布均匀而无深浅之分。

对翡翠颜色进行评鉴时应选择正确的光线,在同一背景条件下观察不同的饰品。一般而言,色淡的翡翠在早晨和黄昏观察更美丽,而色浓的翡翠在中午阳光下观察较美。若是镶好的戒面,衬底和不衬底的饰品其颜色有差异,为了增加色的浓度,珠宝商在制作戒指时经常在色不太饱满的戒面底下衬一金属片。要对这种戒面作出正确评价,最好取下来透过光进行观察。同时,衬底对瑕疵还有一定程度的掩盖。

根据翡翠颜色将翡翠划分为正绿、偏蓝绿、偏黄绿和灰黑绿等。一般根据翡翠的致密程度和透明度将翡翠的"地"大体分为老坑玻璃地、冰地、糯地、豆地等。正绿的翡翠价值最高,若是老坑玻璃种又无瑕疵,则价值很高。

## 二、透明度

透明度在翡翠评鉴中俗称"水头"或"地"。"水头好"是指翡翠的质地致密细嫩、透明度高、光泽晶莹。一般而言,翡翠的透明度越高,水头越好,则其价值就越高。

## 三、形状

大多数的翡翠饰品主要是椭圆形的,也有其他形状的翡翠雕件,如动物、植物及山水图案,但这些玉雕形状与雕工必须逼真、生动,方能为人们所偏爱,其价格也就很高。

## 四、瑕疵

翡翠中的瑕疵主要表现为细小的裂纹、斑点等,这些瑕疵均会影响玉石的品质。常见的瑕疵有黑点、白棉、裂绺等。按瑕疵的有无和明显程度分为无瑕、微瑕、小花、中花、大花几个档次。估价时可分别在颜色、透明度等估价的基础上乘上一个瑕疵(或净度)系数,若以无瑕为1,微瑕为0.75,小花为0.50,中花为0.30,大花为0.20,那么,有花的翡翠,价值要比无瑕的翡翠低50%左右。因此,翡翠估价中瑕疵是不可忽略的影响因素之一。

### 五、其他因素

雕工:雕刻的工艺水平与饰品的象征意义都对翡翠的价格有重要影响。

重量:相同品质的翡翠饰品,一般而言,重量越大,价格也越高。

光泽:除了上述条件外,优质翡翠还要求光泽鲜明,不可阴暗。

完美程度:无裂痕、裂隙,无杂质,无杂颜色,重量大小适中的翡翠,其完美程度高,因而价格也高。

当然,翡翠的评鉴是比较困难的事情,只有不断地实践和学习,对影响翡翠质量的因素作出综合评价和分析,方能得出比较客观、公正的结论。

## 第六节 翡翠的鉴别

### 一、翡翠与其相似玉石的鉴别

市场上充作翡翠的玉石很多,这些玉石其外观与翡翠很相似,主要有软玉、钙铝榴石、葡萄石、岫玉、石英岩质玉(包括东陵石、密玉、京白玉)、独山玉、水钙铝榴石等。其鉴别特征见表3-3。

表3-3 与翡翠相似的天然玉石的鉴别特征

| 名称 | 颜色 | 光泽 | 密度/(g·cm$^{-3}$) | 摩氏硬度 | 折射率 | 外观特征 |
|---|---|---|---|---|---|---|
| 翡翠 | 翠绿,浅绿,白色,藕粉色 | 玻璃油脂 | 3.330 | 6.5~7.0 | 1.670 | 颜色不均匀,主要矿物是硬玉,变斑晶交织结构,光泽强,有的可见石花 |

续 表

| 名 称 | 颜 色 | 光泽 | 密度/(g·cm$^{-3}$) | 摩氏硬度 | 折射率 | 外 观 特 征 |
|---|---|---|---|---|---|---|
| 软玉 | 白色,绿色,墨色,黄色 | 油脂玻璃 | 2.941 | 6.0~6.5 | 1.630 | 质地细腻,无斑晶,细小纤维状交织毡状结构 |
| 钙铝榴石 | 白底上嵌布绿点 | 玻璃 | 3.602 | 7.0~7.5 | 1.730 | 颜色不均匀,绿色呈点状,粒状结构,无细小纤维状晶体 |
| 葡萄石 | 黄绿色 | 玻璃 | 2.863 | 6.0 | 1.640 | 颜色不均匀,绿色呈点状,粒状结构,无细小纤维状晶体 |
| 岫玉 | 黄绿色 | 蜡状 | 2.583 | 2.5~5.5 | 1.530 | 颜色均一,纤维状网格结构,有黑点 |
| 密玉 | 白色,暗绿,淡绿 | 玻璃油脂 | 2.672 | 7.0 | 1.550 | 颜色均一,等粒状结构,可见铬云母及绿泥石晶体 |
| 独山玉 | 白色,绿色,褐色 | 玻璃油脂 | 2.903 | 6.5~7.0 | 1.580 | 颜色不均,粒状结构 |
| 水钙铝榴石 | 浅绿色 | 玻璃 | 3.485 | 7.0 | 1.730 | 颜色均一,有较多黑色斑点或斑块,粒状结构 |

## 二、翡翠与仿制品的鉴别

市场上常见的仿翡翠制品有染色劣质翡翠、染色石英岩、脱玻化玻璃、绿色玻璃等。鉴别的方法是:仔细观察绿色在玉石中展布情况,内部结构特征,有无石花,黑色矿物包体是否熔融,玻璃仿制品可放大观察其内部有无圆形气泡和旋涡状波纹,并测试摩氏硬度、密度、折射率等。

(一)染色翡翠

用染色劣质翡翠来冒充高档翡翠,这种染色翡翠的斑晶周围裂隙处绿色加深或变浅,无绿色斑晶或绿色纤维状晶体,绿色多沿裂隙分布。用查尔斯滤色镜观察呈粉红色。而天然翡翠呈绿色。

（二）染色石英岩

染色石英岩具等粒状结构。颗粒周围裂隙处绿色加深或变浅,绿色在裂隙处不连贯。密度为 2.640 g/cm³,折射率为 1.540 左右,均低于翡翠。另外,黑色矿物包体边缘无熔融现象。

（三）脱玻化玻璃

脱玻化玻璃颜色呈暗绿色、黄绿色。外观与翡翠相似,结构呈变斑晶交织结构,但透明度好,无石花。密度为 2.632 g/cm³,折射率为 1.562,均低于翡翠。

（四）绿色玻璃

绿色玻璃半透明乳白状。绿色为醒目的斑点,放大观察可见圆形气泡和旋涡状波纹。

（五）"八三玉"翡翠

"八三玉"翡翠是 1983 年在缅甸北部发现的一种新类型的玉石。也称为"巴山玉"、"爬山玉"等。八三玉的主要矿物成分是硬玉,少量绿辉石、碱性角闪石等。其中硬玉含量占 90% 左右。

八三玉具半自形—他形粒状变晶结构、纤维状变晶结构,条带构造、碎裂构造、糜棱构造、角砾构造发育。硬玉矿物受挤压、变形、波状消光及硬玉的再结晶现象十分明显。硬玉矿物结晶粒度一般在 1 mm 以上,最大的达 4 mm,压碎、糜棱化后的硬玉矿物结晶粒度一般在 0.01 mm 以上。八三玉的结构、构造、矿物特征,综合反映了玉石曾受到强烈地质应力作用的特点。因此八三玉的显微裂隙、微裂隙及晶粒间间隙都十分发育。

八三玉由于内在结构的疏松,大部分需要优化处理,用聚合物充填方法使八三玉内部及外表达到完美,优化处理过的八三玉呈半透明状,颜色以乳白、灰白、浅绿为底色,底色中常嵌有绿、暗绿、墨绿色云朵状、浸染状、脉状及团块状色斑,犹如飘花。

优化处理过的八三玉,紫外荧光下呈现蓝白荧光,密度3.30 g/cm³,具龟裂结构,敲击玉体音质沉闷。

### 三、翡翠的优化处理及其鉴别

目前珠宝市场上的主要玉石品种是翡翠。其中部分翡翠经过了人工处理,人为地改善了其透明度和色彩,使得翡翠有了A货、B货和C货之分。

翡翠A货是指那些除了切磨加工打蜡之外,未经其他任何人工优化处理的翡翠制品。

B货是经过了酸、碱浸泡漂白(去除脏杂物),而后经注胶(或注蜡)充填处理(固结和增加透明度)后的翡翠制品。

染色处理过的翡翠制品则称之为C货。那些既漂白充胶,又染色的则称之为B+C货。这种处理过程虽然改善了翡翠的外观,但对翡翠的结构会造成严重的破坏,影响翡翠的使用寿命。鉴别处理翡翠比较困难,可以从以下几方面进行。

(一)观察

1. 外观

翡翠A货一般呈玻璃光泽;B货一般呈蜡状光泽,同一批货色泽大致相同。表面结构:放大观察,A货表面光滑,有微波纹状起伏,粒间或微裂隙中可见黄褐色或黑褐色铁锰氧化物;B货表面可见到蛛网状或沟渠状纹,粒间或微裂隙中很干净;C货表面可见颜色色素只分布于微裂纹和矿物颗粒之间的缝隙中。

2. 声音

B货翡翠相互间轻轻碰撞时发出的声音较沉闷;A货翡翠则较清脆。为了保护消费者的利益,我国国家标准规定凡经非常规方法处理过的珠宝玉石必须在标签标识上给予明确的标识,如翡翠(漂白充填),翡翠(B处理),翡翠(染色)等等。

(二)宝石学测试

要对翡翠的真伪和质地作出准确鉴定,仅凭经验是远远不够的。

还需通过实验室常规的宝石学测试参数,如折射率、相对密度、吸收光谱等,方可作出科学、准确的判断。

近年来,红外光谱和拉曼光谱在宝石鉴测中得到广泛应用。实践证明,红外光谱和拉曼光谱在翡翠的鉴测,尤其是优化处理翡翠的鉴测中具有重要意义。图 3-2 和图 3-3 分别为天然翡翠和优化处理翡翠的红外光谱图。

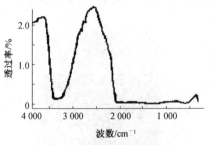

图 3-2　天然翡翠红外光谱图　　图 3-3　优化处理翡翠红外光谱图

市场上常见的还有一种人工处理翡翠——镀膜着色翡翠。这种翡翠一般选用无色、水头较好的翡翠原料,用泰国或法国生产的清水漆涂在表面,待漆干燥后,便形成了几十微米的薄膜。这种镀膜翡翠在查尔斯滤色镜下不变色,分光镜下观察也不具天然翡翠特有的吸收谱线,折射率为 1.54(薄膜的折射率),密度为 $3.3 \text{ g/cm}^3$,很容易被误认为是澳玉。放大检查表面呈现绿色斑点,绿色有飘浮之感,仔细检查发现薄膜有受损之处,用针刻划,可划破薄膜,从而辨别真伪。

## 第七节　中国四大国宝翡翠

我国的四大国宝翡翠——岱岳奇观、含香聚瑞、群芳览胜和四海腾欢现陈列于北京中国工艺美术馆"珍宝馆"。这四大翡翠国宝是由北京玉器厂近 40 名玉雕大师,利用四块大型翡翠原料,从 1982 年开始,耗时整整六年时间精雕细刻而成的异常珍贵的翡翠玉雕作品。

这四件玉雕作品于1990年获国务院嘉奖和中国工艺美术百花奖"珍品"金杯奖。

## 一、岱岳奇观

翡翠景观《岱岳奇观》(图3-4),作品高78 cm、宽83 cm、厚50 cm,重363.8 kg。这件作品以珍贵的翠绿充分表现泰山正面的景色,突出了十八盘、玉皇顶、云步桥等奇景,显示了泰山的雄伟气势和深邃意境。

图3-4 《岱岳奇观》

图3-5 《含香聚瑞》

图3-6 《群芳览胜》

## 二、含香聚瑞

翡翠花薰《含香聚瑞》(图3-5),作品高71 cm、宽56 cm、厚40 cm,重274 kg。薰的主身是以两个半圆合成的圆球体,集圆雕、深浅浮雕、镂空雕于一体,综合体现了我国当代琢玉技艺无可比拟的高、精、尖水平。

## 三、群芳览胜

翡翠花篮《群芳览胜》(图3-6),作品高64 cm,其中满插牡丹、菊花、月季、山茶等四季香花,是当今世界最高大的一个翡翠花篮,这只篮上的两条玉链各40 cm长,并各含32个玉环。玉雕大师足足花了整整八个月的时间才得以完成。

### 四、四海腾欢

翡翠插屏《四海腾欢》(图3-7),作品高74 cm、宽146.4 cm、厚1.8 cm,插屏整个画面以我国传统题材"龙"为主题,9条翠绿色巨龙,在白茫茫的云海里恣意翻滚、气势磅礴,是目前世界最大的翡翠插屏。

图3-7 《四海腾欢》

# 第四章 软 玉

**内容提要**

本章主要介绍了被誉为"中国玉"的软玉的特征。包括软玉的发展历史、软玉的一般特征、软玉的分类、软玉的质量评价和估价以及软玉的成因等。并介绍了故宫博物院珍藏的我国最大的清代软玉玉雕品"大禹治水图"。最后介绍了软玉的产地。在众多软玉的产地中,重点介绍了我国乃至世界上最典型的软玉——新疆和田玉的特征、矿物和化学组成、结构构造及其鉴别等。同时介绍了软玉中的珍品——软玉猫眼的新的发现产地,并对软玉猫眼的宝石矿物学、矿物谱学进行了详细地介绍。指出该地区所产的软玉猫眼是我国特色矿产资源开发利用的典范,是继"台湾软玉猫眼"之后,又一新的亮点。

## 第一节 软玉的发展历史

软玉因最早产于我国新疆和田县,又称"和田玉"。软玉在我国有悠久的历史。中国在世界上素有"玉石之国"之称。玉在中国作为一种特殊的文化,已深深地融入了中国的历史长河,从原始社会的旧石器时代起,贯穿于中国各个朝代。东汉许慎提出"玉,石之美,有五德",即"仁、义、智、勇、洁",正所谓"君子比德如玉","润泽以温,仁也","缜密以粟,知也","瑕不掩瑜,瑜不掩瑕,忠也","叩之,清越以长,其声诎然,乐也"等。我国古代的玉器及玉制品大多属于软玉。

中国是玉文化发育最早的国度。考古证实,和田玉早在新石器时代已被先民使用,远远早于翡翠。中国历代软玉饰物、玉器报道甚多,诸如商代的圭、璋、璧、琮,西周代的玉佩、璧,秦代的玉玺,汉代的金镂玉衣,唐代的玉莲花,宋代的玉观音,明代的璞玉等等。

故宫博物院珍藏着最大的清代软玉玉雕琢件"大禹治水图",该玉料属软玉中的青玉,于1781年(乾隆46年)运往扬州雕琢,1787年玉雕运回京城,历时六年,当时安放于故宫乐寿堂内,重5 330 kg。玉料采于叶尔羌密尔山区,玉雕画面生动,气势宏大,呈现"卓立如峰,峻岭叠嶂,瀑布急涌,遍山古木苍松,洞穴沟壑,成群结队的民工们在悬崖峭壁之上,锤凿打石,镐刨砂砾,用简单扛扞撬石开山"的磅礴宏伟之气,再现了大禹治水时的壮观景象,实属难得的巨玉良工,成为和田玉雕的稀世珍宝。玉雕作品高224 cm、宽96 cm,乾隆皇帝在玉雕山景背面御题:"功垂万古德万古,为鱼谁弗钦仰视。画图岁久或湮灭,重器千秋难败毁。"以博千古之名。

## 第二节 软玉的一般特征

软玉是一种具链状结构的含水钙镁硅酸盐的显微纤维状或致密块状矿物集合体。矿物组成以透闪石、阳起石为主。次要矿物为蛇纹石、斜黝帘石、透辉石、磷灰石、方解石、楣石、磁铁矿等。

透闪石、阳起石矿物属单斜晶系,晶体呈纤维状或针柱状。颜色多种多样,呈白、青、黄、绿、黑、红等色。一般为油脂光泽,有时为蜡状光泽。半透明至不透明。折射率点测 1.60～1.61,双折射率 0.021～0.023。摩氏硬度6～6.5,密度2.9～3.1 g/cm$^3$。断口参差状。韧性极强,质地细腻。

表4-1列出了世界其他地区典型软玉的化学成分。化学式为 $Ca_2(Mg,Fe)_5(Si_4O_{11})_2(OH)_2$。

表4-1 世界其他地区典型软玉化学成分(质量分数%)

| 产地 | SiO$_2$ | TiO$_2$ | Al$_2$O$_3$ | Cr$_2$O$_3$ | FeO* | MnO | MgO | CaO | NiO | K$_2$O | Na$_2$O |
|---|---|---|---|---|---|---|---|---|---|---|---|
| 台湾软玉 | 58.61 | — | — | — | 3.51 | 0.12 | 24.09 | 10.42 | — | — | — |
| 新疆和田玉 | 56.38 | 0 | 1.24 | 0 | 3.13 | 0.15 | 22.49 | 13.12 | 0 | 0.32 | 0.34 |
| 俄罗斯软玉 | 57.97 | 0.05 | 1.16 | 0 | 4.57 | 0.14 | 22.39 | 12.00 | 0 | 0.09 | 0.09 |

续　表

| 产　　地 | $SiO_2$ | $TiO_2$ | $Al_2O_3$ | $Cr_2O_3$ | $FeO^*$ | $MnO$ | $MgO$ | $CaO$ | $NiO$ | $K_2O$ | $Na_2O$ |
|---|---|---|---|---|---|---|---|---|---|---|---|
| 加拿大软玉 | 52.78 | 0.01 | 2.72 | 0.26 | 4.86 | 0.41 | 21.20 | 12.20 | 0 | 0.20 | 0.03 |
| 巴西软玉 | 59.97 | 0.23 | 0.88 | 0 | 1.29 | 0.10 | 24.31 | 12.52 | 0 | 0.06 | 0.35 |
| 软玉理论值 | 58.80 | — | — | — | — | — | 24.60 | 13.80 | — | — | — |

## 第三节　软玉与相似玉石的区别

与软玉相似的玉石主要有：石英岩玉、大理石、玉髓、蛇纹石玉、翡翠、钠长石玉及独山玉等。

### 一、软玉与石英岩玉鉴别

白玉易与白色石英相混。其主要鉴别方法如下。

1. 在大小相同的情况下，用手掂一掂两块石头，软玉较石英岩重，因为软玉的密度（2.9～3.1 $g/cm^3$）较石英岩的密度（2.65 $g/cm^3$）大。石英岩玉在三溴甲烷（密度2.9 $g/cm^3$）中浮起；而软玉则在三溴甲烷中下沉。

2. 软玉较细腻，石英岩则相对较粗。

3. 在透射光下，用10倍放大镜观察，软玉结构为纤维交织结构，且颗粒一般细小，难以辨认颗粒形态。而石英岩为粒状结构，较易见到其颗粒形态。

4. 软玉的折射率是1.60（点测法），石英岩则为1.54（点测法）。

### 二、软玉与大理岩玉鉴别

白玉也常与大理岩相混。其鉴别方法主要如下。

1. 软玉的摩氏硬度（6～7）明显比大理岩的摩氏硬度（3）高。用刀片在制品的不显眼处刮时，软玉很难刮动，而大理岩很容易刮动。

2. 在透射光下，用10倍放大镜观察时，可见大理岩为粒状结构,与软玉的纤维交织结构明显不同。

3. 大理岩的折射率1.49～1.66。点测法为1.60~1.62,此数值与软玉的折射率(1.60)十分相近,因而,用折射仪来鉴别它们时,一定要结合其他鉴别方法进行确认。

4. 大理岩的密度($2.72$～$2.86$ $g/cm^3$)比软玉低,在三溴甲烷(密度$2.9$ $g/cm^3$)中浮起;而软玉则在三溴甲烷中下沉。

5. 滴稀盐酸在制品上,若为大理岩则起泡,若为软玉则不起泡。值得注意的是,该种检测应在制品不显眼的地方进行,属有损性检测。因此,尽量不要使用这种鉴别方法。

### 三、软玉与玉髓、蛇纹石玉、翡翠、钠长石玉及玻璃的鉴别

鉴别软玉与其相似玉石时,应先进行肉眼鉴定,然后选择有效的仪器鉴别方法,进行准确鉴别。

玉髓是隐晶质的石英质玉石,由很细小的石英集合体组成。白玉髓很像白玉。其透明度也较白玉好。玉髓的密度为$2.60$ $g/cm^3$,因而,手掂制品时,有比软玉(密度$3.00$ $g/cm^3$)轻的感觉。玉髓的折射率(1.53)也明显比软玉的折射率(1.60)低。

白色蛇纹石玉与白玉较相似。蛇纹石玉透明度较白玉好,摩氏硬度(2～5)较白玉摩氏硬度(6)低,同时,蛇纹石玉的折射率(1.56~1.57)及密度(2.57)也都比白玉低。

冰种翡翠很像白玉。冰种翡翠的透明度比白玉好。翡翠的折射率(1.66)及密度($3.34$ $g/cm^3$)都比白玉高。

钠长石玉的折射率(1.53)及密度(2.61)都比白玉低。

玻璃仿白玉的情况很常见,尤其在地摊、旅游景点及低档玉石市场上,经常见到玻璃挂件、手镯及摆件。仿白玉的玻璃,从颜色、透明度及光泽上,很难与白玉区别,因而,常有人受骗上当。

玻璃制品内部常见有气泡,且气泡的形态为球形。虽然玻璃制品的折射率变化大,但一般还是比白玉折射率偏低。仿白玉的玻璃

的密度变化也较大,但常比白玉的密度低。

## 第四节 软玉的质量评价

对软玉的质量评价,申柯娅等(2003)提出可以从颜色、质地、裂纹、洁净度、体积(块度)等方面进行。

### 一、颜色

软玉的颜色是评价软玉质量的重要标志之一。根据软玉的颜色,可将软玉分为白玉、青玉、碧玉、黄玉、墨玉、糖玉,以白、青、碧、黄、墨为本色,其中以白色者为最优。

(一) 白玉

白玉指颜色呈白色的软玉,是软玉中颜色最好的。其中又可细分为羊脂白、梨花白、雪花白、象牙白、鱼骨白、糙米白、鸡骨白等,又以呈羊脂白色(状如凝脂)者为最佳,价值也最高。

(二) 青玉

青玉指颜色呈淡青绿色、带灰绿色的软玉。在青玉中以颜色越接近白色者越好。

(三) 碧玉

碧玉指颜色呈绿色、鲜绿色、深绿色、墨绿色或暗绿色的软玉。

(四) 黄玉

黄玉指颜色呈黄色、蜜黄色、栗黄色等黄色调的软玉。由于黄玉较稀少,质优者价值不低于羊脂白玉。

(五) 墨玉

墨玉指颜色呈黑色、墨黑色的软玉,其中颜色的分布形状与墨玉的质量有着很大的关系,呈面状分布为好,如呈点状分布则差。

(六) 糖玉

糖玉指颜色呈红褐色的软玉。在软玉中糖色被视为杂色,居从属地位,可利用作为俏色者,则具有一定的价值。

## 二、质地

质地的好坏是评价软玉质量最为重要的因素。质地细腻、温润是玉必须具备的基本条件,也是区分玉与石的主要标志。软玉的质地在玉石行业中习惯以坑、形、皮、性来判断。

### (一)坑

坑指软玉的具体产地。我国软玉主要产自新疆,但因具体产地(坑口)的不同,软玉的质量是不同的,外表特征也不一样。著名的坑口有戚家坑(所产软玉色白而质润)、杨家坑(所产软玉外带栗子皮色,内部色白质润)等,行话"坑好",就意味着软玉质地好。

### (二)形

形指软玉的外形。由于软玉具有不同的产状类型,它们所产出的软玉外形是不同的。山料产于原生矿床,未经搬运磨圆,因此通常呈棱角状;山流水玉产于残、坡积和冰川堆积层中,其棱角略有磨圆,外表相对较平滑;仔玉产于河床中,经一定的风化和搬运作用,其磨圆度较好,常呈卵石状。在这三种产状类型中,山料的质量变化较大,与所产的坑口有关;仔玉由于受风化影响,常有外皮,内部玉质一般较纯净,多是好质的玉,质地细腻、润泽;山流水玉的质量介于山料和仔玉之间。

### (三)皮

皮指软玉的外表特征。皮的特征可以反映软玉的内在质量。高质量的软玉应该是皮如玉,即皮好内部玉质就好。

### (四)性

性指软玉的内部结构,即组成软玉的微小矿物晶体的颗粒大小、晶体形态以及它们的排列组合方式。优质的软玉结构越细腻,其玉石的质地也就越细腻,状如凝脂者为最好。

## 三、裂纹

裂纹的存在对软玉的耐久性有着很大的影响,有裂纹的软玉其价值将大大降低。对于优质软玉更是如此。

**四、洁净度**

洁净度是指软玉内部含有瑕疵的多少。由于软玉为多晶质集合体,同一块玉石中颗粒的或玉质的不均匀程度有所不同,颗粒大小的不均匀分布,可以造成软玉质地的不均匀,主要表现为石钉、石花、米星点等。在一块玉石中,玉质的分布往往是不均匀的,在玉石行业中通常称玉质好的部分为阳面,玉质差的部分为阴面。因此在评价软玉的洁净度时还应注意这一特点。

**五、体积(块度)**

体积(块度)是指软玉的大小或重量。一般情况下,在颜色、质地、裂纹、洁净度相同的条件下,软玉的体积(块度)越大,价值也就越高。虽然软玉不是以重量为确定其价值的主要标志,但是在同等质量条件下,重量还是具有一定的影响的。这一点在软玉的质量分级中很明显。

总之,对软玉的质量及价值进行评价,首先需从上述五个方面进行观察,确定软玉的质量,然后再结合设计创意和加工水平进行综合评价。优质的软玉应满足质地细腻、温润,颜色均匀、明亮,玉石洁净且没有裂纹等条件。

## 第五节 软玉的估价

在评价山料时,首先要看玉料的块度大小,一般而言,块体越大价值越高;其次要看玉的白度是否好,越白越好;然后要看玉的细腻、均匀程度,是否有油性,是否温润,瑕疵的多少及分布情况等因素。有些山料,如青海软玉,有时带有团状绿色,这对白玉的价值是有贡献的,团状的绿色越正越均匀越好。有些山料有糖皮,如和田玉、青海软玉、俄罗斯软玉料有的有一层几毫米甚至几厘米的糖皮,如果糖皮颜色很漂亮,其价值也会相应提升。

仔料的质量好于山料和山流水,如果仔料有很漂亮的红皮,将大大提升其价值,原因是可利用红皮制作成俏色绝品,市场价值倍增。人们通常将软玉分为如下几个级别。

## 一、羊脂白玉

羊脂白玉因色似羊脂而得名。羊脂玉质地细腻温润,油性特佳,是白玉中的极品,仅产于新疆,十分稀少。现在市场上块度超过1 kg的羊脂白玉原料价值约10万元,十几kg更是罕见,价值更高;超过0.1 kg的羊脂白玉价格在2万至5万元,几十克的一块羊脂玉也要3 000元至5 000元。

## 二、青白玉

青白玉是以白色为基调,白中透青,常见有葱白、粉青、灰白等,属白玉与青玉的过渡品种,现在市场上青白玉的价值为2 000元/kg至10 000元/kg不等。

## 三、青玉

青玉由淡青到深青色,颜色的种类很多,好的青玉呈淡绿色,色嫩,质细嫩,也是较好的品种。由于划到青玉品种的软玉范围略大,所以价格差别也非常大,每kg 150元至8 000元不等,上佳青玉有的价格也高达每kg 1万多元。

## 四、黄玉

黄玉由淡黄到深黄色,有栗黄、秋葵黄、黄花黄、鸡蛋黄、虎皮黄等色。黄玉的产出非常稀少,价值极高。

市面上的和田黄玉仔料分两类,一种是黄皮沁仔料,一种是黄玉原生仔料。

黄皮沁仔料的黄玉的必须是里面的肉质也被沁色为黄色,内外色一致,不露白、黄色不是由外向内变淡的才能称为黄玉。否则就是黄皮仔玉。

一般而言，黄皮沁仔料的黄玉较为常见，黄玉原生仔料则稀少得多。两者的区别在于硬度和皮色。黄皮沁仔料的硬度要远低于黄玉原生料，也低于一般的仔料。黄玉原生仔料除了玉质是黄色之外多半带褐色皮或红皮，而黄皮沁仔料的黄玉则内外色调统一均为黄皮色。

### 五、墨玉

墨玉由墨色至黑色，抛光后油黑发亮，该品种也不多见。这个品种将是今后收藏的热点，质量上乘的墨玉价格将会大幅上涨。

### 六、碧玉

碧玉有绿、深绿、暗绿色，质地往往不如其他玉种均匀洁净，一般黑斑和玉筋明显。

评价软玉玉料时，首先要看是哪个品种和级别，在区分大类后，再看料的形状、有无绺裂、有无杂质、细腻滋润程度、颜色是否白、有无俏色可利用等几个方面。看料的形状是否好的原因在于要判断能制作器皿还是花鸟人物，能否最大限度、最经济地利用玉料。评价软玉最关键的是看白度、细腻、温润程度及油性大小。绺裂、瑕疵的影响要视所处的位置、大小、分布情况，如果是可以剔除的，则影响不大，如果直接影响到设计方案且无法剔除，则严重影响软玉价值。

长期以来和田玉一直深受国内外收藏家的青睐。2003年，在香港苏富比拍卖会上，一件清乾隆年间的"白玉雕十六罗汉山子"，以902万港元（约合956万元人民币）成交，创新中国和田玉成交最高纪录。2005年11月1日在郑州举行的河南日信秋季文物拍卖会上，一块新疆碧玉雕琢的清代"碧玉龙纹缸"征服了现场所有竞拍者，拍出480万元人民币的天价。仅有5 cm高、底价78万的玉猪龙色泽鲜活润透，犹如羽化成仙，堪称玉中罕品，并最能体现红山文化玉雕的最高成就。和田玉已被雕成2008年北京奥运会会徽徽标和金镶玉奖牌。

## 第六节 软玉的成因类型

软玉有两大成因类型：原生矿床和砂矿。前者产山料，后者产仔料。

### 一、软玉的原生矿床成因类型

软玉的原生矿床主要有接触交代型及蚀变交代超基性岩型。

接触交代型软玉矿床是产于花岗岩、花岗闪长岩与白云质大理岩接触带中的矿床。伴生蚀变矿物主要有：尖晶石、镁橄榄石、透辉石及金云母等。矿体呈不规则脉状、透镜体状及束状，以白玉、青白玉及青玉为主。

这类矿床最典型的例子是新疆和田—于田地区的软玉矿床。由于该类软玉矿床的侵入体和围岩含铁质较蚀变交代超基性岩低，因而，该类矿床所形成的软玉颜色较浅。

蚀变交代超基性岩型软玉矿床是指产于蛇纹石化橄榄岩及蛇纹石化辉石岩中的软玉矿床。伴生蚀变矿物除蛇纹石外，还有绿泥石及尖晶石。矿体呈透镜体状、扁豆及不规则脉状。软玉颜色深，为浅绿—深绿，属闪碧玉品种。

该类矿床以我国新疆天山地区玛纳斯县境内的软玉为代表。

### 二、砂矿型软玉矿床的特征及产地

因软玉化学性质稳定、硬度和密度大，因而，在冰水、洪水及河流等营力作用的搬运下，可形成砂矿。

我国新疆软玉原生矿多产于海拔 4 000～5 000 m 的雪线一带，开采不便，但冰川砂矿或冲积砂矿开采方便，因而是软玉的重要来源。一般，软玉矿形成面积较大，长达几公里或几十公里，宽约几米至几十米，甚至数百米，厚度 1～2 m，个别达数十米。

中国是世界上出产软玉最古老、最著名的国家。最主要的产地为新疆和田县。除此之外,还有台湾花莲、四川石棉、青海格尔木、江苏溧阳、四川龙溪、福建南平以及辽宁岫岩等地。

世界其他产软玉的国家有：澳大利亚、加拿大、美国、俄罗斯、新西兰、巴西等。

# 第七节 新疆和田玉

## 一、和田玉的物质组成

(一) 矿物组成和化学成分

和田玉主要由针状、纤维状、柱状和毛发状透闪石矿物组成。白玉、青白玉、青玉和碧玉的透闪石含量基本相同,占98%以上。伴生杂质矿物含量较少,一般为1%~3%,有铬尖晶石、透辉石、绿帘石、斜黝帘石、镁橄榄石、磁铁矿、黄铁矿、磷灰石、针镍矿、白云石、石英、石墨、独居石等。

和田玉中的透闪石矿物粒度极细,为显微晶质和隐晶质。

透闪石矿物颗粒大小对和田玉质地有很大的影响。颗粒越粗,杂质增多,往往出现亚铁氧化成三价铁(呈红棕色,多见裂隙处),而使玉石质地下降。据唐延龄等通过电子显微镜观察：和田玉粒度 0.000 6 mm~0.003 mm,而四川龙溪软玉粒度 0.01 mm~0.05 mm。加拿大透闪石玉粒度小于 0.3 mm,澳大利亚科韦尔透闪石玉粒度 0.003 mm~0.11 mm,可以看出,和田玉粒度最细,因此质量最好。

(二) 和田玉的化学成分

和田玉是一种含水的钙镁硅酸盐,属角闪石族矿物,化学式为 $Ca_2(Mg, Fe)_5(Si_4O_{11})_2(OH)_2$,含少量 Cr、Ni、Co 等元素。由于透闪石中镁铁间为完全类质同象替代,置换不同,导致矿物颜色、特性不同。和田玉的化学成分如表 4-1 所示。

## 二、和田玉的物理性质

和田玉的摩氏硬度为 6.5~6.9,硬度较大,因而玉器抛光性好。

和田玉韧度大是其主要特点,因此非常适合玉器的艺术造型和精雕细刻。

和田玉多数呈微透明,少数呈半透明或不透明。油脂光泽。折射率 1.605～1.620,密度 2.934～2.985 g/cm³。

### 三、结构构造

据唐延龄等(1994)研究,和田玉有六种结构:毛毡状、叶片状、纤维状、纤维—隐晶质状、叶片—隐晶质状、放射(帚)状。其典型结构为毛毡状结构,即极微细的纤维状透闪石晶粒无定向交织成毛毡状,整体结构均一,因此其原料具有良好的致密性、"油性"、坚韧性及可雕性。随晶粒增大,结构逐渐变粗,品质逐渐变劣。

### 四、和田玉的分类

(一)按产出状态分类

和田玉按其产出状态分为如下 3 种。

1. 山料

山料也称山玉,指产于山上的原生矿,在地质学上称为原生矿床。山料的特点是大小不一、呈棱角状,质地不如仔玉。

2. 山流水

山流水是由采玉人和琢玉人命名,沿用至今。它是指原生玉矿由于地壳的升降和运动,伴随重力地质作用和冰川作用经冰雪融化或暴雨崩落,随着冰块、石块夹杂泥沙由冰川古道搬至山下,再由河水搬运至河流中上游的玉石。特点是距原生矿近,块度较大,棱角稍有磨圆,表面较光滑,质地优于山料。

3. 仔玉

仔玉又名仔料,指原生矿经风化剥蚀被流水搬运到河流中下游的砂矿中产出的玉。分布于河床或两侧干地中,裸露于地表或埋于地下。仔玉特点是块度小,常为卵形,表面光滑,质地优于山流水和山料。

（二）按颜色分类

和田玉按其颜色分为如下几种。

1. 羊脂玉

羊脂玉中透闪石占 99% 以上，粒度 0.000 6 mm × 0.033 mm ～ 0.001 mm × 0.01 mm，具纤维变晶交织结构或毛毡状结构，结构均匀。

2. 白玉

白玉以透闪石为主，呈板柱状、长柱状，粒度 0.009 mm × 0.002 mm ～ 0.018 mm × 0.006 mm，结构较均匀，个别透闪石颗粒粗大。

3. 青白玉

青白玉是白玉—青玉的过渡类型，粒度 0.000 6 mm × 0.002 mm ～ 0.014 mm × 0.004 mm，残余花岗变晶结构。

4. 青玉

青玉中微细透闪石约占 93% ～ 95%，粒度 0.001 3 mm × 0.005 3 mm ～ 0.006 mm × 0.004 mm，纤维变斑状或篱束变晶结构，局部为毛毡状、放射状结构，结构不均匀。

5. 墨玉

墨玉中透闪石为柱状、粒状，小粒 0.003 3 mm × 0.003 3 mm，大粒 0.008 mm × 0.005 3 mm，透闪石间有 0.01 mm × 0.006 6 mm 石墨填充。

除此之外，和田玉有一个特殊品种即璞玉，包括色皮（仔玉外表有一层不同色的表皮，属氧化所致，分秋梨子、虎皮子、黑皮子、鹿皮子）、糖玉（山料外有一层较厚的红褐色浸染，内为白玉或青玉）和袍玉（外围一层围岩）。

**五、和田玉的质地**

质地是玉石质量的综合表现，包括形状、滋润程度、裂纹、杂质等等。和田玉的矿物组成决定了其质地优良。

因和田玉粒度极细,所以质地非常细腻,是古人所谓的"缜密而栗",为其他玉石所不及。

温润滋泽,即具有油脂光泽,给人以滋润柔和之感,是古人所谓的"温润而泽",羊脂玉就是以玉滋润如羊脂一般而著名。

有适中的透明度,即是"水头好",为微透明,琢成的玉件显得水灵,有生气。

杂质极少,有的达到无瑕的程度,而且里外一致,是古人所谓的"瑕不掩瑜,瑜不掩瑕",或"鳃理自外,可以知中"。

## 第八节　四川软玉猫眼

### 一、四川软玉猫眼的新发现

软玉猫眼是软玉中的珍品,其宝石学价值、经济价值和观赏价值均远高于无猫眼效应的普通软玉。

软玉作为一种宝玉石资源,在世界范围内分布较广。软玉在我国分布广、储量大,目前已发现的有八处。在所有这些软玉矿中,只有台湾花莲产出的"台湾玉"和加拿大安大略省产出的少量淡绿色的透闪石玉具有猫眼效应。猫眼效应是一种宝玉石的光学效应。其形成条件如下。

(1) 宝(玉)石中含有大量平行且定向排列的包裹体,或宝石是由纤维状、长柱状的矿物沿一定方向排列组成。包裹体包括气液包裹体、纤维状和针状晶体或晶体在生长过程中留下的管状、空洞(如负晶、拉长的气泡等)等。

(2) 宝(玉)石必须切磨成底面平行于包裹体平面的弧面型,如两者不平行(有一定角度),则猫眼的眼线不居中,甚至不表现出猫眼效应。

自然界中,理论上能产生猫眼效应的宝石较多,但实际上,真正能够产生猫眼效应的宝玉石品种少,概率很小。尤其是猫眼(金绿宝石)、变石、祖母绿、海蓝宝石、软玉、蛇纹石、欧泊、堇青石、石榴石等宝(玉)石。因此能够表现出猫眼效应的这几种宝(玉)石是十分珍贵的,有的是十分罕见的。其中最为珍贵的是猫眼(金绿宝石)、变石猫眼和祖母绿猫眼。1998年4月27日在香港佳士得拍卖会上,一枚镶钻石的猫眼戒指(其中猫眼重51.2克拉)成交价409万港元;一对金绿猫眼链扣成交价63.6万港元;而一枚十分罕见的镶钻石的变石猫眼(其中变石猫眼重39.50克拉)估价220~270万港元。其他罕见的具有猫眼效应的宝石,如祖母绿猫眼则只能被博物馆收藏(美国华盛顿斯密斯博物馆收藏有一颗哥伦比亚产的祖母绿猫眼,重为4.6克拉),市场上很难见到。这些珍贵的猫眼宝石都成为抢手的收藏品。

软玉猫眼是仅次于上述三种猫眼宝石的罕见且珍贵的品种。目前除20世纪70年代在我国台湾省花莲县曾发现过软玉猫眼外,其他国家甚少产出。因此,一度将其称为"中华猫眼"。台湾花莲是我国唯一一处软玉猫眼的产地。自1961年被发现开采以来,年产量曾一度占世界软玉产量80%以上。20世纪70年代全盛时期,台湾全省专业软玉加工厂有800家之多,直接、间接从业人员达50 000人次。台湾软玉猫眼的加工和销售业带动了相关行业的发展,也为台湾赚取了很多的外汇,成为当时台湾省经济发展和就业的重要支柱之一。1975年以后由于过度开采,台湾软玉的产量锐减。目前该矿已枯竭,矿区生产已处于停顿状态。

图4-1 四川软玉猫眼

近年来,在我国四川省石棉县废弃的蛇纹石石棉矿区的一些矿段中发现了具有猫眼效应的软玉——软玉猫眼(透闪石玉),其质地温润、细腻,猫眼鲜活(图4-1),呈褐黄色、褐色、浅绿色、暗绿色、浅黄色、深灰色等。这一发现不仅能够促进当地经济的发展、给当地就业带来巨大的潜力,是矿产资源可持续发展的良好典范,而且软玉猫眼的这一新发现无疑将会弥补我国乃至世界软玉猫眼矿床资源极其匮乏和短缺的状况,对我国矿产资源,尤其是特色矿产资源——宝玉石资源增添新的活力。对我国乃至世界的宝玉石界将会产生巨大的影响。

2004年12月10日在广州中国出口商品交易会开幕的中国国际金银珠宝及玉饰展览会和亚洲时尚首饰配件展览会上,首次展出世界最大的168.85克拉的软玉猫眼,极具观赏和收藏价值(图4-2)。这种软玉猫眼即是最近在我国四川省石棉县废弃的蛇纹石石棉矿中新发现的。其保守估价约80万元。该石棉矿自

图4-2 世界最大的168.85克拉的软玉猫眼

从20世纪70年代开采,现已开采完毕,成为一废弃的矿区。在该废弃的矿区中,软玉猫眼的发现使得原本废弃的石棉矿区成为一个良好的特色矿产资源——宝玉石资源。其宝石学价值和商业价值有待开发。

## 二、四川石棉软玉猫眼的宝石矿物学及其谱学

由于四川软玉猫眼属新近发现的特色宝玉石矿床,作者曾对其进行过详细的宝石矿物学及其谱学方面的研究,并取得了一系列最新的研究成果。

### (一)地质概况

软玉猫眼产于四川省石棉县蛇纹石石棉矿区(图4-3)。该矿区内出露的地层主要有太古界康定杂岩、中元古界峨边群沉积及岩浆岩组合、震旦系下统苏雄组及开建桥组火山岩建造和澄江期花岗岩。

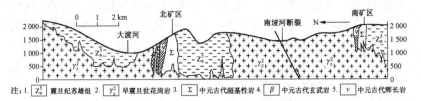

图4-3 四川石棉矿南、北矿区横剖面地质图

### (二)软玉猫眼的产状

软玉猫眼呈脉状分布于蛇纹岩体的剪切裂隙中(图4-4)。由图4-4(左)可以看到软玉猫眼沿蛇纹岩体的剪切裂隙分布,其纤维的展布方向与控制断裂带的剪切应力有关,软玉脉状矿体呈两组方向产出,产状为317°∠42°和40°∠35°。软玉猫眼矿脉旁侧还可见团块状的透闪石产出(图4-4,右)。

图4-4 四川软玉猫眼的脉状(左)和团块状(右)产出

### (三)软玉猫眼的宝石矿物学特征

作者通过对32块四川软玉猫眼样品的岩石薄片镜下观察,发现其矿物成分主要为透闪石,单偏光下呈无色—灰色。具有无色—淡绿色的多色性。中等正突起。干涉色达Ⅱ级黄红—黄绿。形态主要为纤维状、细小短柱状和针状、片状、放射状等。正延性。

四川软玉猫眼产于石棉矿区变质超基性岩体中,为蛇纹石发生透闪石化的产物。软玉猫眼的组构特征如下。

1. 样品特征

四川软玉猫眼手标本表现为致密块状(图4-5),蜡状—油脂光泽。隐晶质集合体,光泽柔和温润,手摸之有滑感。半透明—不透明。韧性大、细腻、坚韧。样品一般色调单一,为灰绿、褐黄、黄绿、深绿及墨绿色。参差状断口。

图4-5 四川软玉猫眼的原石

有些样品可清楚地观察到较粗的纤维集合体呈平行或近于平行排列。这种样品虽然理论上可以表现出较好的猫眼效应,但部分样品由于粗纤维之间结合力较弱,在切磨过程中因受力而导致沿片理面发生分裂,因此,这类样品成品率低。图4-6为软玉猫眼原石减薄抛光后的图片。矿物成分主要为透闪石,此外,还有少量呈浸染状分布的磁铁矿和榍石。

图4-6 软玉猫眼原石减薄抛光后的图片

2. 矿物组分及其特征

作者根据显微镜下观察32块四川软玉猫眼样品的岩石薄片,发现其基本上是由微晶—隐晶质透闪石集合体构成。根据矿物组分及其表现形式可分为显微纤维状透闪石、显微柱状透闪石、显微片状透闪石和脉状透闪石，并含有少量杂质矿物。

显微纤维状透闪石含量大于90%。手标本观察软玉猫眼致密坚硬，质地优良。依据纤维状透闪石的聚集形态特征，可分为隐晶质部分（图4-7）、无定向毡状显微纤维（图4-8）、平行或近于平行的纤维状、束状或捆状纤维以及放射状（帚状）纤维（图4-9和4-10）。隐晶质部分在显微镜下无法分清透闪石颗粒大小和形态，以基质形式存在，微具毛发状特征，干涉色较低，交织成毡状、团块状。无定向排列的显微纤维是由不具定向排列的透闪石纤维杂乱交织成的集合体，大小在显微镜下不可测，但由于消光位的不同，所以形态可以分辨。近平行的纤维状透闪石，沿片理方向近似平行排列，纤维分布较均匀。消光方位平行于纤维延长方向。纤维束状：近似平行排列的透闪石纤维聚集成束状，具微弱的波状消光现象。纤维捆状：近似平行排列的透闪石纤维聚集在一起，呈捆状分布。束状或捆状常与细而密集的纤维集合体相间平行排列。放射状（帚状）纤维：团簇状透闪石纤维呈放射状分布，具微弱的波状消光现象（注：所有显微照片均放大10×4倍）。

显微柱状透闪石表现为早期短柱状透闪石被后期细小的片状透闪石所残蚀交代，仅保留短柱状假象。以变斑晶存在。长0.5 mm～0.75 mm，宽0.15 mm～0.25 mm，长宽比约为3∶1。含量小于2%。

图4-7 隐晶质透闪石

图4-8 无定向排列的透闪石纤维

图 4-9　束状或捆状的透闪石纤维集合体

图 4-10　放射状(帚状)透闪石纤维

显微片状透闪石主要以集合体形式存在,对早期短柱状透闪石残蚀交代。且大部分已纤维化,定向排列,方向与基质中纤维状透闪石的定向基本一致。长 0.025 mm～0.05 mm,宽 0.01 mm～0.015 mm。含量小于 3%。

脉状透闪石是指后期形成的细脉状透闪石对早期纤维状透闪石的穿插交代(图 4-11)。含量小于 2%。

图 4-11　脉状透闪石对早期纤维状透闪石的穿插交代

杂质矿物含量甚少,总量小于3%。主要成分:(1)榍石,大小0.01 mm~0.025 mm,单偏光下呈褐色,形态不规则。高级白干涉色。(2)磁铁矿,粒径约为0.01 mm,多为半自形。(3)在某些样品中还发现少量蛇纹石,单偏光下为淡绿色,呈橄榄石的假象。Ⅰ级灰干涉色。

3. 结构种类及其特征

根据软玉猫眼的矿物组成及其表现形式,将其显微结构分为以下三种形式。

(1)显微纤维变晶结构。

显微纤维变晶结构是四川软玉猫眼最典型、最普遍的一种结构(图4-12)。由纤维状透闪石组成,纤维沿片理方向近于平行排列或者聚集成束状或捆状与纤维状透闪石相间分布,呈规则良好的定向排列(图4-13)。有时,透闪石纤维并未表现出沿某一片理方向的定向排列,而是沿几个不同片理方向定向排列(图4-14)。

图4-12 显微纤维变晶结构　　图4-13 显微束状或捆状变晶结构

图4-14 纤维沿不同片理方向排列　　图4-15 显微斑状变晶结构

(2) 显微斑状变晶结构。

显微斑状变晶结构的斑晶主要是片状透闪石集合体,对早期短柱状透闪石残蚀交代,仅保留短柱状假象。斑晶边缘与基质接触处,片状部分已纤维化,定向排列,与基质中纤维状透闪石的片理方向基本一致(图4-15)。此结构少见。

(3) 交代港湾状结构。

该结构表现为纤维状或放射状透闪石沿着被交代的蛇纹石残留骸晶规律分布,并沿裂隙进入蛇纹石内部对其交代。蛇纹石呈针状和片状,整个轮廓具橄榄石的假象(图4-16)。这种现象虽然偶见,但佐证了四川软玉猫眼形成的地质环境为基性和超基性的交代岩体。

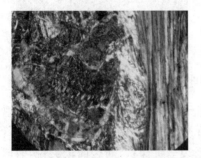 

图4-16 交代港湾状结构(蛇纹石呈针状、片状)

4. 扫描电镜特征

前已述及,显微纤维结构是四川软玉猫眼效应形成的主要原因。但实际上,只具有显微纤维结构的软玉,如果其纤维间结合力较弱,玉石韧性较差,那么,在猫眼琢磨过程中很容易破裂,能够真正琢磨而表现出猫眼效应的概率很小。因此猫眼效应不仅取决于显微纤维结构,而且也取决于其玉石的韧性。所以韧性对软玉猫眼也非常重要。软玉猫眼的高韧度是衡量其质量好坏的重要标志之一。

图4-17为样品ST-49平行纤维方向自然敲口断面的微观形貌。放大倍数分别为5.0K和2.0K。该样品在偏光显微镜下为显

微纤维变晶结构。可以清楚地看出,透闪石纤维细长,纤维宽度小于 1 μm,纤维彼此相互穿插交错,紧密结合,大致沿纤维方向定向排列。这种特殊的穿插交错结构使透闪石纤维之间产生了一种机械结合力或绞合力。当受外力作用时,互相穿插绞合着的透闪石所组成的软玉猫眼形成断裂面时需要破坏各种力而拔出,这种纤维间的机械结合力的存在加大了每一个面断裂所需的能量,也即增强了软玉的韧度。

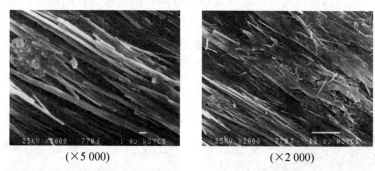

(×5 000)　　　　　　　　(×2 000)

图 4-17　样品 ST-49 平行纤维方向显微形貌

图 4-18 为样品 ST-49 垂直于纤维方向自然敲口断面的微观形貌。放大倍数分别为 2.0 K 和 5.0 K。从图中可以看出,透闪石纤维聚集成束状或捆状致密结合。断裂呈阶梯状,断裂面较尖锐,有较多纤维拔出。这可归因于透闪石颗粒具有较弱的晶界强度,这种断

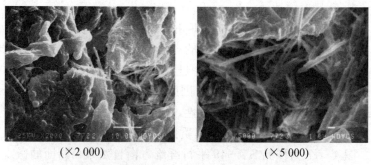

(×2 000)　　　　　　　　(×5 000)

图 4-18　样品 ST-49 垂直纤维方向显微形貌

裂应属穿晶断裂。同时由于拔出作用不可避免地导致无数次级裂纹的产生,断裂面积的增大,断裂沿各个方向的延伸,将进一步消耗更多的能量,因此断裂所需的外加应力应加大,表现在宏观上则为软玉猫眼韧性较大,不易断裂。

5. 四川软玉猫眼的化学成分

图 4-19 为软玉猫眼的组分能谱图。图中显示:两个样品的主要成分为 $SiO_2$、$MgO$ 和 $CaO$,且两者所含 $SiO_2$、$MgO$ 和 $CaO$ 的量基本相同。次要成分为($FeO+Fe_2O_3$)、$K_2O$、$MnO$、$Al_2O_3$ 和 $Cr_2O_3$。其中样品 ST-41 中所含的 $Cr_2O_3$ 和 $MnO$ 较 ST-56 多。

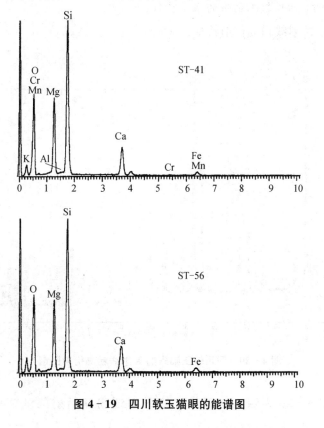

图 4-19 四川软玉猫眼的能谱图

作者对四川软玉猫眼进行了电子探针波谱成分测试(表4-2)。

表4-2  四川软玉猫眼的电子探针波谱成分分析结果

| 样号 | SiO$_2$ | TiO$_2$ | Al$_2$O$_3$ | Cr$_2$O$_3$ | FeO | MnO | MgO | CaO | NiO | K$_2$O | Na$_2$O | Total |
|---|---|---|---|---|---|---|---|---|---|---|---|---|
| ST-41 | 56.85 | 0.03 | 0.27 | 0.03 | 5.05 | 0.24 | 21.61 | 13.13 | 0 | 0.04 | 0.08 | 97.33 |
| ST-56 | 57.16 | 0.02 | 0.20 | 0 | 5.60 | 0.21 | 21.76 | 12.78 | 0.01 | 0.03 | 0.10 | 97.86 |

(四)四川软玉猫眼的谱学特征

1. X射线粉晶衍射特征

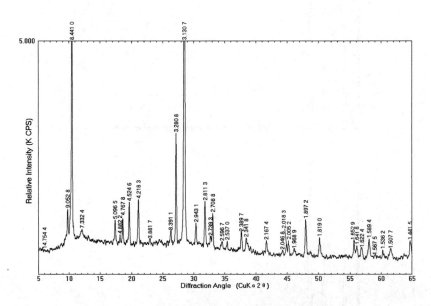

图4-20  四川软玉猫眼的X射线粉晶衍射图谱

图4-20为四川软玉猫眼的X射线粉晶衍射测试结果。分

析表明四川软玉猫眼主要由透闪石矿物组成。杂质矿物为绿泥石、蛇纹石和磁铁矿等。计算出的晶胞参数为 $a_0 = 0.9850 \pm 0.0026$ nm, $b_0 = 1.7820 \pm 0.004$ nm, $c_0 = 0.5280 \pm 0.001$ nm, $\beta = 106.35° \pm 0.07°$。

2. 红外光谱特征

图 4-21 为四川软玉猫眼的红外光谱的测试结果。图中显示,测试样品的红外图谱基本相似,且与透闪石的标准红外光谱非常相似,表明样品由较纯的透闪石组成,杂质含量很少。

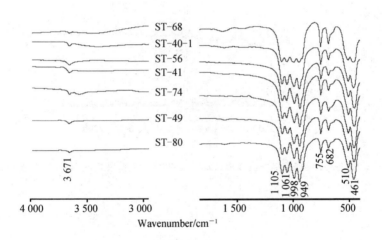

图 4-21 四川软玉猫眼的红外图谱

3. Raman 光谱特征

图 4-22 为四川软玉猫眼的 Raman 光谱的测试结果。图中显示,四个软玉猫眼的 Raman 谱峰相似,并与透闪石的非常相似,表明其主要矿物成分为透闪石。

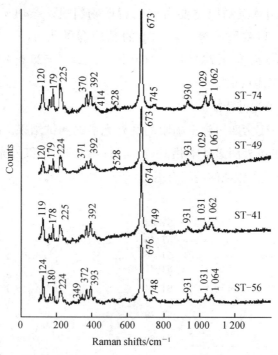

图 4‐22 软玉猫眼在 100 cm$^{-1}$～1 400 cm$^{-1}$ 范围内的 Raman 光谱

## 第九节 台湾软玉、青海软玉和江苏溧阳软玉

### 一、台湾软玉

在我国宝岛台湾,也出产大量的优质软玉,俗称为"台湾玉"。台湾软玉中尤以软玉猫眼最为珍贵,具很高的观赏、收藏及经济价值。台湾软玉的发现,可追溯到五千多年前在台东的卑南文化。在以石器为主的卑南文化遗址中就发现了大量的软玉制品。

(一) 地质产状

台湾软玉主要产于台湾东部花莲县丰田地区(图4-23)(据林嵩山,1999),所以岛内也有人称为"丰田玉"。矿区出露岩石为一套中—浅变质岩,主要有二云母石英片岩、绿泥石石英片岩、透闪石石英片岩、绿泥石片岩及蛇纹岩。软玉矿体呈层状、似层状产于蛇纹岩上、下盘,部分呈透镜状赋存在蛇纹岩中。围岩多滑石化及透闪石化,而质优的软玉矿体一般产在断层与蛇纹岩交界处。质优的软玉与透闪石化关系密切,而滑石化强烈的地段一般无优质的软玉产出。含矿岩体共计九层,厚度不等,一般在1 m～50 m,呈NW—SE向展布,并受NE—SW及NW—SE数条断裂构造所控制,属热液交代变质成因。

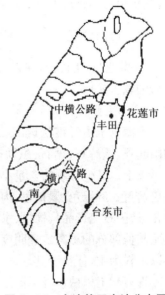

图4-23 台湾软玉产地分布图

(二) 软玉的种属和特性

台湾软玉一般分为普通软玉、软玉猫眼和蜡光软玉三种(林嵩山,1999),其中软玉猫眼按颜色不同又可细分为黄绿、墨绿、淡黄等品种。普通白色软玉的主要化学成分:$SiO_2$为58.61%,MgO为24.09%,CaO为10.2%,FeO为3.51%。绿色软玉中FeO的含量明显增多,一般在4.20%～5.10%之间。$Fe^{2+}$、$Fe^{3+}$浓度直接控制软玉颜色的色调及饱和度,台湾软玉的矿物成分以透闪石—阳起石为主,含少量铬铁矿、磁铁矿、含铬钙铝榴石等次要矿物。

台湾软玉折射率约为1.60(点测法)。密度为2.96～3.10 g/cm³。摩氏硬度6～6.5。蜡状光泽及玻璃光泽。层差状断口。伴生绿色含铬钙铝榴石、铬铁矿、黑色磁铁矿矿物。毛毡状变晶结构。

台湾软玉常加工成戒面、手镯、玉坠与摆件。而优质的软玉猫眼,其价值可与优质的红、蓝宝石相媲美。

## 二、青海软玉

20世纪90年代初,在青海省格尔木市纳赤台地区(东昆仑)发现了新的软玉矿床。

### (一)主要特征

青海软玉由纤维状透闪石集合体组成。还含有少量杂质矿物,如阳起石、透辉石、榍石、磁铁矿、白云石、石英等。透闪石含量多在90%以上。其他矿物的含量小于10%。颜色主要有白色、灰白色、青白色、青色、鲜绿色、黑褐色、肉红色等。色调灰暗不正。有较明显的石花(透闪石变斑晶)、棉绺、水线(呈脉状分布的纤维状透闪石,透明度比其他部分的更高),透明度较高。蜡状—油脂光泽。青海软玉主要以山料为主,仔料少见。

青海软玉以白色、淡绿色为主,其间杂有灰白、暗绿等颜色。多为半透明—不透明,油脂光泽。青海软玉总体透明度较和田软玉为高,密度较和田软玉高些,为 $2.90 \sim 2.97$ g/cm$^3$,平均为 $2.94$ g/cm$^3$。而摩氏硬度较低,约为 $5.57 \sim 5.78$,平均为 $5.68$。

青海软玉的化学成分见表4-3,并与新疆和田玉的电子探针化学成分进行了对比。

表4-3 青海软玉与新疆和田玉及台湾软玉的化学成分对比

| 产地 | SiO$_2$ | Al$_2$O$_3$ | Fe$_2$O$_3$ | FeO | CaO | MgO | Na$_2$O | K$_2$O | CO$_2$ | H$_2$O$^+$ | H$_2$O$^-$ | Cr$_2$O$_3$ | 合计 |
|---|---|---|---|---|---|---|---|---|---|---|---|---|---|
| 青海 | 55.74 | 0.110 | 0.15 | 0.120 | 16.76 | 25.52 | 0.114 | 0.040 | — | 0.23 | 0.07 | 0.003 | 98.821 |
| 青海 | 60.56 | 0.038 | 0.12 | 0.009 | 14.17 | 23.20 | 0.097 | 0.097 | — | 0.38 | 0.12 | 0.009 | 98.733 |
| 新疆 | 57.38 | 1.360 | 0.80 | 0.730 | 13.54 | 23.83 | 0.420 | 0.420 | 0.19 | — | — | — | 98.370 |
| 台湾 | 56.55 | 1.355 | 0.67 | 4.310 | 11.81 | 23.03 | 0.420 | 0.420 | — | 2.25 | 0.78 | 0.149 | 100.954 |

注:据孔蓓等,1997。

青海软玉与新疆和田玉都产于昆仑造山带,构造地质背景相似,均为接触交代型软玉。它们同属于透闪石玉,其主要矿物成分为透闪石。

(二)主要商业品种及特征

白玉:青海软玉的主要品种。呈灰白—白色,半透明,透明度高于和田白玉,质地细腻,少量达到"羊脂白玉"品质。

青白玉:呈浅灰绿—青灰、浅黄灰色等,半透明,质地细腻。通常所谓的鸭蛋青即属于此类。

青玉:颜色呈青灰—深灰绿色,色调较沉闷,半透明。

烟青玉:颜色呈浅—中等灰紫色到烟灰色,烟灰色中略带灰色调。半透明,质地细腻,有时称为紫罗兰、藕荷玉、乌青玉等。是普通软玉中颜色罕见的品种。烟青玉属软玉的俏色品种,也是青海软玉的一个标志品种。

翠青玉:颜色呈浅翠绿色,其绿色特征似嫩绿色翡翠,与青玉、碧玉的绿色有明显的不同。这部分绿色软玉很少单独产出,而是附于白玉、青白玉原料的一侧或形成夹层、团块状分布。

糖玉:颜色主要为浅黄褐色至黑褐色。透明度较低,质地相对较差。

(三)结构和构造

1. 结构特征

青海软玉的结构是指组成玉石的矿物颗粒(主要为透闪石)的结晶程度、形态特征、粒度和颗粒之间的相互关系等。

青海软玉中透闪石的形态以显微纤维状为主。集合体形态表现为隐晶质集合体、无定向纤维集合体、近平行纤维束、放射状纤维团等。

青海软玉主要有以下几种结构。

(1)毛毡状结构。

这是玉石中最典型的一种结构。透闪石颗粒非常细小,在光学显微镜下,无法分清其轮廓。大小均一,交织成毛毡状。具该结构的玉石质地细润致密,是优质玉石品种。白玉、青白玉、青玉均具有这种结构。

(2) 显微纤维隐晶质结构。

该结构是指透闪石呈隐晶质纤维状。纤维状透闪石呈弱定向排列。具这种结构的青海软玉质地较好。

(3) 显微纤维结构。

此结构中透闪石多呈纤维状,大致平行分布。具此类结构的玉石质地较好。

(4) 显微叶片状隐晶质结构。

该结构主要由叶片状透闪石和隐晶质透闪石组成。其中叶片状透闪石含量为 $5\% \sim 10\%$,粒度为 $(0.25 \sim 0.375)$ mm $\times (0.10 \sim 0.25)$ mm,具有弱定向性。肉眼可见其呈斑点状。若大量出现,会影响玉石的质量,在琢磨时需要剔除。故具该结构的玉石质地一般较差。

(5) 显微叶片状结构。

此结构中透闪石呈叶片状和纤维状分布。叶片状透闪石约占 $15\%$,粒度约为 $(1.50 \sim 2.70)$ mm $\times (0.10 \sim 0.30)$ mm。具该结构的玉石质地一般较粗。

(6) 放射状纤维结构。

该结构是纤维变晶结构的另一种表现形式。透闪石纤维呈放射状,并伴有微弱的波状消光现象。此类玉石质地一般。

2. 构造特征

青海软玉的构造可分为两类。

(1) 块状构造。

此构造是青海软玉最常见的构造。表现为均一、致密块体。具有该构造的青海软玉块度较大,结构致密细润,片理、劈理较少见。

(2) 条带状构造。

该构造中青黑色矿物呈条带状分布于灰白色基底中。

### 三、江苏溧阳软玉

(一) 地质背景

江苏省溧阳县软玉位于溧阳县平桥乡小梅岭村的东南部。本区的软玉主要产于燕山期花岗岩与古生代镁质碳酸盐岩石接触的外带中。新发现的青玉、青白玉和碧玉是一条穿插在矽卡岩中的矿脉,上窄(约 40 cm)、下宽(约 80 cm),显示向深部变宽、质量变好的趋势。

(二) 溧阳软玉的基本特征

据崔文元(2004)、钟华邦(1990,2000)、文广(1990)等研究,溧阳软玉主要由针状、纤维状、柱状和毛发状透闪石组成。白玉、青白玉、青玉和碧玉中透闪石含量基本相同,占 99% 以上,含极少的杂质矿物,为辉石、磷灰石和褐铁矿,含量小于 1%。

溧阳软玉的颜色为白色和深浅不同的绿色。白色不透明,绿色透明度较高。深浅不同的绿色透闪石玉密度均为 2.99 g/cm$^3$,而白色透闪石玉密度略小,为 2.97 g/cm$^3$,折射率为 1.60~1.61,油脂光泽。一般来说,质地越纯,光泽越好,杂质越多,光泽越差。

溧阳软玉主要为致密块状构造,质地细腻。主要结构为毛毡状结构、放射状结构和纤维状、柱状结构。毛毡状结构是溧阳软玉中最重要的一种结构。透闪石的颗粒非常细小,粒度比较均匀。显微纤维透闪石均匀地无定向密集分布,好像绒毛相互交织而成的毡毯一样,与和田玉的毛毡状结构非常相似;放射状结构中柱状透闪石局部定向排列,一端收敛,一端发散,具波状消光现象;纤维状柱状结构中透闪石成纤维状或柱状,颗粒长度小于 0.1 mm,呈不定向排列,与和田玉的纤维状和柱状结构类似。图 4-24 为溧阳软玉的扫描电镜图。左图为溧阳软玉(碧玉)的扫描电镜图,透闪石呈柱状和纤维状,放大 1 540 倍,颗粒长 5 nm~10 nm。右图为溧阳软玉(青玉)扫描电镜图,透闪石呈柱状和纤维状,放大 4 060 倍,颗粒长短不一,宽度一般小于 3 nm。

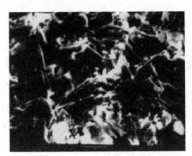 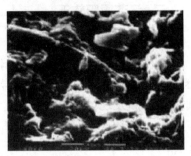

图 4-24 溧阳软玉的扫描电镜图

注:据崔文元,2004。

## 第十节 四川龙溪软玉、福建南平软玉和辽宁岫岩软玉

### 一、四川龙溪软玉

(一)一般特征

四川龙溪软玉矿产于四川省汶川县龙溪乡直台村,故称龙溪软玉。龙溪软玉主要由透闪石矿物集合体组成,含有少量白云石及微量滑石、绿泥石、伊利石等。透闪石含量一般大于95%,白云石含量通常小于5%。

四川龙溪软玉的颜色主要为黄绿和浅绿色,次要的有深绿、绿、青灰及灰黑等色。部分软玉能呈现出特征的星状或丝绢状反光,所以龙溪软玉有时又被称为"丝光软玉"。龙溪软玉的密度在2.96~3.01 g/cm³ 范围内,摩氏硬度 5.25~5.70。

龙溪软玉为致密隐晶质结构,质地不够细腻。由于定向组构的存在,龙溪软玉裂纹十分发育,容易破碎,因而块度较小。

(二)四川龙溪软玉的显微结构

龙溪软玉具显微似平行纤维变晶结构。均匀的近平行排列的透闪石纤维束构成基质,其中的显微纤维呈交织状或毡状;也有相对较粗、近平行排列的非毡状晶质透闪石纤维呈捆状,以其主方向平行于片理面产出;有时可见呈柱状的透闪石与呈粒状矿物(如石榴石、榍石)等形成似层状结构;有时可见少量透闪石纤维呈散射的微晶团块或放射状的微晶集合体形态。

此外,龙溪软玉还具有变形结构和交代蚀变结构,表明玉石经历了强烈的变形作用及一定程度的热液蚀变作用。

## 二、福建南平软玉

据汤德平(1995)报道,福建省南平地区首次发现了质地上乘的软玉。

### (一)地质概况

福建南平软玉矿区位于南平市东约 20 公里。南平软玉主要产于龙北溪组的大理岩和透辉石大理岩中。矿体呈脉状或团块状产出。脉体宽度为 1 cm～15 cm,目前采得的样品大小一般为 7 cm～15 cm,大者可达 10 cm×34 cm。

世界上软玉产出的地质环境主要有三种。

产于花岗岩与大理岩的接触带中,如新疆软玉。

产于基性、超基性岩的交代岩中,如中国台湾以及美国、加拿大和新西兰等地的软玉。

产于区域变质岩的蚀变—退变质作用过程中,如澳大利亚的软玉。

根据汤德平(1995)的研究,南平软玉的成因属于第三种类型。其围岩中 FeO 的含量低,主要脉石矿物为透辉石、石英和方解石等。

### (二)基本特征

南平软玉为致密块状,质地细腻,颜色均匀,为白色至淡绿色,半透明状,玻璃光泽至油脂光泽。南平软玉折射率、摩氏硬度、密度见表 4-4。在长、短波紫外线下,均无荧光效应。无明显的吸收光谱。

表4-4 南平软玉的折射率、密度与摩氏硬度

| 产地 | 南平 | | | 新疆 | | |
|---|---|---|---|---|---|---|
| 颜色 | 白色 | 微绿 | 淡绿 | 白色 | 淡绿 | 绿色 |
| 折射率 | 1.60 | 1.61 | 1.62 | — | — | — |
| 密度/(g·cm$^{-3}$) | 2.979 | 2.988 | 2.982 | 2.922 | 2.976 | 3.006 |
| 摩氏硬度 | 5.6 | 6.1 | 6.0 | 6.7 | 6.6 | 6.5 |

注：据汤德平，1995。

南平软玉由细小的透闪石组成，一般透闪石含量在99%以上。透闪石微晶呈纤维状、毛毡状，构成交织结构。微晶长度一般为0.006 mm～0.02 mm。但局部聚集一些颗粒较粗的晶体，大小可达0.1 mm～0.3 mm。晶体不具定向排列。

除了透闪石外，局部可见少量的透辉石和磷灰石。有些透辉石的晶体较大，可达1 mm以上。当透辉石聚集较多时，宏观上呈灰白色，构成肉眼可见的"石花"，影响软玉的外观质量。而磷灰石为无色透明，肉眼难见，不影响质量。

南平软玉一般较为纯净，除有时可见白色的由透辉石组成的"石花"外，通常不存在其他地区软玉中常见的不透明的矿物包裹体，如磁铁矿、铬铁矿和石墨等。

南平软玉的电子探针分析结果见表4-5。南平软玉的化学成分接近于透闪石成分的理论值。其FeO的含量较其他产地的软玉要低得多，甚至比新疆白玉的FeO的含量还要低。FeO是南平软玉的致色因素。此外，$P_2O_5$较高也是南平软玉的特征之一。

表4-5 南平软玉的化学成分

| 成分 | $SiO_2$ | $TiO_2$ | $Al_2O_3$ | $Cr_2O_3$ | FeO* | MnO | MgO | CaO | NiO | $K_2O$ | $Na_2O$ |
|---|---|---|---|---|---|---|---|---|---|---|---|
| 含量 | 59.56 | 0.05 | 0.20 | 0 | 0.09 | 0 | 24.24 | 12.67 | 0.29 | 0.02 | 0.02 |

（三）南平软玉的质量评价

南平软玉的化学成分和矿物成分都十分纯净，其杂质少，颜色

浅,大部分相当于青白玉,少量为白玉。结构细腻,韧性强,透明度较好,是一种品质较好的玉雕材料。就其质地而言,南平软玉可与新疆的软玉相媲美,能满足玉石工艺加工的要求,因此,具有较好的开发利用前景。

### 三、辽宁岫岩软玉

岫岩是中国的"玉石之乡",是我国玉石和玉雕工艺品原料的最大生产基地。除久负盛名的蛇纹石岫玉矿体外,还有鲜为人知的以优质玉著称的透闪石质软玉矿。岫岩透闪石质软玉矿分为两类:原生软玉矿和次生软玉矿,前者当地称老玉矿,后者当地又称河磨玉矿。两者同源,玉质完全一致。软玉属高档的玉石类。近期岫岩软玉的开发,为当地的经济发展开拓了新的途径。软玉矿脉不断被发现,前景可观。

(一)河磨玉特征

河磨玉粒径以砾石级为主,一般 20 cm～40 cm,大者可达 10 余米,小者几厘米。不同地貌部位粒径不同。磨圆度一般为 1～2 级。沿水流自上而下有一定的分选。

据徐海朦、王时麒(2000)研究,河磨玉玉质层的密度一般为 $2.92$～$3.13$ g/cm$^3$。皮壳层密度为 $2.79$～$2.58$ g/cm$^3$。河磨玉玉质层坚硬,摩氏硬度一般为 5.36～6.46。皮壳层摩氏硬度为 4.92～6.06。

河磨玉内外层均以透闪石矿物为主。玉质层内绝大部分为透闪石,占 98%～99%,并含有极少量绿泥石等杂质矿物。皮壳层内透闪石一般占 50%～90%,其他有褐铁矿、软锰矿、绿泥石和黏土矿物等。

(二)河磨玉砂矿的沉积类型与分布

据徐海朦、王时麒(2000)研究,岫岩河磨玉砂矿床的主要沉积类型如下。

冲积砂矿:分布于瓦房店至王家壁子间的白沙河河床、堆积阶地、河漫滩。

冲洪积砂矿：分布于罗家堡子至瓦房店的扇地中。

其他类型还有：重力堆积砂矿，分布于细玉沟上游的原生矿点附近坡脚处的崩积堆中；坡水堆积砂矿，近原生矿的细玉沟的上游坡地，由于坡水作用，风化剥蚀的矿体被带至坡面上，分布于坡积或泥石流沉积中；沟谷冲洪积砂矿，主要分布于细玉淘的中下游狭窄平原或阶地中，如吴家堡子等地段。

### （三）河磨玉皮壳的成因

据徐海膨、王时麒（2000）研究认为，岫玉质河磨玉的皮壳成因是由于河磨玉的皮壳是均匀地被圈包于原生软玉砾块石的外层，可以认为该皮壳是新生代以来构造、气候作用下，原生软玉矿被侵蚀搬运沉积于河谷阶地和冲积扇中之后，在较长的第四纪环境中逐渐形成的。

皮壳层与内玉质的主要成分为透闪石，约占90%左右，皮壳通常分为多层。但它们之间的成分呈过渡关系，说明内外层间有物质的交换。

皮壳的形成是由于在长期的表生风化作用下，软玉质外层不断氧化、元素迁移与交换的结果。

## 第十一节　贵州罗甸玉

罗甸玉因产于贵州省罗甸县和望谟县而得名。罗甸玉是2009年在贵州新发现的玉石品种。

2015年罗甸县建成占地460亩的罗甸玉石产业文化园。

2015年8月，原国家质检总局批准对"罗甸玉"实施地理标志产品保护。

罗甸玉在玉质上属于透闪石质玉类。其主要的矿物组成为透闪石，透闪石含量一般大于95%，多在98%以上，并含有少量的白云石和滑石。罗甸玉色调较浅，以白色和青白色为主，糖色、青色少见。玉石具纤维状交织结构，质地细腻，蜡状光泽至油状光泽，质量较好。

按照颜色可将罗甸玉分为以下五种类型。

1. 白玉

颜色以白色为主,带有少量的褐色斑点,颜色均匀,半透明,蜡状—油脂光泽,隐晶质结构。

2. 灰白玉

颜色特点为白中带灰色,并含有少量的褐色斑点,颜色变化较明显。半透明,蜡状—油脂光泽。

3. 青玉

颜色主要为浅绿色,颜色较均匀,半透明,蜡状—油脂光泽。

4. 青白玉

颜色为烟灰色—浅绿色—乳白色,颜色变化明显,半透明,蜡状—油脂光泽。

5. 花玉(斑点玉)

颜色以浅绿色和灰白色为主,并含有大量的褐色斑点,因此称为花玉或斑点玉。半透明,蜡状—油脂光泽。

## 第十二节　广西大化软玉

广西大化软玉因产于广西壮族自治区大化县而得名。广西大化软玉是近年来在大化县新发现的玉石品种,玉石的主要产地为大化县岩滩水电站附近河段两侧。

广西大化软玉的主要矿物组成为透闪石,并含有少量透辉石、石英、石榴石和碳酸盐类矿物等。大化软玉主要呈块状构造、隐晶质结构,结构细腻。玉石的平均密度为 $2.99~g/cm^3$,摩氏硬度为 $6.4\sim6.8$,折射率为 $1.60\sim1.61$(点测)。玉石色调较深,多呈灰绿色,光泽多呈蜡状光泽,质优者可达油脂光泽。

广西大化软玉致密坚硬,韧性和块度均较大。大化软玉非常适合雕刻成各种类型的玉雕摆件。其玉石制品已经受到玉石爱好者和消费者的青睐。

## 第十三节 澳大利亚、俄罗斯、美国、缅甸和朝鲜软玉

### 一、澳大利亚科维尔软玉

澳大利亚科维尔软玉矿床是世界上已知最大的优质软玉矿床。1965年科维尔(Cowell)地区一名找矿人Harry Schiller在一个白色白云质大理岩露头附近采集到3～4 kg致密坚硬岩石。1966年初,这些标本由阿德雷德大学鉴定为软玉,随后又得到南澳大利亚博物馆和澳大利亚矿产开发实验室的进一步证实。1974年2月,南澳大利亚政府着手商业开采区潜力的全面评价。1974年地质评价之后,1976年由政府提供资金进行一项试验性开采计划。1987年成立了科维尔软玉公司并开采此矿。

1974年总共查明91个独立的软玉露头,到现在,这个数字已增加到115个。它们分布在约10平方公里的面积内,称为科维尔软玉区。矿化母岩是早、中元古代Minbrle片麻岩杂岩的白云质大理岩和条带状钙质硅酸盐岩。高级变质作用和混合岩化产生在Kinban造山作用的第一次变形事件(称为$D_1$,约18.4亿年以前)和第二次变形事件(称为$D_2$,约17.8亿年以前)期间。随后在约17亿年前的$D_3$期产生退化变质作用,并伴有晚期横向挠曲作用,在约15～16亿年以前的$D_4$期产生蚀度作用。软玉只形成在蚀变—退化变质组合中,时期主要在$D_4$期,$D_3$期也有发生。蚀变带,尤其沿着紧靠绿泥石化长石侵入体(侵入到白云质大理岩中)的地方,由透闪石、绿泥石、透辉石、斜黝帘石或黝帘石和滑石组成。

软玉产出形态:在蚀变带内,呈长达40 m、宽3 m的大透镜体,并与岩石层理整合;在横向裂隙内(裂隙宽达1 m),平行于晚期阶段($D_4$)横向挠曲的轴面。横向裂隙中的软玉一般质量高,细粒,呈块状,暗绿—黑色,并有稍透光的绿色玉。粗粒角砾化透辉石的不规则

纤闪石化(可能在 $D_3$ 期),形成片状软玉,且往往含透辉石包体。

据 Don Flint(1990)研究,澳大利亚软玉形成的主要机制如下。

在 $D_4$ 裂隙中进入 $SiO_2$。$SiO_2$ 扩散到白云质大理岩中。形成过程的反应式为

5 白云石 $+8SiO_2+H_2O=$ 透闪石(软玉)$+3$ 方解石 $+7CO_2\uparrow$

澳大利亚中元古代白云质大理岩母岩的地质环境与新西兰、加拿大和中国台湾的大型软玉矿床不同。在这些地方,软玉透镜体产在蛇纹岩化超镁铁质岩的断裂带内或沿其分布。

到 1987 年底,科维尔软玉区估计已开采出 1 513 吨软玉,其中 40% 为暗绿—黑色玉。从 1977 年起,科维尔软玉已出口到新西兰、意大利、印度、美国、联邦德国、日本、加拿大、中国香港和台湾等国家地区。

世界主要软玉生产国是加拿大、中国(包括台湾省)、新西兰、澳大利亚、美国和朝鲜,每年总产量约 780 吨(不包括中国)。

科维尔软玉有各种颜色和结构,但以中—细粒结构的浅绿黄色—绿色、黑色为主。目前,有 3 个主要软玉变种投入市场,即绿色软玉、黑色软玉和特级黑色软玉。暗绿—黑色变种占主导地位,但没有国外某些矿床中典型的苹果绿色和祖母绿色的软玉。鲜绿色是含较高铁所致,科维尔软玉 $Fe_2O_3$ 含量为 1.4%～7.9%。

1988 年,未加工软玉价格从装饰用石的 200 澳元/t 到特级黑的 125 000 澳元/t 不等。绿色玉售价为 5～25 澳元/kg。

科维尔软玉矿体通常在露头上呈拉长的透镜状,地表范围已经实测,但大部分透镜体深部情况尚不清楚。钻探和采矿证明它们是不规则的透镜状块体。钻孔穿切的最深的软玉矿体在地表之下 23 m 处。

## 二、俄罗斯贝加尔湖地区软玉

(一)概述

目前,俄罗斯贝加尔湖地区的软玉已经在我国玉器市场中占一席之地。该地区软玉的主要组成矿物为透闪石和阳起石。主要的结

构类型为显微鳞片—片状变晶结构以及变斑晶结构,其在矿床成因、矿物组成以及构造类型等方面与新疆和田玉较为相似。

(二)质量评价依据和标准

影响该地区软玉质量的要素主要涉及以下几个方面:质地、光泽、颜色、裂纹、洁净度、块度等(张晓辉等,2002)。对其进行质量评价时,需要进行综合考虑。

1. 质地

所谓软玉的质地是指其内部结构。即组成软玉的矿物晶体的颗粒大小、晶体形态以及它们的排列组合方式。质地的好坏是评价软玉质量最为重要的因素,质地细腻、温润是玉必须具备的基本条件,是区分玉与石的主要标志。结构越细腻,玉的质地也就越好。该地区软玉的变斑晶结构较为发育,对质地有一定的影响。

2. 光泽

软玉的光泽与其结构质地有着密切的联系。最理想的软玉光泽当属和田羊脂玉的油脂光泽,这种光泽具有凝脂般的温润感,而该地区大部分软玉的油脂光泽中稍带一点瓷感,也有少量的软玉具有温润的油脂光泽。

3. 颜色

颜色也是评价软玉质量的重要标志之一。根据颜色的分类方法将该地区软玉分为碧玉、青玉、白玉、黄玉、糖玉等,其中白玉是最好的品种。另外,俏色的运用也能大大增加成品的价值。

4. 裂纹

裂纹的存在对软玉的耐久性有着很大的影响,有裂纹的软玉其价值将大打折扣,尤其对于优质软玉来说更是如此。有时裂纹的位置十分隐蔽,观察时应该仔细。该地区软玉因受后期构造应力作用的影响,裂隙较为常见。

5. 洁净度

洁净度指软玉内部含有瑕疵的程度。由于该地区软玉为透闪石—阳起石多晶集合体,同一块玉石中矿物颗粒的粗细会有所不同。

大小矿物颗粒不均匀分布,可造成软玉质地的不均匀,形成瑕疵。此外,如果颜色分布不均匀,或玉石带有其他颜色而不能加以利用,这部分杂色也被视为影响软玉洁净度的瑕疵。但是,如果能将这部分颜色作为俏色处理,那就另当别论了。该地区软玉由于斑状变晶结构较为发育以及后期裂纹中的铁质浸染,故其洁净度略差于我国的新疆和田玉。

6. 块度

块度指软玉的大小或重量。一般情况下,在颜色、质地、裂纹、洁净度等相同的条件下,软玉的块度越大,价值就越高。该地区出产的软玉块度大小不一,大块的山料可达到 10 kg 以上,大的仔料块重可达 5 kg 以上,其价值浮动比较大。

依据该地区软玉的产状、颜色、洁净度、质地以及块度等主要的质量影响因素,张晓辉(2002)建立了俄罗斯软玉质量等级标准(表4-6)。通常,优质的俄罗斯贝加尔湖地区软玉,其质量可以与我国的新疆和田白玉媲美,其价格也相当可观。但是,多数来自该地区的软玉光泽稍欠温润。

表4-6 俄罗斯贝加尔湖地区软玉的质量评价标准

| 品种<br>级别 | 白玉<br>(仔料) | 白玉<br>(山料) | 青白玉<br>(仔料或山料) | 青玉<br>(仔料或山料) | 碧玉<br>(仔料或山料) |
| --- | --- | --- | --- | --- | --- |
| 一等品 | 颜色洁白、细腻、滋润、无杂质、无裂纹,块重 3 kg 以上 | 颜色洁白、细腻、滋润、无杂质、无裂纹,块重 10 kg 以上 | 颜色淡青白、细腻、滋润、无杂质、无裂纹,块重 10 kg 以上 | 颜色青绿、细腻、滋润、无杂质、无裂纹,块重 5 kg 以上 | 颜色碧绿、细腻、滋润、无杂质、无裂纹、无黑点,块重 3 kg 以上 |
| 二等品 | 颜色白,较细腻、较滋润、无杂质、无裂纹,块重 1 kg 以上 | 颜色白,较细腻、较滋润、无杂质、无裂纹,块重 5 kg 以上 | 颜色青白,较细腻、较滋润、无杂质、无裂纹,块重 5 kg 以上 | 颜色青,较细腻,无杂质,稍有裂纹,块重 3 kg 以上 | 颜色深绿或绿,较细腻,无杂质,稍有裂纹,块重 2 kg 以上 |

续 表

| 品种\级别 | 白玉<br>(仔料) | 白玉<br>(山料) | 青白玉<br>(仔料或山料) | 青玉<br>(仔料或山料) | 碧玉<br>(仔料或山料) |
|---|---|---|---|---|---|
| 三等品 | 颜色白,较细腻、无杂质、稍有裂纹,块重1 kg以上 | 颜色白,较细腻、稍有杂质、稍有裂纹,块重1 kg以上 | 颜色青白,较细腻、稍有杂质、稍有裂纹,块重3 kg以上 | 颜色青或油青,较细腻、稍有杂质、稍有裂纹,块重3 kg以上 | 颜色墨绿或暗绿,较细腻、稍有杂质、稍有裂纹、稍有黑点,块重2 kg以上 |

注:据张晓辉,2002。

总而言之,对于贝加尔湖地区的软玉,由于其产状、结构特点等方面与我国新疆和田玉有一定差异,因而在质量评价方面,应该体现自身的特点。但是,该地区优质的软玉品种同样是质地细腻,颜色均匀,光泽温润,无杂质,无裂纹并具有一定的块度和重量,在这一点上,两者是相似的。

### 三、美国加利福尼亚州的"加州玉"和缅甸"困就"软玉

据谢意红等(2004)研究,产于美国加利福尼亚州的"加州玉",其主要矿物为阳起石。而缅甸"困就"的软玉,其主要矿物为透闪石。这两个产地的软玉矿床类型均属于透闪石化或阳起石化超基性岩型。

(一) 物理性质

"加州玉"和"困就"软玉均为蜡状光泽、质地细腻。其主要物理性质见表4-7。

表4-7 "加州玉"和"困就"软玉的物理性质对比

| 名 称 | 颜 色 | 折 射 率 | 密度/(g·cm$^{-3}$) |
|---|---|---|---|
| "困就"软玉 | 暗绿色、灰绿色 | 1.62~1.63 | 2.95~2.98 |
| "加州玉" | 蓝绿色、灰绿色 | 1.62~1.63 | 2.96~3.07 |

注:据谢意红等,2004。

（二）矿物组成和结构

"加州玉"和"困就"软玉为致密块状，质地细腻。"困就"软玉主要由纤维状、针状、片柱状透闪石组成，透闪石含量在95%以上。"加州玉"的主要矿物为阳起石，呈纤维状、针状，含量90%以上，在单偏光下呈浅绿色，多色性明显。

"加州玉"和"困就"软玉中的其他杂质矿物的含量很少。主要有石英、辉石、绿帘石、褐铁矿等。两种玉石的结构相似，主要为显微纤维变晶结构和显微片状变晶结构。

（三）化学成分

"加州玉"、"困就"软玉的主要化学成分（$SiO_2$，$MgO$ 和 $CaO$）与透闪石矿物理论值基本一致。据谢意红研究，"加州玉"的主要成分为阳起石。"困就"软玉的主要成分为透闪石。

"加州玉"、"困就"软玉中的 Fe、Cr 和 Ni 含量较新疆和田、江苏溧阳、辽宁岫岩、俄罗斯贝加尔湖软玉的高。

## 四、朝鲜软玉矿床

据《宝玉石周刊》报道：在朝鲜中北部春川地区的矿化带发现了巨大的软玉矿床，即 Chunchon 玉石矿床。春川白云岩型软玉矿床产于前寒武纪白云质大理岩和角闪片岩中，并有晚三叠世的春川Ⅰ型花岗岩侵入。矿床的形成晚于围岩的变质作用。该矿床矿石总储量约有30万吨，属世界级大型玉石矿床之一，其中2/3属宝石级。

矿区的主要含矿层由白云石质岩石组成。软玉就产于白云石质岩层中。矿区出露的地层包括前寒武纪白云大理岩和角闪石片岩，均为二叠纪晚期侵入的花岗岩体。

软玉矿体呈透镜状产出。一般长几米，厚度可达1 m。透镜状矿体多产于大理岩与片岩的接触带。软玉呈蜡状光泽，浅绿灰色—浅黄绿色。玉石主要由透闪石构成。与之相伴的还有绿泥石、透辉石、钙铝榴石等。

# 第五章 蛇纹石质玉

**内容提要**

本章主要介绍了蛇纹石质玉石的一般特征及其主要产地等。在蛇纹石质玉石的产地中,主要介绍了我国辽宁岫玉的特征、矿物和化学组成、分类等。同时重点介绍了一种罕见的具有猫眼效应的蛇纹石质玉——蛇纹石猫眼的新的发现产地:四川石棉县蛇纹石石棉矿区。并对该地所产的蛇纹石猫眼进行了详细的宝石矿物学及其谱学特征的介绍。指出该地区所产的蛇纹石猫眼是我国特色矿产资源开发利用的又一典范,是继"美国加利福尼亚蛇纹石猫眼"之后的又一新的亮点。最后介绍了一种岫玉的新品种——甲翠及其特征。

## 第一节 概 述

蛇纹石质玉石是指蛇纹石矿物含量达85%以上,色泽鲜艳、致密温润的蛇纹石矿物的集合体。

蛇纹石的矿物成分是层状结构的含水镁硅酸盐矿物,化学分子式为$Mg_6[Si_4O_{10}](OH)_8$。属单斜晶系。晶体形态为隐晶细粒叶片状或纤维状集合体,单晶极为罕见。非均质体。颜色有浅绿、翠绿、黑绿、白、黄、淡黄、灰、粉红等色,因其中含铁、锰、铝、镍、钴、铬等金属元素所致。白色条痕,蜡状光泽,半透明、微透明至不透明。折射率$1.555 \sim 1.573$,双折射率$0.004 \sim 0.016$。摩氏硬度$2.5 \sim 5.5$,密度$2.44 \sim 2.8 g/cm^3$。解理不发育,断口参差状。韧性不如软玉好。含镍时在长波紫外线照射下有较弱的浅白色荧光。遇盐酸分解。

蛇纹石质玉的成矿类型为岩浆成因、热液成因、接触交代成因。分别赋存于基性、超基性岩浆岩体内,热液填充的构造裂隙内和碳酸盐与侵入岩的接触变质带上。蛇纹石质玉是常见的玉石原料,世界各地均有产出。

中国蛇纹石玉的产地相当广泛。

辽宁岫岩县：所产蛇纹石玉被称为岫玉。颜色以淡绿为主，多为半透明，油脂光泽。岫岩县北瓦沟玉矿是我国该类玉石矿中规模最大者。岫岩玉的质量远优于祁连玉。岫玉是我国最具代表性的、质量最好的蛇纹石玉。

甘肃酒泉：产于甘肃酒泉附近的祁连山中，因此所产蛇纹石玉称"酒泉玉"或"祁连玉"。玉石产于蛇纹石化超基性岩中，是一种含有黑色斑点或黑色团块的暗绿色岫玉。古代的"葡萄美酒夜光杯"，相传就是用酒泉玉制成的。

广东信宜：所产蛇纹石玉称"南方玉"。产于透闪石化和蛇纹石化的白云岩中，玉质细腻，呈黄绿至绿色，与岫玉或酒泉玉颜色有别。

新疆昆仑山：所产蛇纹石玉称"昆仑玉"，产于昆仑山和阿尔金山白云石大理岩与闪长岩的接触带上，呈脉状产出。昆仑岫玉以暗绿色为主，也呈淡绿、淡黄、黄、绿、灰、白等色。绿色中往往伴有褐红、橘黄、黄、白、黑等色。质地细腻，油脂光泽。

台湾花莲：花莲除产出优质软玉猫眼外，还产出蛇纹石质玉。由于含杂质矿物，因而玉石具黑色或黑色条纹，玉质细腻，半透明，油脂光泽，颜色为草绿色、暗绿色。

广西陆川：所产蛇纹石玉称"陆川玉"。其玉质细腻，在黄绿基底上常见黑点。

四川会理：所产蛇纹石玉称"会理玉"。玉质细腻，外观似碧玉，呈暗绿色。

云南：所产蛇纹石玉称"云南玉"，其玉质细腻，成分中除蛇纹石外，含少量绿泥石，颜色以暗绿为主。

山东莒南：所产蛇纹石玉称"莒南玉"，其玉质细腻，呈黑色或淡黄色，呈黑色或近于墨绿色。

北京市：所产蛇纹石玉称"京黄玉"。玉质细腻，呈黄色或淡黄色，优质者呈美丽的柠檬黄色。

青海都兰：所产蛇纹石玉由于具竹叶状花纹，因而被称为竹叶状玉。

甘肃武山：所产蛇纹石玉又称武山鸳鸯玉，玉矿体产在块状蛇纹岩内，呈似层状。玉石以墨绿色蛇纹石为主，含少量绿泥石、黄铁矿、尘状磁铁矿。

山东泰山：又名泰山玉，是一种呈碧绿色、墨黑色的含黑黄色斑点的致密块状蛇纹石玉。

国外蛇纹石玉的著名产地和品种如下。

新西兰：鲍纹玉，呈微绿色白至淡黄绿色，半透明状，质地细腻。主要矿物成分为叶蛇纹石，块体中常含磁铁矿、滑石和铬铁矿等斑点。

美国宾夕法尼亚州：威廉玉，主要由镍蛇纹石、水镁石和铬铁矿组成。浓绿色，半透明。

朝鲜：朝鲜玉，又名高丽玉，呈鲜黄绿色，近透明，质地细腻。

墨西哥：雷科石，呈绿色，具蛇纹构造。

美国加利福尼亚州：加利福尼亚猫眼石，是由平行排列的纤维状蛇纹石组成。丝绢光泽，琢磨成弧面后可表现出猫眼效应。

在上述蛇纹石玉中，唯有美国加利福尼亚州所产的蛇纹石具有猫眼效应，而且该矿蛇纹石猫眼的储量较小，蛇纹石猫眼在自然界产出的概率很小。因此，蛇纹石猫眼的宝石学价值和经济价值很高。

下面介绍几种比较重要的蛇纹石玉的特征和一种罕见的具有猫眼效应的蛇纹石玉——蛇纹石猫眼。

## 第二节 辽宁岫玉

**一、概述**

岫岩玉，简称"岫玉"。因产于辽宁省岫岩县而得名。岫玉以质地温润、晶莹、细腻、性坚、透明度好、颜色多样而著称于世,自古以来一直为人们所珍爱。

岫玉是中国先民开发、应用最早的一种玉料,距今已有7 000年的历史。浙江余杭河姆渡文化遗址中,有用岫玉制成的玉斧、玉铲和玉刀等玉器。河北满城西汉墓中出土的中山靖王刘胜和王后窦绾的两件金缕玉衣轰动全世界,分别有2 498块和2 160块玉片用金丝穿缀而成,大部分玉片是岫玉雕制的。从古至今,我国人民把岫玉制品作为礼器、仪仗器、佩饰和生活用具等,岫玉的现代产品更是琳琅满目,应用范围相当广泛。

2000年2月,经国家宝石协会评选,岫岩玉被评为中国国石第一候选石。岫玉资源极其丰富,总储量约300万吨以上,是新疆和田玉储量的1.25倍。岫岩玉不但储量丰富,更以体块巨大的王者风范独占宝石玉系列之鳌头,可谓玉王增辉,誉满天下,是中华民族的骄傲。岫玉是我国当前主要的产玉矿区,岫玉产量占全国60%左右。

1959年在辽宁省岫岩县采得一块巨大的岫岩玉,长7.95 m、宽6.88 m、高4.1 m,重267.76吨。玉质细腻,通体五彩斑斓,世界罕见。继该玉石之后,1997年岫岩玉石矿又发现新的玉石大王——巨型玉体,它比1959年发现的玉石重近200倍,约6万吨。同年在井下300米玉石原生矿床上采出一块玉体,重12.6吨,被称为井中王。这块大玉是目前世界上取自井下原生矿床最大的玉石体。1998年在该县偏岭镇又发现了一块巨大的河磨玉,重8吨,是目前世界上最大的透闪石玉体,堪称"河磨玉王"。

尤其是国宝"玉石王"被雕成"天下第一玉佛"(图5-1)后,名声更是大震。荣获"中国国石第一候选石"后,影响日益加深,市场更

图5-1 岫玉玉佛

为广泛，价值不断升高。

岫玉玉雕品工艺精湛，大件气势恢宏，小件玲珑剔透，均以高难技术胜出一筹。如在岫玉竞选国石时，进京参展的560件玉雕精品中的"前程似锦"、"关公"、"三相观音"等都显示了岫岩玉雕行业的雄厚实力。岫玉玉雕成品门类齐全，人物、素瓶、动物、花草等。目前玉雕工艺产品已发展到7大系列100多个品种。1999年为庆祝澳门回归，辽宁省人民政府向澳门特别行政区政府赠送了岫玉珍品"九九月圆图"，向世界展示了岫岩玉文化风采。巨型玉雕"孔庙·孔子生平"气势恢宏，雕刻了300多幅画面、2 000多个人物，价值1.285亿元，是当今世界最大的玉雕作品，被评为上海大世界吉尼斯之最。

岫玉玉雕产品在岫岩已形成了"玉都"、"东北玉器销售中心"、"岫岩玉雕艺术宫"、"万润玉雕园"、"和花泡玉器交易市场"、"哈达碑玉器交易市场"六大专业批发市场。有经销业户近1 500户，并在国内大中城市设立了岫玉精品销售窗口300多处。岫玉产品还远销亚、欧、美三大洲许多国家和地区。

## 二、成分特征

岫玉的矿物成分主要由叶蛇纹石组成，并含有一定量的滑石、透闪石、白云石、菱铁矿、少量磁黄铁矿，偶见有斜绿泥石。

叶蛇纹石呈板条状、叶片状。叶蛇纹石在显微镜下呈绿至浅绿色、无色。单体呈片状，集合体呈叶片状相互交织在一起而构成毡状结构。有些岫玉中还含有滑石、纤维状透闪石，且叶蛇纹石与滑石或毛发状透闪石相间平行排列。岫玉的结构为典型的鳞片变晶结构。

据张良钜(2002)研究，大多数岫玉的 MgO 含量稍高于蛇纹石的理论数值，平均高出 1%～2%，少量可高出 3%，但 CaO 含量小于 0.5%，这可能与样品中含菱镁矿、白云石等矿物有关。对岫玉的颜色和透明度起主导作用的是 $Fe_2O_3$、FeO 的含量及 $Fe_2O_3/FeO$ 值。岫玉的 $FeO+Fe_2O_3$ 含量为 1% 左右，$Fe_2O_3/FeO$ 值在 0.25～2 之间变化，不同样品的 $Fe_2O_3/FeO$ 值有明显差异，这种差异与玉石的性质有明显的关系。

### 三、基本性质

**（一）颜色**

岫玉的颜色主要有深绿色、绿色、油青色、浅绿色、淡绿色、浅黄色、棕色、红棕色、古铜色、无色、瓷白色以及相应的各种过渡色。

绿色、油青色是由成分中的 FeO 所致，FeO 含量越高，绿色越浓。

红色、棕色主要由 $Fe_2O_3$ 所致，$Fe_2O_3$ 含量越高，颜色越红棕，反之，则浅。沿裂隙或不同矿物成分分界处向两侧颜色浓度变淡，这种现象是氧化或风化作用造成的，或者是含 $Fe^{3+}$ 溶液沿裂隙充填扩散所致。总之，红色、红棕色是岫玉形成后在氧化环境下造成的，属后生成因，这种颜色的岫玉常称为花玉。

斑点状古铜色岫玉是由于玉石中分布有浸染状、网状、斑点状的磁黄铁矿所致，抛光后玉石中的磁黄铁矿呈古铜色闪烁，非常漂亮，未抛光部位或抛光面以下的磁黄铁矿由于不透光而呈黑色。

星点状金黄色岫玉是由黄铁矿所致。黄铁矿在玉石中呈浸染状分布，抛光面上呈淡的金黄色，而与磁黄铁矿相区别。不过，在玉石标本上多数黄铁矿被氧化成褐铁矿，它们常围绕黄铁矿颗粒向四周扩散，而显现出团块状、斑块状，对玉石的颜色质量影响极大。局部黄铁矿风化后流失而留下许多麻点状空洞，也影响了玉石的质量。

灰白色岫玉是由于含蔗渣状透闪石或滑石所致，它们往往呈大致平行排列或有一定方向夹于玉石中，也有的呈斑杂状、团块状、棉絮状分布在玉石中，在透射光下呈混浊不清的棉絮状灰白色或蔗渣状白色，从而大大降低了玉石的颜色质量。

瓷白色的岫玉是碳酸盐矿物所致，是残留在玉石中未变质的矿物。含量越多，瓷白色越明显，瓷状断口也越明显。

**（二）透明度（水头）**

岫玉的水头与其矿物种类、全铁的含量及玉石的结构、构造有关。

由纯叶蛇纹石组成的玉石水头好。玉石中含其他杂质时,水头明显减弱,特别是当玉石中含滑石、透闪石、磁黄铁矿、黄铁矿等杂质,富集呈团块状、不规则状,其透明度明显减弱,甚至不透明,即玉石中上述杂质越多,透明度越差。

玉石中全铁含量越高,玉石水头越差。反之,则水头越好,即随铁含量增加而透明度降低,颜色相应变深。

玉石的水头还与玉石的结构有关。矿物晶体结晶越细小,光洁度越好,越细腻,水头越好。反之,水头越差。当肉眼能辨认颗粒界线时,玉石变得几乎不透明。浅色、无色、光滑细腻透光性好的玉石,且全铁含量为 0.5% 时,对各波长的透光率大致相同,即大致均匀吸收,水头最好,透射率最高,其黄绿色光波透射率稍大于蓝紫色,因此,玉石稍稍带淡的绿色。全铁含量为 1% 时,玉石呈现出淡绿色、浅绿色、红棕色,其透光性低于浅色、无色玉石。

同一块玉石中,灰白色包裹体阴影处的透光率远低于其周围无包裹体的部位,即玉石中的棉绺、包裹体、杂质等对玉石的透光性影响极大。玉石中出现糖粒状白色包裹体(为残留的碳酸盐矿物),其透光性也明显降低甚至不透明。

(三)其他性质

岫玉的折射率为 1.56~1.57。密度为 2.59~2.62 g/cm³,多数为 2.60 g/cm³,随玉石中磁黄铁矿或黄铁矿含量增大,其密度相应增大。

岫玉的摩氏硬度为 5.5~5.6。其硬度与玉石中矿物成分及结构、构造有关。岫玉的抗压强度通常为 15~30 kg/mm²,但多数为 22~25 kg/mm²。纯叶蛇纹石所形成的毡状结构的岫玉,抗压强度相对较大。当岫玉中残留有较多碳酸盐矿物或滑石时,其硬度和抗压强度要低些。岫玉的抗拉强度极低,变化范围为 1.3~2.3 kg/mm²,多数低于 2 kg/mm²,其主要原因在于岫玉是由叶蛇纹石组成。

岫玉光洁度、抛光性相对较好,但由于抗拉强度低,故韧性较差。

## 第三节 四川蛇纹石猫眼

最近在我国四川省石棉县废弃的石棉矿中除发现了软玉猫眼外,同时也发现了蛇纹石猫眼。这一发现又是锦上添花。因为蛇纹石猫眼是非常罕见的,迄今为止有关蛇纹石猫眼的相关报道甚少,这又是一个新的发现、新的亮点。与四川省石棉软玉猫眼一样,蛇纹石猫眼的发现同样对我国乃至世界特色矿产资源的开发、废弃矿产资源的可持续发展与综合利用,特别是对促进当地经济的发展和社会就业具有重要意义。笔者曾对其进行过详细研究。

### 一、四川蛇纹石猫眼的宝石矿物学特征

（一）组构特征

四川蛇纹石猫眼(图5-2)产于石棉矿区超基性岩体——蛇纹石化橄榄岩中,与软玉猫眼相伴生,属镁质超基性岩蚀变类型。手标本上观察其构造为致密块状,油脂—丝绢光泽。样品色调较单一,为灰色、灰绿、褐灰、褐黄、黄绿、深绿及绿黑色(图5-3)。

图5-2 四川蛇纹石猫眼

蛇纹石猫眼硬度较低,性脆,容易折断。有些样品特别是隐晶质集合体手抚之有滑感。有些样品可清楚地观察到透闪石的纤维集合体呈平行或近于平行排列。部分样品由于结晶片理发育,且片理间

**图 5-3 四川蛇纹石猫眼原石**

结合力较弱,虽然理论上可以表现出较好的猫眼效应,但这些样品在切磨过程中,因受力而导致沿片理面发生分裂,因此,这类样品成品率低。琢磨前需进行注胶等处理。

矿物成分主要为蛇纹石,此外,还有少量方解石、白云石和磁铁矿。

1. 矿物组分及组构表现形式

显微镜下观察,四川蛇纹石及蛇纹石猫眼主要由蛇纹石的微晶—隐晶质集合体组成。依据矿物组成及组构形式,将其分为微纤维状蛇纹石、微鳞片状蛇纹石和杂质矿物三部分。

微纤维状蛇纹石含量为 60%～70%。其含量越高,表现在手标本上结构越细致均一。镜下蛇纹石干涉色为Ⅰ级灰色—Ⅰ级黄色,平行消光。薄片中见到蛇纹石的微纤维状集合体呈特征的 S-C 组构(图 5-4),即 S 面理为蛇纹石纤维的定向面理,一般代表蛇纹石的压性结构面;而 C 面理主要为剪切面理,它们之间的锐夹角,指示剪切运动方向。随着剪应力的加大,S 面理与 C 面理之间的夹角逐渐变小,最终两种面理趋于平行,导致猫眼效应增强。该类蛇纹石猫眼的 S-C 组构中,S 面理与 C 面理间的夹角在 31°～42°之间,锐夹角越大,其猫眼效应越差。这类组构的蛇纹石猫眼含量占 35% 左右。

大部分蛇纹石微纤维集合体的定向面理(即 S 面理)与剪切面理(即 C 面理)平行或近于平行。少数微纤维集合体呈弯曲状(图 5-5),被后期细脉状蛇纹石穿插。该类组构的蛇纹石猫眼含量占 55% 左右。

图 5-4　蛇纹石猫眼内部具特征的 S-C 组构

微纤维状蛇纹石依据其聚集形态和大小，又可分为无定向的显微纤维（图 5-6）、隐晶质纤维（图 5-7）以及放射状（帚状）纤维团（图 5-8）。

图 5-5　弯曲状蛇纹石纤维　　　　　图 5-6　无定向的显微纤维

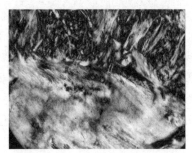

图 5-7　隐晶质纤维　　　　　图 5-8　放射状（帚状）微纤维

隐晶质纤维在显微镜下无法分辨蛇纹石的颗粒大小和形态,以基质形式存在,相互交织成毡状和团块状。无定向排列的微纤维是由蛇纹石纤维杂乱交织而成的集合体,大小在显微镜下不可测,但由于消光位的不同,形态可以分辨。放射状(帚状)纤维:团簇状蛇纹石纤维呈放射状分布,具微弱的波状消光现象。

微鳞片状蛇纹石一般呈细小片状集合体存在(图5-9)。大部分鳞片细而长,包裹于纤维状蛇纹石中,可见到部分鳞片已发生纤维化,其纤维的延长方向与周围纤维的方向一致或近于一致。少数鳞片较宽,叶脉清晰可见。单偏光镜下无色,有时呈淡绿色,鳞片轮廓分明。正交偏光镜下呈显著的波状消光。微鳞片状蛇纹石含量多时不仅使蛇纹石猫眼效应减弱甚至消失,而且使蛇纹石猫眼的均一性和透明度减弱。

**图5-9　鳞片状蛇纹石集合体**

杂质矿物所占比例甚小,一般为个别出现,总量不超过5%。它们的出现也具有一定的规律性。在橄榄石、辉石蛇纹石化较浅时,出现较多磁铁矿和少量的榍石。磁铁矿常呈浸染状,粒径大小一般约0.01 mm~0.03 mm。榍石在单偏光镜下为褐色,高正突起,具弱的红褐—浅黄色的多色性,自形程度较差,常呈粒状,大小一般为0.01 mm。正交偏光镜下,干涉色为高级白。

在蛇纹石猫眼中杂质矿物白云石和方解石含量较高,约占5%。单偏光镜下两者无色透明,闪突起显著。方解石常呈拉长纤维—板柱状(图5-10),有时呈小粒状沿蛇纹石纤维的延长方向(即S面理)对蛇纹石交代。而白云石常呈菱面体状(图5-11)。正交偏光镜下两者均为高级白干涉色。正是由于白云石和方解石的存在,为超基性岩体发生透闪石化提供了必需的物质来源和条件。

 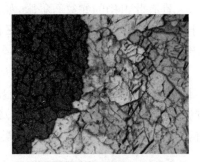

图5-10　纤维—柱状方解石　　　图5-11　菱面体白云石

2. 蛇纹石猫眼的组构种类及其特征

根据矿物组分及组构特征,将四川蛇纹石猫眼分为以下几种组构类型。

(1) 微纤维变晶结构。

微纤维变晶结构是四川蛇纹石猫眼最典型、最普遍的一种结构(图5-12)(所有显微组构照片均放大10×4倍)。蛇纹石猫眼的微纤维状集合体均表现出蛇纹石特征的S面理和C面理,且S面理与

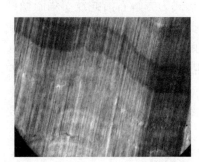 

图5-12　蛇纹石猫眼微纤维变晶结构(S面理∥C面理)

C面理以不等的锐角相交。在大部分猫眼样品中,蛇纹石微纤维均表现出沿纤维方向定向排列的S面理,在剪切应力加大的情况下,S面理与C面理间的锐夹角逐渐减小,最终两者趋于平行而表现出沿S面理的定向排列。

具有此组构的蛇纹石猫眼,如果S面理与C面理间的锐夹角越小,则其猫眼效应越良好。如果S面理与C面理趋于平行一致,则猫眼效应最好。

同时,还可观察到不同期次所形成的蛇纹石。后期形成的蛇纹石集合体呈细脉状穿插早期定向排列的纤维状集合体,从而使得定向排列的蛇纹石被挤压而弯曲变形(图5-13、图5-14)。具有此结构的蛇纹石其猫眼效应就受到一定的影响。

图5-13 弯曲变形的蛇纹石纤维　　图5-14 脉状蛇纹石

微纤维变晶结构的另一种表现形式为方解石沿蛇纹石猫眼微纤维的延长方向或斜穿纤维对其进行交代(图5-15)。有时,由于构造运动所产生的挤压力使得平行排列的纤维局部发生弯曲,甚至断裂。有时在蛇纹石纤维的横断面上可观察到碳酸盐岩对蛇纹石纤维的交代。

微纤维变晶结构约占75%。此结构为蛇纹石猫眼形成的最主要结构。

(2) 微鳞片变晶结构。

具有此结构的蛇纹石主要呈细小片状集合体(图5-16),或鳞片

图 5-15 方解石沿纤维方向(左图)和斜穿纤维方向(右图)对蛇纹石交代(单偏光)

状与纤维状的共存。鳞片状蛇纹石呈波状消光,鳞片的延长方向为正延性。局部见到纤维状蛇纹石包裹鳞片状蛇纹石的现象,说明前者的形成比后者晚。同时见到细小的鳞片状蛇纹石集合体在剪切应力的作用下部分已发生纤维化,鳞片的延伸方向已部分与纤维集合体的延伸方向(S 面理)一致或近于一致。微鳞片变晶结构约占10%。

图 5-16 细鳞片状蛇纹石的纤维化

(3) 交代假象结构。

交代假象结构有以下几种表现形式。

① 鳞片状、纤维状蛇纹石对早期的橄榄石进行交代,橄榄石仅保留了原来的晶形。图 5-17 的(a)、(b)和(c)的左边图片是四川软

玉猫眼样品在单偏光镜下蛇纹石化橄榄石的假象特征,蛇纹石为无色—浅黄色,形态表现为橄榄石的粒状,轮廓清晰。图 5-17 的(a)、(b)和(c)的右边图片是样品在正交偏光镜下的特征,蛇纹石干涉色为Ⅰ级灰—Ⅰ级黄色。未见橄榄石的光性特征,样品表面蚀变程度较深,蚀变剧烈,致使橄榄石的整个切面均被蛇纹石和磁铁矿所取代,因此见到在橄榄石假象轮廓周围有磁铁矿组成的暗化边,这即是橄榄石发生蛇纹石化过程中析出的磁铁矿经浓集向边部迁移而形成的浓缩边。正交偏光镜下蛇纹石的特征:橄榄石假象轮廓的中心和边缘部位组成矿物的光性有差异,假象的中心部位由叶片状的叶蛇纹石和少量磁铁矿组成。而近边部则是由纤蛇纹石的纤维组成,边缘干净,轮廓清晰。

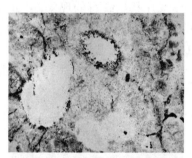 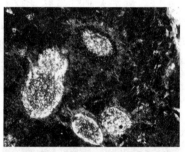

(a) 橄榄石假象,假象中心为叶蛇纹石,边部为纤蛇纹石

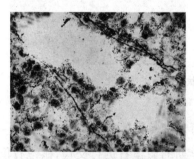 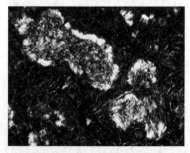

(b) 半自形橄榄石假象,裂隙中充填较多析出的磁铁矿

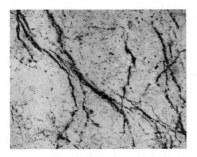 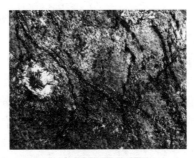

(c) 蛇纹石交代橄榄石,橄榄石裂隙发育,其中充填磁铁矿

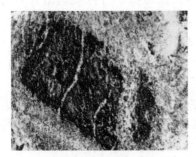 

(d) 辉石假象(单偏光)　　　　(e) 辉石(左上)和橄榄石假象
　　　　　　　　　　　　　　　　　(正交偏光)

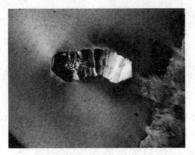

(f) 辉石假象(被蛇纹石及析出的
　　磁铁矿所交代)(正交偏光)

图 5-17　蛇纹石交代假象结构(10×4倍)

② 鳞片状、放射状、纤维状和针状蛇纹石对辉石的交代而表现出的辉石的假象——绢石(图 5-17 的(d)、(e)、(f)),辉石的晶形假象保留完好清晰,常呈截角的长方形、短柱状等,颗粒粗大,一般 0.3 mm×0.8 mm。单偏光镜下为无色—浅绿色,表面及轮廓边缘有析出的磁铁矿分布,突起较周围橄榄石的假象低。辉石假象的组成同橄榄石假象,轮廓的中心部位和边缘部位组成矿物的光性也有差异,中心部位由叶片状的叶蛇纹石和少量磁铁矿组成,而近边部则是由表面干净的纤蛇纹石组成,轮廓分明。

③ 辉石在蛇纹石化过程中所析出的磁铁矿经浓集而沿辉石的解理缝分布,形成肋条状,或向辉石边部迁移形成浓缩边,因此,几乎完全被磁铁矿所交代的辉石所表现出的假象结构十分清楚(图 5-17(d))。

交代假象结构约占 10% 左右。

④ 网格状结构:橄榄石的裂隙被蛇纹石所充填,蛇纹石置换了橄榄石的原有成分后形成了网格状结构(图 5-18)。该结构约占 5%。

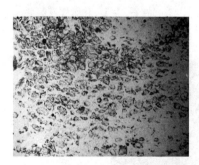 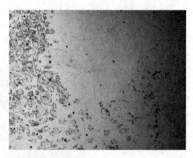

图 5-18 蛇纹石交代橄榄石的网格状结构(10×4 倍)

3. 蛇纹石纤维组构对猫眼效应的影响

通过以上对蛇纹石猫眼中主要矿物形态和表现形式及其组构特征进行分析,发现不同矿物形态和不同组构的蛇纹石,其表现出的猫眼效应的良好程度不同。

微纤维变晶结构是蛇纹石猫眼中最常见、最普遍的一种组构。研究发现,具有此组构的蛇纹石猫眼都具有蛇纹石特征的S面理和C面理,即S面理为蛇纹石纤维的定向面理,一般代表蛇纹石的压性结构面;而C面理主要为剪切面理,它们之间的锐夹角,指示剪切运动方向。S面理与C面理间的相交关系可分为两种:一种是S面理与C面理以不等的锐夹角相交,四川蛇纹石猫眼中这种锐角角度的变化范围为31°~42°;另一种是S面理与C面理近于平行,相交角度近于0°。导致S面理与C面理间锐角角度发生变化的主要因素是剪切变形应力。随着剪应力的加大,S面理与C面理之间的锐夹角逐渐变小,最终两种面理趋于平行,导致猫眼效应增强。

从猫眼的形成机理来看,只有组成猫眼的微纤维状矿物集合体平行或近于平行排列时,即蛇纹石猫眼中S面理与C面理近于平行,两者的相交角度近于0°时,该蛇纹石就能表现出最好的猫眼效应。如果蛇纹石猫眼中S面理与C面理间的锐夹角越小,则其猫眼效应越良好。

从四川蛇纹石猫眼的S—C组构研究中发现,在大部分猫眼样品中,蛇纹石微纤维均表现出一组沿纤维方向的定向排列,表明在剪切应力加大的情况下,S面理与C面理间的锐夹角逐渐减小,最终两者趋于平行而表现出沿S面理的定向排列。因此具此组构的蛇纹石其猫眼效应最好。由于大部分样品都具有此组构,因此大部分蛇纹石样品均具有良好的猫眼效应。猫眼的眼线集中呈一条,无发散,猫眼逼真鲜活。此类组构的蛇纹石猫眼约占50%。

部分样品中蛇纹石S面理与C面理间有一定的夹角,其范围在31°~42°之间,两种面理的锐夹角越小,其猫眼效应越好。由于部分样品具有此组构,因此少部分蛇纹石样品的猫眼效应较S面理与C面理近于平行的样品差。具有此组构的蛇纹石虽然经琢磨后能表现出猫眼效应,但是猫眼的眼线呈发散状,不能集中呈一条亮线,所以猫眼质量较差。此类组构的蛇纹石猫眼含量约占25%左右。

呈放射状(帚状)和微鳞片变晶结构的蛇纹石,由于纤维不具平行定向排列，S面理与C面理不发育，但局部范围内纤维仍能表现出弱定向排列，因此，此组构的蛇纹石猫眼效应非常微弱，且猫眼的眼线呈发散状，猫眼质量差。此类组构的蛇纹石猫眼含量约占10％左右。

以基质形式存在、微具毛发状、结构呈毡状、团块状的隐晶质蛇纹石和纤维杂乱交织无定向排列的蛇纹石，虽然有时也呈纤维状，但蛇纹石S面理与C面理不发育，具有交代假象结构和网格状结构的蛇纹石，常与鳞片状、放射状或帚状蛇纹石一起对早期的橄榄石和辉石进行交代。因此具有此类组构的蛇纹石基本上无猫眼效应。此类组构的蛇纹石猫眼含量约占15％左右。

从上述讨论可知，四川蛇纹石猫眼的主导组构为微纤维变晶结构。蛇纹石特征的S面理和C面理的组构特征是猫眼效应形成的主要内在因素。随着剪应力的加大，S面理与C面理之间的夹角逐渐变小，最终两种面理趋于平行，导致猫眼效应增强。由于四川蛇纹石样品大部分都具有此组构，因此总体上四川蛇纹石样品均具有良好的猫眼效应。蛇纹石样品中S面理与C面理间有一定角度相交时，猫眼效应较差。但此类组构含量较少。具放射状（帚状）、交代假象结构和网格状结构的蛇纹石，其猫眼效应很弱或无猫眼效应。具此组构的蛇纹石的含量较少。因此，总体上，四川蛇纹石猫眼的质量是良好的。

（二）四川蛇纹石猫眼化学成分

笔者对四川蛇纹石猫眼样品进行了电子探针波谱测试，结果见表5-1。

表5-1　四川蛇纹石猫眼的电子探针波谱分析结果

| 样号 | $SiO_2$ | $TiO_2$ | $Al_2O_3$ | $Cr_2O_3$ | FeO | MnO | MgO | CaO | NiO | $K_2O$ | $Na_2O$ | Total |
|---|---|---|---|---|---|---|---|---|---|---|---|---|
| ST-38 | 43.24 | 0.01 | 0.23 | 0 | 2.41 | 0.08 | 39.71 | 0.03 | 0.02 | 0.02 | 0.03 | 85.78 |
| ST-36 | 44.26 | 0.01 | 0.17 | 0.01 | 1.48 | 0.03 | 41.50 | 0.04 | 0.02 | 0.02 | 0 | 87.53 |

四川蛇纹石猫眼的主要成分为$SiO_2$、MgO和FeO。其中，$SiO_2$

为 43.24%～44.26%,平均为 43.62%;MgO 为 39.71%～41.50%,平均为 40.51%;FeO 为 1.30%～2.41%,平均为 1.79%。结果表明四川蛇纹石猫眼的化学成分与蛇纹石的成分一致。

(三)四川蛇纹石猫眼矿物成分

1. X射线粉晶衍射测试

笔者对四川蛇纹石猫眼样品进行了 XRD 测试,结果见图 5-19。分析表明其主要组成矿物为蛇纹石。

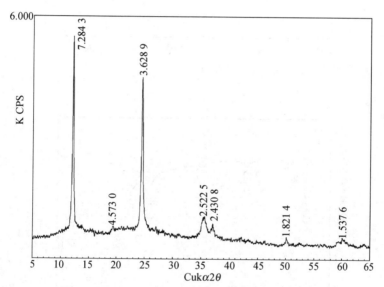

图 5-19 四川蛇纹石猫眼的 X 射线粉晶衍射谱图

2. 红外和拉曼光谱

笔者选取两个四川蛇纹石猫眼样品进行了红外和拉曼测试,测试结果分别见图 5-20 和图 5-21。分析表明其主要组成矿物为叶蛇纹石和纤蛇纹石。

(四)扫描电子显微镜特征

图 5-22 为样品 ST-28 在不同放大倍数下平行纤维方向自然敲口断面的微观形貌。该样品在偏光显微镜下为显微纤维变

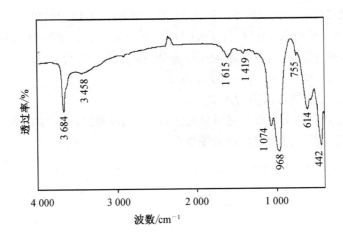

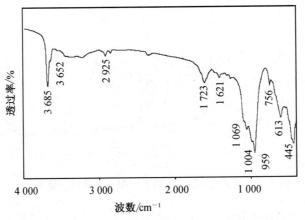

图 5-20　四川蛇纹石猫眼的红外光谱

晶结构。从图中可以看出,蛇纹石纤维细长且相对比较平直,沿纤维的长轴方向近于平行定向排列。因此,具有此纤维结构的蛇纹石能表现出良好的猫眼效应。该样品蛇纹石纤维直径小于 0.1 μm,表面黏有一些杂质,见有较微弱的溶蚀象(图 5-22(c)),说明这种纤维本身韧性相对较差。但从图 5-22 可观察

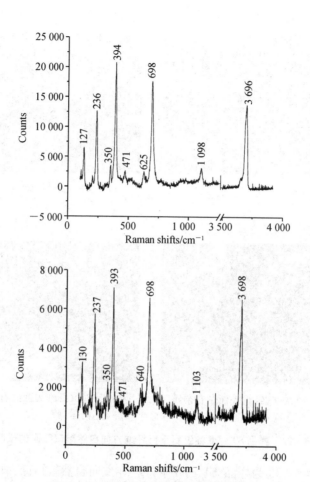

图 5-21　四川蛇纹石猫眼的拉曼光谱

到：尽管这种纤维的韧性较差,但纤维之间彼此局部相互穿插交错,大致沿纤维方向定向排列。这种特殊的穿插交错结构使蛇纹石纤维之间产生了一种机械结合力或绞合力。这种纤维间的机械结合力的存在增强了蛇纹石纤维的韧度。所以,从显微形貌及内部结构上,蛇纹石样品 ST-28 不仅能表现出良好的猫眼效应,而且猫眼的韧性也较高。

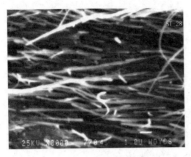 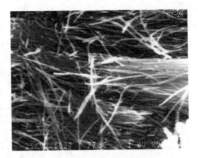

(a) ×8 000(纤维平直)　　　　　　(b) ×5 000(纤维相互穿插绞合)

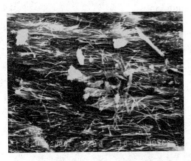 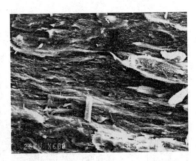

(c) ×2 000(纤维表面黏有杂质平直)　　(d) ×600(纤维表面黏有杂质,定向排列)

**图 5‑22　样品 ST‑28 蛇纹石平行纤维方向自然敲口断面的微观形貌**

图 5‑23 为样品 ST‑36 平行纤维方向自然敲口断面的微观形貌。放大倍数分别为 2.0 K、1.0 K、0.36 K 和 0.06 K。该样品在偏光显微镜下为微纤维变晶结构。与图 5‑22 相比,该蛇纹石纤维也较平直,但纤维表面黏有的杂质很少或没有,也未见较明显的溶蚀象。从图 5‑23 可观察到这种蛇纹石纤维弯曲程度远大于 ST‑28。图 5‑23 显示该蛇纹石的断裂面表现为韧性弯曲的特点,并非脆性平直的台阶状。因此,这种纤维本身的韧性相对较高,比样品 ST‑28 纤维韧性好。但纤维之间彼此相互穿插的程度较差。因此纤维

之间的机械结合力或绞合力较样品 ST-28 差。总之,从显微形貌及内部结构上,蛇纹石样品 ST-36 能表现出良好的猫眼效应,且猫眼的韧性也较高,但纤维间的绞合力较弱,因此,琢磨时应特别小心,必要时应先进行注胶处理。具有此结构的蛇纹石能琢磨成猫眼的成品率较低。

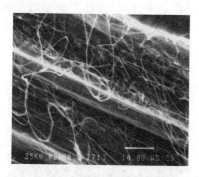 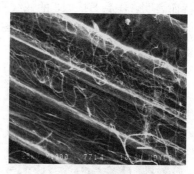

(a) 纤维较平直且韧性高(左图:×2 000;右图:×1 000)

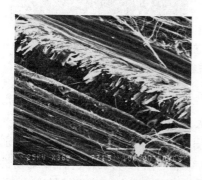 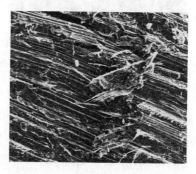

(b) 纤维断裂面呈韧性弯曲、表面干净无熔蚀现象
（左图:×360;右图:×60）

**图 5-23 样品 ST-36 蛇纹石平行纤维方向自然敲口断面的微观形貌**

图 5-24 为样品 ST-13 平行纤维方向自然敲口断面的微观形貌。放大倍数分别为 1.0 K 和 0.3 K。该样品在偏光显微镜下为显

微纤维变晶结构。图5-24显示该蛇纹石纤维的定向性差,具弱定向排列。纤维弯曲度较大,表面光滑干净,没有杂质,也未见到溶蚀象。这种纤维的韧性很高。纤维粗细不一,最细纤维直径只有约0.1 μm,最粗纤维直径小于5 μm。纤维之间彼此相互穿插绞合的程度较高,因此纤维之间的机械结合力高。这些显微形貌及内部结构特征表明:样品ST-13的蛇纹石纤维定向性差,因此其猫眼效应较弱,猫眼的眼线不能表现出一条亮线,而是呈发散状,甚至无猫眼效应。

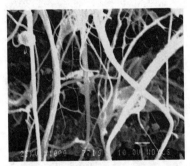 

纤维表面光滑干净、韧性高(左图:×1 000;右图:×300)

**图5-24 样品ST-13蛇纹石平行纤维方向自然敲口断面的微观形貌**

图5-25为样品ST-32平行纤维方向自然敲口断面的微观形貌。放大倍数分别为5.0 K、3.0 K、1.0 K和0.8 K。该样品在偏光显微镜下为显微纤维变晶结构。图中显示该蛇纹石纤维总体上具弱定向排列,纤维直而短,局部可见纤维的溶蚀现象。这种纤维韧性差。但纤维彼此之间紧密穿插绞合,因此纤维之间的机械结合力高。纤维粗细不一,最细纤维直径只有约0.1 μm,最粗纤维直径达15 μm。粗纤维的外壁黏有无数细而短的纤维,表面粗糙。这些显微形貌及内部结构特征表明:样品ST-13的蛇纹石纤维定向性较差,其猫眼效应较弱,但这种猫眼的韧性较高,因此,能琢磨成猫眼的成品率较高。

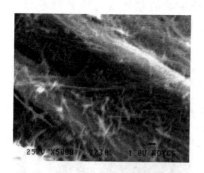 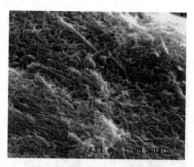

(a) 蛇纹石纤维粗细不一、弱定向排列
（左图：×5 000；右图：×3 000）

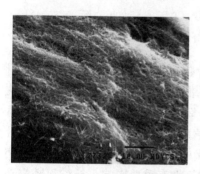 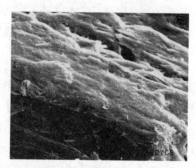

(b) 蛇纹石纤维短而细、相互穿插、弱定向排列
（左图：×1 000；右图：×800）

**图 5 - 25  样品 ST - 32 蛇纹石平行纤维方向自然敲口断面的微观形貌**

图 5 - 26 为样品 ST - 32 蛇纹石垂直于纤维方向自然敲口断面的微观形貌。放大倍数分别为 5.0 K、2.0 K 和 0.8 K。从图中可以看出,蛇纹石多为空心管状形态。纤维管径粗细不一,一般直径均小于 1 $\mu m$,少数纤维较粗,直径可达 15 $\mu m$。这些纤维大多都具有一个不规则的外壳。多数纤维的管状内部为空心,部分纤维的内部似有充填物质。这种现象与 A. P. Middleton 和 E. J. W. Whittaker 曾研究过的纤蛇纹石纤维的扫描电镜特征相似：即为一种内核为圆柱状

斜纤蛇纹石或正纤蛇纹石，外壳为板条状的利蛇纹石或斜纤蛇纹石围成的多角形"内圆外方"的结构模式。

空心管状蛇纹石纤维（外壳不规则状）（左图：×2 000；右图：×800）

图5-26 样品ST-32蛇纹石垂直纤维方向自然敲口断面的微观形貌

从上述扫描电子显微镜观察分析可知，蛇纹石猫眼中纤维本身形态大致可分为三类：第一类是纤维韧性好、外表光滑干净，未见明显的溶蚀现象；第二类是纤维平直，韧性差，外表黏有一些杂质，见有较明显的溶蚀现象；第三类是在垂直纤维方向上，绝大部分蛇纹石纤维表现为外壳呈不规则状空心管状的结构模式。同时，纤维之间相互排列的方式对猫眼效应和玉石的韧性有重要影响。纤维间密集平行或近于平行排列、纤维本身的弯曲程度大、韧性高、纤维局部穿插绞合，这种结构和显微形貌的蛇纹石样品的猫眼效应良好，经琢磨后猫眼鲜活逼真，猫眼眼线成一条亮线。并且由于玉石本身韧性较高，因此，琢磨成猫眼成品的概率高。有些样品纤维间虽然呈平行或近于平行排列，但纤维平直、韧性差，纤维间局部穿插绞合较弱，这种结构和显微形貌的蛇纹石其猫眼效应理论上良好，但玉石的本身韧性较低，因此，琢磨成猫眼成品的概率低。有些样品纤维间相互穿插绞合，具弱定向排列或无定向排列，这种结构的蛇纹石尽管本身的韧性较高，但其猫眼效应差，猫眼的眼线不能表现出一条亮线，而是呈发散状，甚至无猫眼效应。

## 第四节　西藏桂亚拉地区的蛇纹石质玉

据陈应明报道,1999年在西藏桂亚拉地区发现了蛇纹石质玉石矿床。矿体产于细粒石英闪长岩外接触带的白云岩中。矿体出露于海拔4570 m处。地理位置上,由西向东桂亚拉、聪占拉、绕金等地一带均有岫玉分布,玉石呈浅绿、黄绿、浅灰、绿黄等多种颜色。多为半透明、油脂光泽,无裂纹,硬度低,易加工,是很好的工艺雕刻原料。

### 一、玉石质量

(一)物性特征

岫玉的颜色有浅绿、黄绿、深绿、灰、灰白、浅灰、绿黄、浅黄色等。质地细腻均匀,呈致密块体,多无裂纹,具微透明—半透明,油脂光泽,摩氏硬度4,块度大于50 cm×50 cm×50 cm。

(二)矿物成分特征

玉石矿物成分主要为蛇纹石,低正突起。部分蛇纹石平行消光,最高干涉色为Ⅰ级浅黄,负延性,属纤蛇纹石。蛇纹石呈隐晶质纤维状。脉石矿物有方解石、白云石及少量方解石残留分布在蛇纹石矿物集合体中。

(三)结构构造特征

玉石结构呈隐晶质。显微镜下观察,其结构主要为显微隐晶—纤维变晶结构、显微隐晶质结构、变晶结构等。玉石构造以致密块状为主,少量为网格状构造等。

(四)玉石类型

按物质成分、结构和构造、颜色可将玉石分为致密块状蛇纹岩、致密块状蛇纹石化隐晶质大理岩、致密块状大理岩化变晶白云质灰岩。其中以致密块状蛇纹石化隐晶质大理岩为主,并以黄绿、浅绿、绿黄色和质地细腻者为主。

## 二、矿床成因

成矿作用和含矿建造是划分矿床成因类型的最重要依据。桂亚拉玉石矿产于以富镁碳酸盐岩为特征的一套浅海相碳酸盐岩建造中。矿床属于海相镁质碳酸盐岩建造热液交代型岫玉矿床。

## 第五节  云南蛇纹石质玉

### 一、概况

云南岫玉矿床类型主要有两种：一种是产在基性岩与富镁硅质碳酸盐岩接触带的富镁碳酸盐岩型，另一种是产在蛇纹岩中的超镁铁质岩型。

富镁碳酸盐岩型矿床较为典型的有武定、东川岫玉矿床等，矿化带位于海西期辉绿岩与镁质碳酸盐岩接触带形成的蛇纹石化带内。

超镁铁质岩型岫玉矿床较为典型的有：景东、德钦、墨江、新平岫玉矿床等，与该类型矿床的矿化关系密切的岩石组合是蛇纹岩—镁质超镁铁岩组合，主要见于潞西、昌宁—孟连、金沙江、哀牢山等四个岩带及八布岩区内。其次为环状镁铁岩—铁质超镁铁岩组合中的超镁铁岩的蛇纹石化部分。主要分布于福贡—保山岩带、澜沧江岩带、大理—金平岩带、元谋岩区和石屏岩带。

### 二、云南武定岫玉主要特征

云南武定岫玉矿床位于接触带中的蛇纹石化带中，一般厚2 m～3 m，岫玉的直接围岩为蛇纹岩，矿化基本呈层状断续分布在蛇纹岩中，多呈不规则的透镜体、扁豆体或似层状产出。

矿化带出露于武定狮山周围一带，出露面积约 20 km$^2$ 左右。

#### （一）矿物成分

玉石矿物成分主要由蛇纹石组成。蛇纹石以隐晶质胶蛇纹石及显微鳞片状的叶蛇纹石为主,其次为纤蛇纹石,并含有少量滑石、白云石和白云母。

(二) 化学成分

蛇纹石质玉主要是由蛇纹石组成,据矿石化学分析结果表明(周梅、庄凤良等,1999)其主要化学成分的质量分数(%):$SiO_2$ 20.93%~23.13%, $Al_2O_3$ 0.06%~1.34%, MgO 29.63%~38.44%, $Fe_2O_3$ 0.33%~1.33%, $Na_2O$ 0.037%~0.062%, $K_2O$ 0.0081%~0.011%。

(三) 结构构造

玉石结构为显微鳞片变晶结构及隐晶质结构。构造以块状为主,少量条带状及碎片状,地表风化玉石中常见有同心圆状构造。

(四) 玉石类型

按矿物分类主要是蛇纹石质玉;按色调分类应属绿玉,其中以黄绿、灰绿色为主,少数翠绿色、蓝绿色及深绿色;按矿石构造分类主要为块状和条带状。

(五) 主要特征

蛇纹石质玉(岫玉)主要为黄绿色,其次有淡蓝色、黄白色、绿白色、灰白色、灰绿色、淡褐色、茶褐色,少量有蓝绿、翠绿、深绿色。透明度好、中、差均有,多数为透明—半透明,其中翠绿、蓝绿色、黄绿、淡黄色的透明度较好,其他杂色透明度稍差。光泽为蜡状光泽。蓝绿色、翠绿色、深绿色均为油脂光泽,水头较好,黄绿色、淡黄色等杂色均为蜡状光泽。硬度中等。玉石块度较小,一般在(3 cm~10 cm)×(5 cm~10 cm)左右,质地较细腻。

## 第六节 安绿玉和鸳鸯玉

### 一、安绿玉

安绿玉为蛇纹石质玉。因发现于吉林省集安县境内绿水河畔而得名。安绿玉产于下元古界集安群新开河组蛇纹石化大理岩中。

安绿玉主要组成矿物为利蛇纹石。玉石为隐晶质结构,块状构造。颜色丰富,有深绿、绿、浅绿、黄绿、黄褐、蜡黄、白绿、灰白、灰蓝、蓝绿、绿黑等色。以绿色色调为主,微透明至半透明,摩氏硬度3~5,密度 $2.57 \text{ g/cm}^3$,抛光性能好。

安绿玉可制作各种玉雕工艺品。曾远销日本和巴西等国。

## 二、鸳鸯玉

鸳鸯玉因产于西秦岭甘肃武山县鸳鸯镇超基性岩体中而得名,属于蛇纹石质玉。

(一)玉石特征

鸳鸯玉产于震旦系黑云母片麻岩与超基性岩构造带中。岩体长9.5 km、宽1 km~2 km,玉石矿体产于块状蛇纹岩内,属与超基性岩有关的玉石矿床。玉石矿体呈似层状,厚 60 m~170 m,平均厚120 m。

玉石颜色鲜艳,蜡状光泽,摩氏硬度6,微透明。玉石呈块状、条带状和花斑状。块状蛇纹岩中墨绿色蛇纹石占80%~95%,少量浅色(黄绿及翠绿)蛇纹石呈斑点、团块状,不均匀分布。条带状蛇纹岩为黄绿色、浅绿、翠绿色蛇纹石与墨绿、灰绿色蛇纹石组成相间条纹。浅色条带宽 0.2 mm~2 mm,呈断续状,占 30%~40%;暗色条带宽 0.5 mm~3 mm,占 40%~70%。花斑状蛇纹岩很少,玉石为墨绿色蛇纹岩,其中散布有黄绿、翠绿斑点状蛇纹石,花色美观。

玉石商业品种有三种:(1)墨绿玉(深绿色蛇纹石占95%以上);(2)绿玉、草绿色和西瓜绿色;(3)浅绿色(以浅绿色蛇纹石为主)。玉石矿物成分主要为蛇纹石占80%~90%。其次为绿泥石占 1%~5%,黄铁矿占 1%~2%,尘状磁铁矿占 2%~3%,还有极少量的粒状铬铁矿和磁铁矿等。该玉石的化学成分见表5-2。

表 5-2　甘肃鸳鸯玉化学成分

| 名　称 | $SiO_2$ | $Al_2O_3$ | $Fe_2O_3$ | CaO | MgO |
|---|---|---|---|---|---|
| 块状蛇纹岩 | 39.52 | 0.92 | 6.84 | 1.07 | 37.73 |
| 条带状蛇纹岩 | 38.16 | 0.83 | 7.04 | 0.93 | 39.36 |
| 花斑状蛇纹岩 | 38.26 | 0.61 | 5.45 | 0.77 | 39.11 |

注：据涂怀奎，2000。

（二）开发利用

该矿床 20 世纪 80 年代经过勘探及地形地质测量，以槽探和钻探为主要勘探手段，由甘肃武山县与白银厂组成鸳鸯玉联合公司和武山县美术厂对玉料进行开发，加工成装饰材料及各种雕刻工艺品，具有一定的市场前景。

（三）找矿方向

秦岭褶皱带北西西向断裂发育，控制着海西期超基性岩体，玉石矿体产于块状蛇纹岩内。断裂带叠加超基性岩体群是主要找矿方向，节理与裂隙发育处是主要找矿地段。

震旦系黑云母石英片岩夹斜长角闪岩是含矿岩体围岩。超基性岩蚀变成块状蛇纹岩部位为玉石主要赋存地段。

玉石形成以超基性岩自变质作用为主，蛇纹石化使岩体发生分带，玉石矿体赋存在蛇纹石化橄榄岩内，是重要找矿方向。

## 第七节　岫玉的新品种——甲翠

近几年，辽宁省岫岩县境内还产有许多新玉种，甲翠便是其中之一（图 5-27）。

甲翠的颜色白绿相间，两种颜色组成美丽的花纹。一般为微透明至半透明，质地较岫玉略粗。因其表面绿色花纹色泽鲜艳，非常像翡翠，故当地人在以

图 5-27　甲翠原石

前称它为"假翠"。因为考虑到商业因素,一个"假"字会使这个新的玉种在推向市场的过程中受到种种阻碍,故改称为"甲翠"。其矿物成分主要为透闪石和蛇纹石,透闪石、蛇纹石各占50%左右。手标本中透闪石呈白色,蛇纹石呈绿色,所以组成白绿相间的花纹。其产状与岫玉交生,数量比岫玉少。

## 一、甲翠的矿物成分与化学成分

据王时麒(2003)等研究,甲翠的矿物成分主要为蛇纹石与透闪石,几乎不含其他杂质矿物。蛇纹石含量在50%左右。显微镜下甲翠主要由叶蛇纹石和少量纤蛇纹石组成。定向规则的纤维状集合体可能为应力作用所致。蛇纹石颗粒大小不均,颗粒较大的单晶多呈叶片状结构,更细小的则为毛毡状结构,粒径大小一般为0.02 mm～1 mm。透闪石含量在50%左右。其横切面可出现粒状变晶结构,纵切面呈纤维柱状结构。有些长柱状集合体因受外力作用而弯曲。透闪石粒度不均,粒状透闪石大小为1.5 mm×0.5 mm左右。而长柱状透闪石大小为(2 mm～3 mm)×0.05 mm。更细小者便构成了纤维束状或针柱状集合体。

表5-3为甲翠的成分分析结果(据王时麒等,2003),分析表明甲翠中$SiO_2$、$MnO$、$CaO$和$H_2O$含量较高,反映出甲翠的主要化学成分为蛇纹石和透闪石两者的综合。

表5-3 甲翠的主要成分(质量分数%)

| $Na_2O$ | $MgO$ | $Al_2O_3$ | $SiO_2$ | $P_2O_5$ | $K_2O$ | $CaO$ | $TiO_2$ | $Ni_2O$ | $Fe_2O_3$ | $FeO$ | 烧失 | $H_2O^+$ | 总量 |
|---|---|---|---|---|---|---|---|---|---|---|---|---|---|
| 0.16 | 36.83 | 0.07 | 48.35 | 0.07 | 0.01 | 3.24 | 0.01 | 0.05 | 0.14 | 1.95 | 9.51 | 9.00 | 100.4 |

## 二、物理性质

物理性质是决定玉石质量优劣的首要条件。

(一)颜色

甲翠的颜色呈白绿相间的混合色。绿色有深有浅,鲜艳程度不一,较浅的绿色呈草黄绿色。较深的绿色,色泽比较鲜艳。甲翠的绿色非常相似于翡翠的绿色。这就是为什么这种玉石被称为甲翠的主要原因。

（二）密度

王时麒等利用静水力学法测得甲翠的平均密度为 $2.66 \text{ g/cm}^3$。

（三）硬度

甲翠是由白色部分的透闪石和绿色部分的蛇纹石共同组成的。王时麒等利用显微硬度计对甲翠不同颜色的部分进行测定,测得白色部分的摩氏硬度为 5.83,绿色部分的摩氏硬度为 4.91。

（四）透明度

甲翠总体为不透明体或微透明体。仔细观察,可看到白色部分的透闪石为不透明或微透明,但绿色部分的蛇纹石为微透明或半透明。

## 三、矿床成因

甲翠矿属于中低温热液交代矿床,区内所见玉石矿无一例外均产于大石桥组一、三段岩层中。有利的围岩为白云石大理岩,为成矿提供了丰富的镁质和钙质,并且碳酸盐化学性质活泼,易于进行交代。侵入岩的性质对于成矿也有着重要的意义。华力西期和燕山期的酸性岩浆为甲翠的形成提供了有利的成矿热液条件。而矿区内的断裂构造控制了岩浆溶液的通道,也提供了成矿的有利空间,含硅热水溶液沿裂隙断层上升,与围岩矿物之间发生了交代反应。反应过程中,热液萃取了围岩中的 Mg 和 Ca,若 Mg 含量高,则最后形成蛇纹石玉。若 Ca 含量高,最后则形成透闪石成分的软玉。若 Mg 和 Ca 的含量各占一定比例,则形成了蛇纹石和透闪石几乎各占一半的甲翠。王时麒教授提出了甲翠形成的可能化学反应式：

$$11CaMg(CO_3)_2 + 12SiO_2 + 5H_2O = Mg_6(Si_4O_{10})(OH)_8 +$$
　　　白云石　　　　　　　　　　　　　蛇纹石
$$Ca_2Mg_5(Si_8O_{22})(OH)_2 + 9CaCO_3 + 13CO_2 \uparrow$$
　　　透闪石　　　　　　　方解石

图5-28　甲翠雕件

甲翠为当地的一种俗称,在商业和市场上已广泛流行,可以继续使用。但其正式的宝玉石名称应根据一般岩石定名方法命名。王时麒认为此种岩石可定名为透闪—蛇纹石岩,相应的宝玉石名称可称为"透闪—蛇纹石玉"。

岫岩玉雕工艺品主要有人物、花鸟、兽类等。当地人们用他们的勤劳智慧创造了一件又一件漂亮的工艺品。以甲翠为原料的玉雕工艺品主要为仿制秦汉以前的炉、瓶、鼎、薰等古器物。其造型古朴典雅,气势雄浑(图5-28)。另外还可以制作成手镯、玉枕、挂件等。

## 第八节　河北承德玉

2008年在我国河北省承德市宽城满族自治县新发现了蛇纹石质玉。因承德古称热河,因此该玉石又被称为热河玉。

2018年热河玉被认定为承德地标产品,正式更名为承德玉。

承德玉在玉石分类上属于蛇纹石质玉。其主要的组成矿物为蛇纹石,并含有少量的透闪石、白云石、方解石、滑石等。承德玉的颜色丰富,包括黄—橙黄、黄绿、浅绿—墨绿、白、黑等色。玉质细腻温润,透明度较高。

承德玉在成因上和大多数的蛇纹石质玉一样,都属于接触变质作用形成的蛇纹石化的大理岩(图5-29)。

2018年9月1日,中国珠宝玉石首饰行业协会在承德市举办承德玉产业发展研讨会,对承德玉给予了很高的评价,并结合承德的历

图5-29 承德玉原石

史文化、人文精神、旅游资源、浓郁的满清文化底蕴,对承德玉的未来发展前景寄予了厚望。

## 第九节 山东泰山玉

泰山玉因产于山东省泰安市泰山山麓而得名。泰山玉主要分布在泰山石腊村、界首村一带。

泰山玉的主要矿物组成为蛇纹石,其次为绿泥石等。玉石质地细腻温润,半透明至不透明,颜色以碧绿、暗绿、墨黑等为主。

泰山玉在成因上属于变质超基性岩浆矿床。

泰山玉历史文化悠久。据考证,早在5 000年前的新石器时期大汶口的先民们就已经用泰山玉制作出了碧玉铲、臂环、佩饰等。

令人欣慰的是,2009年5月山东省地矿局第五地质勘察院在泰山西麓发现了新的泰山玉矿带,初步探明储量约为900万吨。泰山玉资源新的发现无疑对我国玉石资源的发展起到了积极的推动作用。

根据颜色可将泰山玉划分为泰山碧玉、泰山花斑玉和泰山墨玉三类。其中以泰山墨玉为主,而以泰山碧玉质量最优。

1. 泰山碧玉

泰山碧玉的颜色为草绿、深绿、墨绿等色,尤以碧绿为佳。玉石颜色均匀,玉质细腻温润,半透明—微透明。泰山碧玉是泰山玉中质

量最好的品种,也是泰山玉中较少的品种。

2. 泰山花斑玉

泰山花斑玉的颜色丰富,尤以白色和绿色为主,白色洁净如雪,夹杂有浅绿色。通常不同颜色呈斑点状分布在整个玉石上,错落有致,有"韵"有"致",具有较高的观赏价值。泰山花斑玉是泰山玉中质量较好的品种。

3. 泰山墨玉

泰山墨玉质地细腻,颜色均匀且乌黑发亮。泰山墨玉是泰山玉中最为常见的品种。

2010年4月10日,上海世界博览会特许商品"泰山玉·世博徽宝"(图5-30)、"泰山玉·中国馆"雕件面向全球限量发行。"泰山玉·世博徽宝"、"泰山玉·中国馆"雕件玉质细腻温润,工艺精湛,设计风格体现和凝聚了华夏文化的精髓,极具观赏和收藏价值。

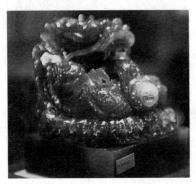

图5-30 泰山玉·世博徽宝

# 第六章 欧泊和绿松石

**内容提要**

本章首先介绍了欧泊的利用和发展历史、欧泊的宝石矿物学特征及其分类、欧泊的变彩效应和猫眼效应、欧泊的鉴定特征以及欧泊的质量评价和成因。并重点介绍了澳大利亚欧泊和秘鲁蓝欧泊的宝石学特征。并介绍了我国浙江所产的变彩欧泊和河南商城所产的欧泊的一般特征。其次介绍了绿松石的开发利用历史、绿松石的主要特征、品种及其产出类型。同时介绍了绿松石的质量评价及国际市场的价格走势以及优化处理绿松石、合成绿松石、仿绿松石的特征及其鉴别。最后介绍了绿松石的产地,特别介绍了湖北郧县—竹山县的绿松石以及河南淅川绿松石的产出特征及其宝石学特征。特别介绍了安徽马鞍山地区所产的假象绿松石的矿物学特征。

## 第一节 欧 泊

### 一、欧泊概述

欧泊是英文 opal 的音译。欧泊的矿物学名称是贵蛋白石。具有变彩效应(图6-1)。由于欧泊色彩绚丽,给人以美妙而无穷的想象,所以它也被誉为"希望之石"。在欧洲,它被认为是幸运的代表,是希望与纯洁的象征。国际宝石界把欧泊列为10月的诞生石。东方人把欧泊看作象征忠诚的神圣宝石。

图6-1 欧泊

世界上绝大多数的宝石级欧泊都产自南澳大利亚,所以欧泊已成为澳大利亚的"国石"。此外,在巴西、墨西哥、前捷克斯洛伐克和美国的内华达州,也有一定量的欧泊产出。在我国的河南、陕西、云南、安徽、江苏、黑龙江等省也有蛋白石出产,但其质量较差。在河南商城一带发现有少量宝石级的蛋白石。

## 二、欧泊的宝石学特征及其分类

(一)宝石学特征

欧泊矿物学名称为贵蛋白石,并含少量石英、黄铁矿等杂质。欧泊的化学组成为 $SiO_2 \cdot nH_2O$,是一种含水的非晶质二氧化硅,其中水的含量可达 30%。由于含水量不同,欧泊的密度 $1.3 \sim 2.2 \text{ g/cm}^3$,一般为 $2.15 \text{ g/cm}^3$。欧泊的摩氏硬度与石英相近,约为 $6.0 \sim 6.5$,半透明至微透明。欧泊性脆,易失去水分而产生干裂。

(二)欧泊的分类

根据欧泊的底色特征,国际上通常将天然欧泊分为以下三类。

黑欧泊:指在蓝色、暗蓝色、黑色、灰黑色或绿色的基底上出现强烈变彩的蛋白石宝石,是欧泊中最为珍贵的品种。黑欧泊出产于澳大利亚南威尔士州北部的闪电岭,为世界黑欧泊著名产地。

白欧泊:指在白色或灰色的基底上出现变彩的欧泊,其珍贵程度仅次于黑欧泊。这是欧泊中最多最常见的一种。以墨西哥产的最著名。

火欧泊:又称火蛋白石,指在红色或橙红色的基底上出现少量变彩的蛋白石宝石,价值相对较低,多数火欧泊来自墨西哥。

此外,也有人将没有变彩效应的蛋白石称为"普通欧泊"。

除天然欧泊以外,还有合成欧泊、组合欧泊、处理欧泊等人工品种。

合成欧泊也称 Gilson 欧泊,是法国人 Pierre Gilson 首先合成的,于 1974 年在市场上出现。其原理是将合成的 $SiO_2$ 小球在偏碱性的水环境中沉淀,然后在球体之间充填添加剂使之成为牢固的整体。

常见的组合欧泊有二层石、三层石两种,即用胶将质量好的欧泊小片和其他黑色玛瑙、劣质欧泊、无色石英或玻璃等粘在一起,形成一个整体的欧泊。

处理欧泊一般是指用糖酸处理、烟处理等方法对白欧泊进行改色,使其颜色加深,以提高价格,也有进行浸无色油和打蜡处理的,这样做可以掩盖欧泊原有的裂隙并增强光泽。

此外,欧泊按其色彩的多少可分为五彩、三彩和单彩三种类型。

五彩指一块宝石在转动时彩色变化丰富,出现红、黄、蓝、绿、褐、紫等色彩,其中以具有红色变彩者最为珍贵,有时因其颜色丰富,变化特异,故又有七彩之称。

三彩指同一块宝石在转动时出现红、蓝、绿或绿、蓝、黄等三种彩色。

单彩指同一块宝石上只有一种色彩,且色彩单调,变彩不显著或根本不变彩。

### 三、欧泊的变彩效应和猫眼效应

(一) 欧泊宝石的变彩效应

欧泊能表现出一种特殊的光学现象——变彩效应。即在转动宝石时,随光源照射方向的不同会出现缤纷多彩的闪光,故称变彩。

欧泊的变彩效应其实是一种光的干涉效应。在欧泊内部,$SiO_2$以圆球的形式存在,圆球的直径和光波的波长相当。当白光照射的时候,直径较大的圆球允许波长较长的红光通过,从而该处显示红色;如果圆球直径稍小,则允许波长较小的光通过,此时该处就显示蓝色或绿色。此外,由于$SiO_2$球体在三维空间作整齐排列,使得整个欧泊内部形成了一个三维光栅(局部有缺陷以及水分子存在),这种结构对自然光产生干涉效应,便形成了欧泊特有的变彩效应。

（二）欧泊宝石的猫眼效应

李建军(2001)报道了一种罕见的具有猫眼效应的欧泊——欧泊猫眼。这枚欧泊猫眼的特征如下。

颜色：褐黄色(蜂蜜色)。透明度：半透明。折射率：1.43(点测法)。多色性：无。紫外荧光：无。吸引光谱：未见特征谱线。

光性特征：正交偏光镜下垂直于宝石底面方向转动宝石,有四明四暗现象。而绕平行宝石底面的各方向轴分别转动宝石时,宝石基本呈全暗状态。

内部特征：在椭圆宝石内,垂直椭圆长轴方向发育有一组细密裂理,裂理肉眼难见,但显微镜下明显可见。虽然裂理面之间相对平行,但裂理面并非平面。而是近乎连续的曲面。有的裂隙间可见气液包裹体。

这颗宝石的价值不仅仅在于它的稀少性,更在于它的完美。其完美性主要表现在以下几个方面。

图6-2　欧泊猫眼

1. 眼线的亮、窄、活、正眼线与背底对比明显,呈亮丽的光带,且窄时似锐针。光源转动,"猫眼"开合自如。眼线直且位于宝石近正中(图6-2)。

2. 切工完美。一般而言,猫眼的眼线是否位于宝石正中取决于切磨时对宝石底面的确定。从这枚欧泊猫眼石完美的眼线就可以看出底面与内部结构的角度关系确定得完美至极。

## 四、欧泊的鉴定特征

薛秦芳(1999)研究了天然欧泊、合成欧泊和塑料欧泊的鉴定特征。

（一）常规的宝石学检测

1. 天然欧泊

天然欧泊的折射率值为 1.42～1.47，通常为 1.45，火欧泊常为 1.40，可低至 1.37。天然欧泊的相对密度为 2.08～2.15 g/cm³，火欧泊的相对密度为 2.00 g/cm³。欧泊在紫外光照射下呈无色至中等白色、浅蓝绿色和黄色等。显微镜下有时可见白色絮状包裹体和细小的矿物包裹体。变彩色斑呈片状，一般无立体感，边缘交线较平直，界限模糊，色斑表面显示丝绢光泽，颜色变化明显。

2. 合成欧泊

合成欧泊的折射率值为 1.45，与天然欧泊相同，紫外光照射下无荧光，或呈比天然欧泊更强的鲜艳荧光，通常长波比短波更明显。显微镜下色斑呈镶嵌状，三维立体感明显，色斑界限清楚，表面显示蜥蜴皮或蛇皮状结构。特别重要的是，测试中用静水称重法对被测样品进行精确的密度值测量，发现合成欧泊的密度值与天然欧泊明显不同，可分为两类：一类密度值稍大于天然欧泊，通常在 2.18～2.25 g/cm³；另一类则明显小于天然欧泊，在 1.88～1.98 g/cm³ 之间。由此得出，精确测试欧泊的密度值，可以为鉴定欧泊的天然品和合成品提供有用的信息。

3. 塑料欧泊

塑料欧泊折射率值为 1.52，明显高于天然欧泊和合成欧泊。相对密度值很小，在水中上浮。塑料品的硬度很低，表面常出现明显划痕。在紫外光下呈弱白色荧光。显微镜下色斑似天然，即色斑呈片状，边缘界限模糊，色斑表面亦显示丝绢光泽。由此可见，塑料欧泊并不显示蜥蜴皮结构特征。但鉴定时可以通过较弱的光泽、极低的硬度和相对密度值以及高折射率值与天然欧泊明显区别。

4. 染色欧泊

染色欧泊是用糖液将白欧泊染黑，以增加欧泊的色彩，其特征为黑色，常沉淀在彩片或球粒间的空隙中，偶尔见到黑色小点。

5. 注油欧泊

凡表面具蜡状光泽便是上蜡或注油迹象,可用热针检查。要注意的是,其内部的油或蜡会升至表面,形成珠粒。

6. 组合欧泊

二层石——顶面用无色石英或玻璃,底部用劣质欧泊或原始围岩。

三层石——顶面用无色石英或玻璃,中间天然欧泊,底部用围岩或黑玛瑙。组合欧泊用有色胶粘结,用十倍放大镜观察腰围可见明显的分界线。

7. 玻璃欧泊

玻璃欧泊折射率 $1.49\sim 1.52$,密度 $2.4\sim 2.5$ $g/cm^3$,均比天然欧泊高,无孔隙,不吸水。

(二) X射线荧光光谱检测

天然欧泊和合成欧泊的主要化学成分完全相同,均为 $SiO_2$。市场上出现的色彩鲜艳的人工制品的主要化学成分也相同,故这些制品应为合成品,而非仿制品。对合成欧泊中相对密度较大者测量发现,在 $2\theta = 22.461°$ 处有一尖锐的 Zr 主峰,在 $20.012°$ 和 $19.714°$ 处伴有次级峰,说明这类合成欧泊的相对密度值增高是合成欧泊时添加的 Zr 元素引起的。

样品经过严格的清洗后通过对谱峰平滑、放大识别,发现合成欧泊在 $2\theta = 65.521°$ 处显示 Cl 元素主峰,其值明显高于天然欧泊。

塑料欧泊的谱图与天然欧泊和合成欧泊的不同,缺少欧泊的各种主峰,与空白靶几乎相同。

总之,天然欧泊和合成欧泊的主要成分相同,但在微量元素上存在着明显差异。

(三) 红外吸收光谱分析

据薛秦芳(1999)研究,天然欧泊、吉尔森合成欧泊和彩色合成欧泊的谱线相似,但彩色合成欧泊在 $1730$ $cm^{-1}$ 处存在一个明显的吸收峰。采用直接透射法测试样品,显示出不同样品的吸收谱带明显不同(图6-3)(据薛秦芳,1999)。天然欧泊在 $4000$ $cm^{-1}\sim 5500$ $cm^{-1}$ 处有明显吸收谱带,特别是在 5 265 cm$^{-1}$ 处吸收带最强,4 000 cm$^{-1}$ 下全吸收。吉尔森合成欧泊的吸收谱带位置与天然欧泊的完全不同,吸收谱带出现在 2 100 cm$^{-1}$~3 686 cm$^{-1}$ 处。

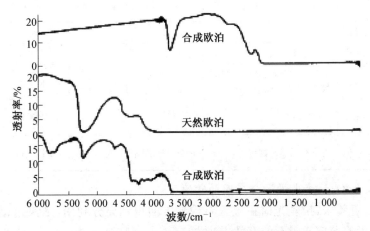

图 6-3 天然欧泊与合成欧泊的红外光谱图

彩色合成欧泊的吸收谱带与天然欧泊的吸收谱带位置相似,主要吸收峰也在 5 265 cm$^{-1}$ 处,但在 5 815 cm$^{-1}$、5 730 cm$^{-1}$、4 700 cm$^{-1}$ 处有多个次级吸收峰,在 3 700 cm$^{-1}$ 以下几乎全吸收。塑料欧泊显示出与众不同的谱带。

表 6-1 为天然欧泊、合成欧泊、塑料欧泊鉴定一览表(据薛秦芳,1999)。

表 6-1 天然欧泊、合成欧泊、塑料欧泊鉴定一览表

| | 天 然 欧 泊 | 合 成 欧 泊 | 塑料欧泊 |
|---|---|---|---|
| 化学成分 | $SiO_2 \cdot nH_2O$ | $SiO_2 \cdot nH_2O$<br>(吉尔欧泊几乎不含水) | 有机物 |
| 折射率 | 1.42~1.47,火欧泊为 1.37~1.40 | 1.45~1.46 | 1.50~1.52 |
| 光　泽 | 玻璃光泽 | 玻璃光泽 | 蜡状光泽 |

续 表

| | 天 然 欧 泊 | 合 成 欧 泊 | 塑料欧泊 |
|---|---|---|---|
| 密度/(g·cm$^{-3}$) | 2.08~2.15,火欧泊为2.00 | 2.18~2.25 或 1.88~1.98 | 水中上浮 |
| 摩氏硬度 | 5~6.5 | 5.5 | ≤5 |
| 紫外荧光 | 无~中等 | 无或强 | 弱或强 |
| 显微镜 | 色斑二维分布(片状),界限模糊,色斑呈丝绢光泽 | 色斑三维分布(柱状),边界呈镶嵌状,显示蜥蜴皮结构 | 似天然 |
| 红外光谱 | 5 265 cm$^{-1}$ | 5 815 cm$^{-1}$,5 730 cm$^{-1}$,1 730 cm$^{-1}$ | 与天然欧泊不同 |
| 其 他 | 可含有天然矿物包体 | 部分合成品颜色鲜艳 | 常进行拼合 |

**(四)拉曼光谱区分不同的欧泊**

近年来,拉曼光谱在宝玉石检测方面得到充分利用,是快速、准确、无损鉴定宝玉石的有效方法之一。

天然欧泊的拉曼峰在 320 cm$^{-1}$~410 cm$^{-1}$ 范围及 3 000 cm$^{-1}$~3 500 cm$^{-1}$ 范围有一很宽的吸收峰。

而人工合成欧泊在 3 000 cm$^{-1}$~3 500 cm$^{-1}$ 范围没有明显的拉曼吸收峰,而在 600 cm$^{-1}$ 处有一拉曼吸收峰,这是某些人工合成欧泊中氧化锆所产生的。

对于聚合物仿造欧泊石,拉曼光谱在 2 862 cm$^{-1}$ 和 2 949 cm$^{-1}$ 处有吸收峰。

## 五、欧泊的质量评价和成因

**(一)质量评价**

欧泊的质量评价包括:底色、变彩和坚固性三方面。并兼顾切工及粒度。

底色:以黑色或深色为佳。在同等条件下,价格要比白色的要高。黑色或深色与变彩有较明显的对比度,从而更加突出变彩的美丽。

变彩：色彩变化丰富、变彩遍布整块宝石、均匀完整者为佳品。特别是红色和紫色成分多、亮度强、没有无色的"死斑"者为佳，顶级欧泊的变彩应该呈现七彩。变彩应具有较强的亮度和透明度，外表变彩鲜明。由于欧泊的变彩特点，在琢磨时，务必注意变彩方向的选择，使变彩达到最佳。

坚固性：是指欧泊没有裂纹。主要是不含裂纹、致密无破损者为佳。

在满足上述条件的情况下，切工越好、粒度越大的欧泊就越珍贵。

欧泊的动人之处就在于其往往集多种颜色于一身，显得流光溢彩、绚丽多姿，而且这种光彩可随着人体的活动而产生变化，因此欧泊常用来制作戒指、项链、耳坠、头冠等饰物。不过，欧泊也有明显的缺点。其一是性脆，佩戴时应避免同其他器物碰撞和挤压，以免损坏。其二是欧泊含水，在温度较高时容易失去水分并干裂，从而失去变彩和丧失光泽，所以要避免在阳光下长期暴晒，远离高温环境。

天然欧泊的价格远远高于合成欧泊。黑欧泊在天然欧泊中价格最高。顶级欧泊的价格可以超过钻石，高达每克拉 2 万美元。美国史密森博物馆珍藏了世界上最大的一块珍贵欧泊，重 355.19 克拉。还有一块名叫"爱多姆克"的欧泊，重 205 克拉，1954 年澳大利亚政府将它镶在项链上送给了英国女王。欧泊也镶嵌在法国皇帝的皇冠上，拿破仑还把一粒叫做"燃烧火焰"的闪耀着红色光芒的欧泊送给其皇后约瑟芬。罗马教皇的皇冠上也镶了一粒"在白雪般的底色上闪烁着红色光芒"的欧泊，叫做 Orphanuso。

（二）成因

大多数欧泊的形成时间都超过 6 000 万年，形成于白垩系，与地球上的恐龙是同时代的产物。由于和石英、玛瑙等有一定的渊源，所以欧泊在形成的时候往往与它们共生在一起。从地质学角度讲，欧泊的形成类型有古风化壳型和火山热液型两种。前者是指在气候相对干燥的条件下，携带 $SiO_2$ 的地下水逐渐蒸发，使得 $SiO_2$ 浓度变高，从而在地表岩石中沉淀而形成欧泊。后者是指在火山活动地区，$SiO_2$ 物质充填在玄武岩、安山岩等岩石的气孔、裂隙或空洞中而形成欧泊。

## 六、澳大利亚欧泊和秘鲁蓝欧泊

### (一)澳大利亚欧泊

澳大利亚欧泊被称为"沉积型欧泊",主要赋存于中生代 Great Artesia 盆地沉积岩中,也有很少的与火山岩有关的"火山型欧泊"。火山型欧泊一般赋存于含有游离氧化硅的火成岩中,由与酸性火成岩有关的热液提供欧泊沉淀的氧化硅。火山型与沉积型欧泊的共同控制因素是氧化硅的来源及氧化硅的充填空洞。偶尔条件比较理想时,形成氧化硅球,并在重力作用下进入空洞形成氧化硅球层。如果该作用使氧化硅球体粒径一致,欧泊就形成了。

澳大利亚所产的欧泊,其变彩在侧面为最佳,即侧视方向最佳(图6-4)。

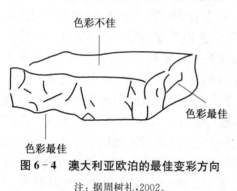

图 6-4 澳大利亚欧泊的最佳变彩方向

注:据周树礼,2002。

### (二)秘鲁蓝欧泊

秘鲁 Acari 蓝欧泊于 20 世纪 80 年代初在当地开采铜矿时被发现,但近年来,才被真正作为宝石品种投放珠宝市场,是一种新出现的宝石品种。在 2001 年春季的美国图桑珠宝展销会上,秘鲁蓝欧泊成为最畅销的宝石品种之一,其优质品的售价高达 80 美元/克拉。

#### 1. 化学成分和物理性质

秘鲁蓝欧泊的主要化学成分为 $SiO_2$(77.57%～87.47%),$MgO$(3.53%～3.63%),$K_2O$(0.02%～0.03%),$Al_2O_3$(0.07%),$CuO$(0.07%～0.19%),$MnO$(0.06%),$CaO$(0.06%～0.08%)。

秘鲁蓝欧泊的色调为绿蓝色或蓝绿色,变彩不发育。密度为 2.07～2.09 g/cm³,折射率为 1.44～1.45,透明—半透明,半贝壳状断口。正交偏光下,蓝欧泊整体显集合消光,局部见不规则纹理状或带状消光。短波紫外灯下,发中—弱绿色荧光。长波紫外灯下,发弱绿色荧光。蓝欧泊内部常含有外形呈苔纹状、絮状、斑点状铁锰氧化物和褐铁矿固相包裹体,偶见硅孔雀石。

2. 结晶形态

据亓利剑等(2001)研究,秘鲁蓝欧泊的矿物成分除非晶态蛋白石外,尚含不等量的低温方英石(A-方英石)、低温鳞石英(A-鳞石英)(图6-5)。扫描电镜结果进一步证实,蓝欧泊内部除蛋白石小球作无规律堆积外,尚含有一定数量并呈枝蔓晶状分布的A-方英石或A-鳞石英(图6-6)。

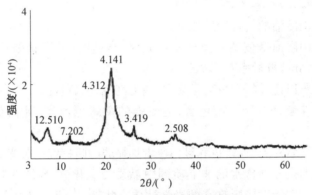

图6-5 秘鲁蓝欧泊的XRD谱线(室温)

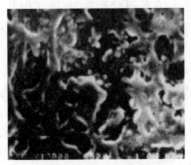

图6-6 秘鲁蓝欧泊的扫描电镜图($\times 10\,000$)

## 七、浙江的变彩欧泊和河南商城欧泊

（一）浙江的变彩欧泊

据沈忠悦等（2000）报道，浙江省江山发现了宝石级的变彩欧泊。江山欧泊产于浙南侏罗系火山岩孔洞中，呈巢状产出。单个欧泊原石呈卵形块状，鸡蛋大小，少量裂隙。外表被乳白蛋白石所包围。欧泊呈天蓝色、淡天蓝色、蛋白白色。其中天蓝色者，透明，在室内漫散射光线下，转动欧泊，可见从其内部反射出鲜艳的绿色、蓝色、黄色和火红色的彩色色斑，有时又出现条带或条纹状色彩，并具有显著的火焰般闪烁，极富魅力，使人陶醉。

江山欧泊的物理性质如下。

江山欧泊呈玻璃光泽至蜡状光泽，半透明，贝壳状断口。密度 2.32 g/cm³，折射率 1.472，摩氏硬度 5.5～6.0。

变彩以蓝、绿、黄色变彩为主，偶见红色，呈斑状。

短波紫外光下：蓝色者，显较强的黄绿色荧光；乳白色者，无荧光。

长波紫外光下，蓝色和乳白色者均显弱的暗棕红色荧光。

欧泊是一种含水的非晶质到隐晶质二氧化硅（$SiO_2 \cdot nH_2O$）。其中水的含量直接影响它的光学性质。此外，任何结晶度差的其他形式二氧化硅的存在，也将会导致它的光学性质的改变。据分析，江山欧泊含有方英石。方英石的存在，致使江山欧泊的密度、硬度、折光率等物理常数均较澳大利亚产的欧泊略高，浙江发现变彩欧泊，尚属首次。

（二）河南商城欧泊

商城的固始县和金寨县（皖）均处于中生代火山盆地，附近有燕山期"S"型花岗岩，两地均发现了蛋白石原生矿床，除红、橙黄色火蛋白石外，还有少量蓝、绿等单色或复色的变彩蛋白石。这种乳白色基底的蛋白石转动时有一种清雅的蓝、绿色彩，在表面变幻游动十分美丽。

## 第二节 绿 松 石

### 一、绿松石开发利用历史

我国绿松石开发利用历史悠久。早在旧石器时代的北京周口店"山顶洞人"遗址中,即有绿松石碎块的发现。至新石器时代,在河南舞阳贾湖、新郑沙窝李等文化遗址中,出土了裴本岗时期的绿松石饰物,红山文化遗址中出土有绿松石鱼。在我国距今 6 500 年至 4 000 年的河南郑州大河村仰韶文化遗址出土的文物中就有两枚鱼形绿松石饰物。

绿松石主要做成玉雕摆件和项链(图 6-7)。颜色蔚蓝、端庄、艳而不俏的绿松石深受人们喜爱,被誉为12月份的生辰石。

目前国际上绿松石原料主要来自伊朗、美国、俄罗斯、埃及等国,但块度一般不大。我国主要产地是湖北郧县、郧西、竹山、安徽马鞍山和陕西白河等地。

图 6-7 绿松石

### 二、绿松石的主要特征及品种

#### (一)主要特征

绿松石分子式为 $CuAl_6[PO_4](OH)_8 \cdot 5H_2O$,是一种含铜、铝和水的磷酸盐矿物。绿松石通常为细脉状、皮壳状、钟乳状、肾状、团块状、结核状。常混有褐铁矿、黏土矿物等杂质。具有玻璃或蜡状光泽,风化后常呈土状光泽。密度为 $2.60\sim2.80$ g/cm$^3$,折射率为 1.62(点测),摩氏硬度为 5~6。

世界主要产地绿松石的鉴别特征如下。

中国湖北绿松石，常呈天蓝色、淡蓝色、绿色，在底色上伴有少量白色细纹和褐黑色细线，结构致密，蜡状光泽，多属"瓷松"或硬绿松石。

波斯绿松石，产于伊朗，具中至深的天蓝色，色美，质地细腻，光泽强，呈油脂光泽。波斯绿松石属"瓷松"或硬绿松石。有些品种含有蜘蛛网状的褐黑色条纹。

美国和墨西哥绿松石。美国或墨西哥产的绿松石质量差别较大。质量较好的呈蓝绿色和绿蓝色，较差的呈苍白—淡蓝色。该地产的绿松石以苍白到淡蓝色的"面松"为主，孔隙多，质地较疏松。一般需经过人工优化处理才能上市。

埃及绿松石，多呈蓝绿和黄绿色，在浅色的底子上有深蓝色的圆形斑点。虽然质地较细腻，但颜色差，不受人们欢迎。

(二) 品种

1. 瓷松

瓷松的颜色为天蓝色，结构致密，质地细腻，具有蜡状光泽，摩氏硬度较大，为5.5~6。瓷松是绿松石中的上品。

2. 绿色松石

绿色松石呈蓝绿到豆绿色，结构致密，质感好，光泽强，硬度大，是一种中等质量的绿松石。

3. 铁线松石

铁线松石中的氧化铁线呈网脉状或浸染状分布在绿松石中(图6-8)。如质硬的绿松石内有铁线的分布能构成美丽的图案。铁线纤细，黏结牢固，与松石形成一体，铁线勾画出的自然花纹效果似龟背(龟裂纹)、似网脉、似脉络，很美观，尤其受美国人喜爱。

图6-8 波斯铁线绿松石

4. 泡松(面松)

泡松(面松)为一种月白色、浅蓝白色绿松石。因质松,色差,光泽差,硬度低、手感轻,是一种低档绿松石。这类绿松石常用人工处理来提高质量。

### 三、质量评价

绿松石的颜色、质地、块度以及裂纹等工艺性质是绿松石质量评价的主要因素。

(一)颜色

绿松石最重要的特征是呈蔚蓝色。绿松石从好到坏颜色依次为蔚蓝色、蓝色、黄绿、绿色、黄绿色。

蓝色绿松石:包括蓝色及深蓝色者,不透明块体,质量最好。

浅蓝色绿松石:包括浅蓝色及浅天蓝色,不透明块体,质量次于蓝色绿松石。

蓝绿色绿松石:可出现绿色调的蓝色绿松石,不透明块体,质量次于浅蓝色绿松石。

绿色绿松石:包括深绿至浅绿色,不透明块体,质量次于蓝绿色绿松石。

**图 6-9 泡松绿松石**

泡松绿松石(图 6-9):包括月白色,指一种由于风化脱水后而变成近似绿白或浅蓝白色、硬度低的绿松石。

(二)质地

质量上乘的绿松石质地致密,无疏松感。质地越是致密细腻,绿松石的质量越好。

(三)块度

浅蓝色及淡绿色绿松石的标准块度是:厚度大于 10 mm,重量 7 g~8 g。蔚蓝色绿松石可更薄,但重量必须为 4 g 左右。一般情况下,在颜色、质地、裂纹等质量因素相同的条件下,绿松石的体积(块度)越大,价值也就越高。绿松石的质量等级划分见表6-2。

表6-2 绿松石的质量等级划分

| 等　级 | 质　量　特　征 |
|---|---|
| 一级品<br>(波斯级) | 颜色为中等蓝色(天蓝色)且纯正、均匀,质地致密、坚韧、细腻光洁,光泽强、无铁线、无裂纹及其他缺陷,体积(块度)大。但如质地特别优良,即使块度小或较小,也为一级品。满足上述条件,绿松石表面有一种诱人的蜘蛛网状花纹,也仍为一级品。 |
| 二级品<br>(美洲级) | 颜色为深蓝色、蓝绿色、质地致密坚韧,光泽较强,铁线及其他缺陷很少,体积(块度)中等。即使体积(块度)大,颜色如为深蓝色,仍只能列于二级品。 |
| 三级品<br>(埃及级) | 颜色为浅蓝色,质地较坚硬,光泽暗淡,铁线明显,有白脑、白筋、糠心等缺陷,块度大小不等。 |
| 四级品<br>(阿富汗级) | 颜色为黄绿色,质地较粗糙,光泽暗淡,铁线很多,有白脑、白筋、糠心等明显缺陷。 |

注:据申柯娅,1998。

(四)裂纹

"十宝九裂"。但质量上等的绿松石一般无裂隙或裂隙很小。裂隙较大的松石一般质量较差。

### 四、优化处理绿松石的特征及鉴别

绿松石是最古老的宝石材料之一,深受广大消费者的青睐。然而高质量的绿松石的供应是有限的。有人说绿松石一定是经过处理的,这种说法有一定道理。近些年来,绿松石的优化处理方法在不断地更新,检测的难度越来越大。有关绿松石的优化处理方法和对处理品的检测成为宝石界关注的重要问题。

(一)绿松石优化处理的基本原理

绿松石是由铜和铝的含水磷酸盐矿物组成的,为多晶集合体宝石。这种宝石材料均具有一定的孔隙度,然而孔隙度的大小直接影响绿松石的一系列物理性质。

1. 吸附性增强

绿松石材料的多孔性造成绿松石的吸附性,易吸附一些污染如化妆品、糖、油脂等,从而造成绿松石的颜色改变。

2. 稳固性降低

孔隙度大使得绿松石稳固性降低,抛光性能和可切割性能差。

3. 颜色变化

绿松石的孔隙直接影响其颜色外观,绿松石的孔隙被空气所充填,如果孔隙直径大于可见光波长,那么会造成光的散射。散射光再合并使宝石呈现白色,云雾状和乳白色的外表。即使材料本身有颜色,由于散射作用使颜色变浅变淡,相反,如果这些孔隙被填充,减弱光的散射强度,则颜色会明显变深和变浓,这与有色纤维浸入水中,浸蚀部分明显比干的部分颜色深和浓是一个道理。

因此,降低绿松石孔隙度是所有绿松石改善方法的最基本原理。有效地降低绿松石的孔隙度,不仅可增强绿松石抗污染能力,提高绿松石的稳固性,改善绿松石的可切割性和抛光性能,而且可以使绿松石的颜色外观得到改善。即使不填充有色填料,绿松石颜色同样可以变深、变浓。

(二)绿松石注入处理方法

绿松石的注入处理原理是简单的,但是工艺却是相当复杂的,选择适合的注入剂和工艺直接影响处理的效率和效果,因此具体的方法往往成为研制者的个人专利。

杨梅珍等(2005)根据注入剂的选择不同,将绿松石的注入处理方法归纳为以下几种。

1. 用石蜡和油作注入剂

这是最早的绿松石处理方法。绿松石经蜡和油浸泡,蜡和油进入绿松石孔隙中。由于孔隙被充填,减少了白光的散射,提高了透明度,从而使体色更加突出。由于油和石蜡性质不稳定,经过处理的绿松石耐久性差,易退色,尤其是阳光照射和受热时退色更快。正因如此,现在不再用蜡和油作注入剂对绿松石作注入处理。

2. 用高分子聚合物如聚丙烯酸脂、塑料作注入剂

这是近些年来传统的绿松石注入处理方法。这种方法主要处理一些劣质低档绿松石原料,高分子聚合物进入结构较为松散的绿松石的裂隙和孔隙,增加其黏结力,使绿松石变得致密、性质也比较稳定,硬度和韧性也有所提高,若有色注入则其颜色得以改善。这种处理的目的侧重于增强稳固性,所以又称"稳定化"处理。高分子聚合物处理工艺也较为复杂,尽管绿松石多孔,但是要将大分子物质均匀地渗入内部一定深度仍具有一定的难度,国内研究者提出了一种加胶改色方法(李友华,1994),用小分子聚合物与催化剂、渗透剂、表面活性剂和稳压剂研制成一种新型的注入胶,这种注入胶黏度较小,渗透性强,常温常压下可以渗入绿松石孔隙中,加热后,渗入孔隙的注入胶就会聚合固结,达到注入填充的目的。

3. Zachery 注入处理法

这种处理绿松石的方法是由名为 Zachery 的科学家研制出的并因此而得名。据 John Koivula 等报道,这种方法的研制耗资近 150 万美元,这种方法已成为个人专利,因此关于其工艺方法方面的信息极少。据 Zachery 本人声称,处理过程中未加入天然绿松石中的致色离子如铜和铁离子,也未注入塑料、蜡、油漆等。John Koivula 等对 Zachery 处理绿松石和天然绿松石对比研究结果也支持上述观点。但并不排除加入其他化合物以降低松石孔隙度的可能性。John Koivula 等发现 Zachery 处理绿松石钾的含量普遍增高,这是 Zachery 处理后仅有的可以探测出的添加剂,可以推测 Zachery 处理中使用的注入物很可能是钾盐类物质。这只是根据 Zachery 处理绿松石一些特征的推测,处理工艺远非如此简单,Zachery 处理方法主要用于一些中—高档绿松石。由于中—高档的绿松石孔隙度更小,所以注入剂要有效地渗入绿松石,难度更大,因此推测更有可能是钾的无机盐,尽管钾的无机盐无色,但是若其能在孔隙中生长来降低孔隙度,同样可以使绿松石颜色变深。

在这种处理品中见到的沿裂隙两侧颜色变深而不是在裂隙自身颜色集中现象是一致的(据 John Koivula)。经过 Zachery 处理的绿松石颜色变得更深,白垩状外表消失,易加工、抛光性能好,异常高的光泽胜于优质未处理的绿松石,降低了吸附污染物的能力,在太阳模拟器下暴晒 164 小时不退色。经过 Zachery 方法处理的绿松石近 10 年达数百万克拉,仅 1998 年达 120 万克拉,有来自中国、墨西哥、波斯等的绿松石。Zachery 处理方法可广泛用于其他多孔和可渗透性宝石。

4. 优化处理绿松石检测

(1) 传统方法处理的绿松石。

对这些优化处理绿松石检测方法较成熟,容易鉴别。如对于注蜡注油处理的绿松石可用热针接近绿松石较隐蔽的部位,放大观察可见"出汗"现象,这是油受热渗出和蜡熔化造成的。对于有色注塑处理的绿松石用热针接触不显眼部位会有塑料燃烧的臭味,用红外光谱测试可见到特征的吸收峰(约 1 725 cm$^{-1}$)。此外会在裂隙中出现明显的蓝色集中现象。

(2) Zachery 处理绿松石。

Zachery 处理的绿松石在很多宝石学特征方面和天然未处理是一致的。折射率 1.60～1.62(点测法),密度 2.61～2.74 g/cm$^3$。吸收光谱:在 430 nm 处有绿松石的特征吸收带。荧光反应:长波紫外光下,显弱—中等蓝白色,短波紫外光下基本无荧光反应。显微结构:典型绿松石的微孔隙结构和黄铁矿、方解石包裹体。红外光谱:1 125 cm$^{-1}$,1 050 cm$^{-1}$,1 000 cm$^{-1}$ PO$_4$ 的振动峰,峰宽度和未处理的一致,说明粒度和天然未处理的绿松石是一致的,不显示聚合物的振动峰。尽管 Zachery 处理绿松石和未处理的有很多相似的地方,但也有如下鉴别特征。

① Zachery 处理绿松石颜色。

更深更浓,颜色不自然,但差异不明显,需有经验专家才能识别。

② 可见颜色渗透层，显示深色层，微弱但清楚可见，渗透层深度为 0.2～0.5 mm。

③ 蓝色集中现象。与传统方法颜色注入处理的结果有所不同的是，不只在裂隙中，在裂隙两侧附近亦有颜色浓集现象。在天然未处理松石中无此现象。因此蓝色集中现象可作为鉴定的依据，但是，并不是所有 Zachery 处理的样品均可见到。

④ Zachery 处理绿松石有明显钾升高，凡是 Zachery 处理绿松石均显示钾含量高，而且对比实验研究证明，凡是钾含量高的样品的确经过 Zachery 处理。用 EDXRE 和显微电子探针均可有效地分析绿松石的化学成分，尤其是能量色散 X 荧光光谱仪是最有效的检测方法。

⑤ 草酸试验。将少许草酸溶液滴于样品上，经过 Zachery 处理的绿松石会在表面形成"白皮"，但是草酸试验是一种有损检测方法。Zachery 处理的绿松石更有其迷惑性，常规的宝石学方法难以检测。只能借助于化学分析方法。Zachery 处理绿松石的生产商称其为"优化绿松石"，GIA 继续称它为"处理天然绿松石"。

（三）绿松石加胶改色方法及其鉴别

绿松石是很早就被人们加以利用的玉石之一，如今绿松石好料极难获得，湖北的郧县、竹山、郧西及安徽的马鞍山的绿松石多数松软且色淡，不能直接加工，需进行处理。目前处理绿松石的方法很多，比较传统的方法是先加工成型，再洗净烘干过蜡，国内大多数厂家都采用这种方法。美国和香港的一些厂家则采用环氧树脂浇注法，即先将松石烘干，并抽真空，在密闭条件下将环氧树脂加入，高压将树脂强行压入松石内部，使其固化。第一种方法处理的松石易褪色，第二种方法成本较高，且不易渗透到较大的松石内部。

据李友华(1994)研究，将溶有催化剂、渗透剂、表面活性剂和稳压剂的小分子聚合单体加入已烘干的松石中，常温常压下聚合即可。用该法处理过的松石，硬度可提高 1～3 个摩氏硬度级，不加染料，颜色比过蜡提高 1~2 个档次；韧性大幅增加，用这种方法处理过的松石（重 1 kg）从 5 m 高处自由落下，松石无损伤。该方法简单、设备投资少、加胶成本低、性能优越。用这种方法加胶的小批量产品已销往美国，受到美国客商的欢迎。

1. 注胶的方法

将松石按最紧密堆积，装入内衬有塑料的不锈钢或玻璃容器中，于 105 ℃下烘 5 小时，冷却密封备用。将各种助剂（催化剂、渗透剂 OT、表面活性剂 OP 和稳定剂 FP）按一定比例依次溶于经特殊方法处理过的甲醛中，配好加胶液；将适量的加胶液倒入已烘干的松石中，密封放置 24~48 小时（视松石大小而定），取出松石，然后加热使加胶液聚合即可。

图 6-10 注胶绿松石

2. 注胶的鉴定

注胶绿松石（图 6-10）与天然绿松石用肉眼很难区分。

据薛秦芳（1996）研究，如果仔细观察，综合测试分析，就可以发现注胶绿松石优化处理的痕迹。

（1）表面观察。

颜色：处理松石颜色呆板，不加色者颜色常不均匀，其变化与原石风化程度有关。加色者色深，在原石上有时仍可见外部色深、内部色浅的颜色分带现象。

光泽：处理松石呈蜡状光泽，与天然松石油脂光泽不同。抛光面优化品常不及天然品光泽强。

手感：处理品手感黏滞，与天然品不同。

哈气：哈气实验，天然品汽水消失快，处理品明显滞后。

天然品和处理品都可带有蜘蛛网或铁线基质，因此基质的存在不能作为天然的证据。

(2) 宝石学常规测试。

相对密度：天然绿松石密度 2.4～2.9 g/cm³，标准者为 2.76 g/cm³。而处理品小于 2.76 g/cm³，常为 2.4 g/cm³ 左右，甚至低于 2.1 g/cm³。故处理品相对密度值偏低，这是一个重要标志。

硬度：天然绿松石致密者摩氏硬度为 5～6，相同外观的优化品，摩氏硬度为 3～4，明显低于天然品。

折射率：绿松石点测法其折射率的近似值为 1.61～1.62。而处理品实测值大多小于 1.61，多为 1.58～1.59。

吸收光谱：天然绿松石在强反射光下，偶尔可见两条中等—微弱的吸收带 432 nm 和 420 nm，注胶者有时亦可见。

(3) 其他测试。

扫描电镜：扫描电镜下天然绿松石扫描图像呈鳞片状、纤维状及板状，可见孔隙和空洞。处理品胶充填于矿物颗粒之间，呈不规则片状，两者形态明显不同。

红外吸收光谱：注胶松石在 2 943 cm⁻¹、2 850 cm⁻¹、1 453 cm⁻¹、1 389 cm⁻¹ 和 1 730 cm⁻¹ 附近可见高分子聚合物产生的三组吸收峰，据此可作为处理品鉴定的有力证据。

热针：用热针触及注胶松石表面，特别是裂隙或凹坑处，可闻到塑料熔化的刺鼻气味。但注意触及时间不要超过两三秒钟，因为天然品和优化品都可能遇热而破坏。

加热：在样品的隐蔽部位切削极小的样品碎屑，放入试管中加热，注胶松石将在试管壁上析出树脂液滴及凝结物，并伴有塑料气味。

随着科学技术的进步，宝石优化处理的方法将不断发展，会有更多新型的优化品出现，也使更多的宝石资源得到回收和利用。优化绿松石还会以各种新的面貌出现。因此，鉴别方法有待进一步提高。

## 五、合成绿松石的特征及鉴别

吉尔森合成法合成的绿松石呈不透明的天蓝色，外貌与天然绿松石十分相似，差别在于在 20 倍放大镜下观察，可见到比底色略深的多角形蓝色斑点。折射率为 1.60，密度 2.70 g/cm$^3$。均与天然绿松石接近。

### 六、仿松石的特征及鉴别

由于优质天然绿松石的产地和产量很少，近年来，各地的宝玉石集散市场上出现了一种外观上与天然绿松石极为相似的仿制品，它具有艳蓝色或浅绿蓝色，黑色不规则脉状线条分布其中，黑线很像绿松石中的铁线，肉眼很难辨其真伪。这种仿松石在市场上有珠型手链、项链、扳指、挂件、印章、如意、鼻烟壶、小型摆件等多种形式，很容易与天然品相混淆。

（一）仿松石的物质成分

据郑姿姿、王时麒(2002)研究，仿松石是由许多方解石粉末胶结起来的，胶呈不规则状充填于颗粒之间，尤其在较大空隙处聚集。"铁线"在薄片中为黑色不透明碳质，反射光下呈铅灰色。蓝色染料不均匀分布其中。表 6-3 列出了仿松石的化学成分。

表 6-3 仿松石的化学成分

| 样号 | Na$_2$O | MgO | Al$_2$O$_3$ | SiO$_2$ | K$_2$O | CaO | TiO$_2$ | MnO | FeO | 总量 |
|---|---|---|---|---|---|---|---|---|---|---|
| Fs.1 | 0.10< | 0.51 | 0.05< | 0.19 | 0.03< | 55.71 | 0.01< | 0.19< | 0.13< | 56.41 |
| Fs.2 | 0.01< | 0.17 | 0.08< | 0.25 | 0.08 | 55.41 | 0.04< | 22 | 0.07< | 56.13 |

注：据郑姿姿、王时麒，2002。

郑姿姿、王时麒(2002)对这种仿制品的原料和成品分别进行了红外光谱分析和 X 射线粉晶衍射分析，结果表明这种仿松石是方解石等混合物。其中的黑线为碳质。这种仿松石的红外光谱中的 1 424 cm$^{-1}$、876 cm$^{-1}$、712 cm$^{-1}$、319 cm$^{-1}$ 和 226 cm$^{-1}$ 吸收谱线为方解石的特征吸收谱线。而 1 724 cm$^{-1}$、1 297 cm$^{-1}$ 和 1 035 cm$^{-1}$ 指示胶的存在。2 571 cm$^{-1}$、1 795 cm$^{-1}$、799 cm$^{-1}$ 和 746 cm$^{-1}$ 则指示碳的存在。

（二）仿松石与天然绿松石的鉴别

绿松石仿制品虽然具有与绿松石极为相似的外观，但仔细观察仍有差别。它的蓝色虽然很漂亮,但显得不自然,通常一整块料呈现非常均匀的同一种颜色,无绿松石中的白色条纹或斑点,给人一种死板单调的感觉。尤其是分布在其中的黑色线条,不像天然绿松石的铁线那么灵活,富于变幻。另外,成品的表面常有小凹坑。仿松石的密度通常在 2.00~2.25 范围内,小于绿松石的密度。摩氏硬度 2.58,低于绿松石的硬度。一般用小刀可以刻划,不同样品硬度略有变化。在样品上滴盐酸,会出现剧烈起泡现象。表 6-4 为仿松石与天然绿松石的鉴别特征。

表 6-4 仿松石与天然绿松石的鉴别特征

| 特 征 | 仿 松 石 | 绿 松 石 |
| --- | --- | --- |
| 成 分 | 方解石混合物 | 含水的铜铝磷酸盐 |
| 颜 色 | 同一块体色彩单一,无变化 | 色彩单一,块体上常有分布不均的白色条纹和斑块 |
| 铁 线 | 常呈圈状分布,一个圈挨一个圈 | 不规则自由分布 |
| 硬 度 | 2.56 | 5.6~6.0 |
| 密度/(g·cm$^{-3}$) | 2.00~2.85 | 2.4~2.9 |
| 起 泡 | 滴盐酸剧烈起泡 | 无反应 |

注:据郑姿姿、王时麒,2002。

(三)仿松石的制作方法

仿松石原料的外观很特别,通常为不同大小的团块状,尤其以拳头大小的团块为多。郑姿姿、王时麒(2002)根据外观和内部结构特征,推论其制作过程大体如下:首先将方解石碎成粉末并染成统一的蓝色,然后用胶粘结,接着在高压条件下,被压制在一起,得到许多大大小小的团块。在被压制在一起的方解石小块外层裹上一层薄薄的黑色碳质,再将这些大大小小的团块用胶粘结起来,如果还有空隙,仍然用碳质充填。这样,一块仿松石的原料就制成了。

绿松石与其他仿制品的区别见表 6-5。

表 6-5 绿松石与仿制品的区别

| 鉴别特征 | 天然松石 | 合成松石 | 深色羟硅硼钙石 | 硅孔雀石 | 染色玉髓 | 齿脏磷矿（蓝铁染骨化石） | 玻璃 |
|---|---|---|---|---|---|---|---|
| 颜色 | 天蓝色 | 类似瓷松石 | 蓝绿色 | 天蓝色往往呈斑杂状 | 蓝或绿蓝色 | 天蓝色 | 类似瓷松石 |
| 光泽 | 蜡状光泽 | 蜡状光泽 | 玻璃光泽 | 玻璃光泽 | 玻璃光泽 | — | 玻璃光泽 |
| 折射率 | 约 1.60~1.62 | 约 1.60 | 约 1.59~1.60 | 约 1.50 | 约 1.54 | 约 1.60 | 变化 |
| 相对密度/($g \cdot cm^{-3}$) | 2.6~2.9 | 2.6~2.8 | 2.50~2.57 | 2.24 | 2.63 | 3.10 | 约 3.33 变化 |
| 吸收光谱 | 含铁质有 430 mm、420 mm 吸收线 | 较纯，无吸收线 | 绿区显示一宽带 | — | — | — | — |
| 放大观察结构 | 隐晶质 | 无数密集小球体，具显微球粒结构 | 隐晶质集合体，染料集中在缝隙处，浅褐色纹理有时可见 | 隐晶质集合体 | 染料集中在缝隙处，有时可见层状构造 | 显骨头所具有的蜂窝状结构 | 漩涡纹或印模痕，有小气泡 |

注：据李娅莉、陈荣华，1994。

## 七、主要产地及其特征

### （一）湖北郧县—竹山县绿松石

湖北竹山县绿松石资源丰富，是我国绿松石的主要产地之一。如竹山县喻家岩绿松石矿，有老洞 17 个，一般深 10 m～30 m，最深达 100 余米。有的矿点以其优良的品质而驰名中外，如郧县鲍峡镇云盖寺绿松石矿盛产的绿松石面料纯净，结构致密，色泽鲜艳，颜色多为天蓝、海蓝、粉蓝以及翠绿、深绿和粉绿。该矿曾采得一块长 82 cm，宽高各 29 cm，重达 66.2 kg 的优质绿松石，呈蓝绿色，结构完整，质地细腻，是世界上迄今为止发现的最大、最完整的一块宝石级绿松石,堪称国宝。

目前,竹山县年开采绿松石数十吨,绿松石产品已形成杂件、雕件、镶嵌及首饰四大类产品系列 400 多个花色品种,远销欧美、日本、东南亚、印度、中东、中国香港等国家和地区,年销售额 1 500 万元以上。

竹山县绿松石主要特征如下。

颜色:以绿色为主,天蓝色、翠绿色、绿色、浅绿色、黄绿色、月白色等。

结构:致密隐晶质结构,毡状结构,玻璃状、瓷状、蜡状光泽,平坦状或贝壳状断口。

摩氏硬度:5~5.3,最大 5.5。

形态及大小:绿松石形态主要为结核状,少量脉状—结核状。绿松石个体大小悬殊,大者可达 30 cm×40 cm,小者仅黄豆或米粒大小。形态有球形、葡萄状、饼状等,表面粗糙,多被碳质、褐铁矿等包裹形成外壳。

(二)河南淅川绿松石

1. 绿松石矿基本地质特征

河南淅川绿松石位于大石桥乡刘家坪、黄庄云岭岗、小草峪北及宋湾一带。1978 年,在黄庄一带,曾采出绿松石 1 000 kg 左右,至 1979 年停采。

淅川绿松石是我国鄂、陕绿松石成矿带北支东延入豫的部分。绿松石矿带北支在湖北,主要产于郧县、郧西及陕西白河等地。矿带南支主要在湖北的竹山县及陕西平利、安康一带。它是我国屈家岭文化遗址,包括河南、湖北、山东、陕西、湖南、甘肃等省墓葬中出土绿松石饰品的主要原料来源。

据周世全、江富建等(2005)研究,淅川绿松石赋存于师岗—荆紫关复向斜的南翼丹江北岸,产于下寒武统下部大沟口组(水井沱组)内。大石桥刘家坪含矿带长约 4 km,黄庄云岭岗含矿带长 5~10 km。矿呈北西南东向展布,倾向北东,倾角 30°~60°。该组上部为灰色薄层泥晶灰岩与紫色页岩互层,中部为灰、灰紫色薄层泥晶灰岩,下部为灰白、紫红色页岩夹硅质白云岩透镜体,为磷矿、钒矿层位,厚约8.9 m。底部为薄层黑色硅质岩夹碳质页岩等,含少量含磷钙质结核,厚约0.9 m。该组总厚约25 m,不整合于震旦系灯影组厚层硅质白云岩之上。绿松石产于该组底部,含磷黑色硅质岩、碳质页岩夹黏土岩中,底板一般为燧石层、硅质岩,顶板一般为碳质页岩。碳质页岩以泥质、碳质为主,含少量黄铁矿及少量石英、褐铁矿等,硅质岩$SiO_2$含量大于70%,含少量铁质、炭质和泥质。还可见小的石英脉,内有黄铁矿、黄铜矿和石英等矿物。

淅川绿松石矿体成窝状、结核状、扁豆状、不规则囊状及粒状集合体产出。分布于硅质层内的挤压破碎带、挤压透镜体或层理、节理裂隙特别发育处,矿体一般较大,矿石较好。在坑道中所见含矿挤压带,厚一般在0.3~0.4 m,长度可达50 m左右,特别在硅质岩层发育的强烈揉皱的小型拖曳背、向斜褶皱的轴部、虚脱部位及层间剥离劈理面带中,绿松石比较富集,且有一定规模。一般透镜体厚0.1~10 m,长0.3~1 m,有时呈藕节状断续延伸,一般平行层理。绿松石的形成不但受构造的控制,而且与含磷、含铜的硅质岩及灰白色泥岩的存在有着密切的关系。

淅川绿松石呈翠绿、淡绿色,部分呈淡天蓝色,隐晶质结构,块状或致密块状构造。呈肾状、钟乳状、皮壳状、结核状及不规则产出。不透明—微透明,蜡状光泽或油脂光泽,摩氏硬度5.5,密度2.6~2.7 $g/cm^3$,贝壳状断口,性脆,略具滑感。

2. 淅川绿松石的质量要求和品级划分

(1) 质量要求。

绿松石颜色是其质量评价的重要特征。工艺美术上要求绿松石具有天蓝色,其次是深蓝色和蓝绿色,光泽强,半透明,质地细腻,致密块大,光洁无裂,无白脑、筋、糠心、炸性及其他缺陷。有黑色花纹者,要求花纹边界清晰无空隙,至于透明的小晶体,则是罕见的绿松石珍品,重量达0.6克拉即可琢磨成刻面型宝石。

据周世全等(2005)研究,影响淅川绿松石质量的因素有以下几点。

白脑:指在天蓝或蓝绿底色上存在的白色和月白色的星点和斑点。这是由石英、方解石等矿物造成的。白脑的存在会大大降低绿松石的质量。

筋:指具有细脉白脑的绿松石。

糠心:指绿松石的外层为瓷松,而内心为灰褐色。灰褐色是绿松石的一大忌,严重影响其质量。

炸性:指绿松石在加工过程中易于自然裂开的性能。

(2) 品级划分。

绿松石主要是根据颜色、质地、块度、透明度、有无裂纹、白脑、黑线等来划分品级的。国内外则常按颜色、质地、产地等划分出不同的种类。

周世全等(2005)按对质量的总体要求将淅川绿松石划分为以下三级。

一级品:天蓝色,色泽鲜艳、纯正、均匀,光泽柔和明亮,微透明—半透明,质地致密细腻,无铁线、白脑、糠心、裂纹及其他缺陷,块度越大越好,重量要求在 400 g 以上。

二级品:蔚蓝、深蓝、绿蓝色等,色泽较鲜艳、纯正,光泽明亮,微透明至半透明,质地致密细腻,有极少的铁线、白脑及其他缺陷,块度要求在 400 g 以上。

三级品:绿蓝、浅蓝、黄绿、蓝白等色,色泽一般不均匀,光泽一般微透明,致密,铁线明显,其他缺陷不同程度存在,块度不定,利用率较低。

淅川一带的绿松石完全可满足雕琢工艺品原料的要求,质量上乘的则可加工成戒面、头饰、耳饰、项链、串珠等饰品。

(三) 安徽马鞍山假象绿松石

1. 马鞍山假象绿松石矿的矿床特征

马鞍山地区绿松石发现于 20 世纪 60 年代,属一种与陆相火山作用密切相关的"玢岩"型铁矿床的伴生产物。主要分布在凹山、大王山、笔架山、丁山一带。大王山段绿松石矿区是目前世界上罕见的产出具磷灰石假象绿松石（简称假象绿松石）的矿区，此段矿体高处为海拔 74 m，优质假象绿松石主要富集在海拔 10～30 m 处。该矿所产出的假象绿松石，颜色为绿蓝色（图 6-11），颜色饱和度较高，结构致密，质量较好。而在海拔 50～70 m 处，矿体风化程度高，产出的绿松石质地疏松，颜色呈灰白色；在海拔 30～50 m 处产出的绿松石质量一般，低于 30 m 处产出的绿松石质量相对较好。

图 6-11 大王山假象绿松石

大王山段绿松石矿主要以坑采为主，绿松石主要以具磷灰石假象、细脉状和结核状等形式产出。其中具磷灰石假象绿松石产量较少，但质量相对较好，颜色最好可以达到天蓝色。此段绿松石矿化带主要受铁矿脉和断裂构造所控制，绿松石矿普遍富集在磁铁矿氧化带的潜水面之上约 50 m 范围内。假象绿松石仅产在蚀变的磷灰石—磁铁矿—阳起石伟晶岩脉中,呈近于六方柱状体产出。结核状绿松石主要赋存在构造挤压破碎带中,细脉状绿松石充填在构造裂隙或岩石节理中。绿松石矿体围岩主要为大王山组的安山质熔岩、凝灰岩、角砾凝灰岩及闪长玢岩。围岩普遍经历各种强烈的表生和热液蚀变作用,主要表现为强烈的高岭石化、绢云母化和硅化、黄铁矿化等,同时,相应伴生各种表生矿物,如:褐铁矿、次生石英和玉髓等。

2. 假象绿松石的 X 射线衍射分析

笔者选取有代表性的假象绿松石样品 Tm-1 进行了 X 射线衍射测试。图 6-12 为室温时的 XRD 测试结果。分析表明,马鞍山假象绿松石主要由较纯净的绿松石矿物组成。

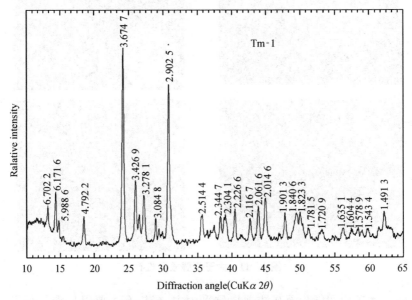

图 6-12 假象绿松石样品 Tm-1 的 XRD 图谱

3. 假象绿松石的红外吸收光谱分析

对选定的假象绿松石样品 Tm-1 又进行了红外光谱测试。图 6-13 为室温时的红外光谱的测试结果。分析表明,马鞍山假象绿松石主要由较纯净的绿松石矿物组成,是由磷酸根基团、羟基和金属氧等基团组成。

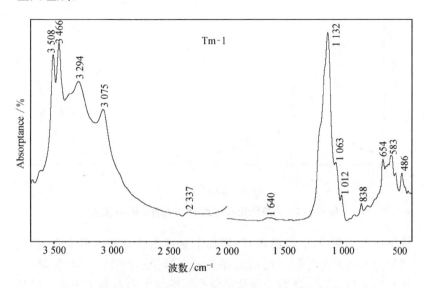

图 6-13 假象绿松石样品 Tm-1 的红外图谱

4. 假象绿松石的 Raman 图谱分析

对选定的假象绿松石样品 Tm-1 又进行了 Raman 测试。图 6-14 为室温时的 Raman 光谱的测试结果。分析表明,马鞍山假象绿松石主要由较纯净的绿松石矿物组成,是由磷酸根基团、羟基和金属氧等基团组成。

(四) 河南贾湖遗址绿松石

据考古证实,河南省舞阳县贾湖遗址的绿松石年代十分久远(距今约 5 800～7 000 年),处于我国新石器时代前期。该地区绿松石种类和数量繁多。贾湖绿松石饰品的加工较为简单,有些样品仅作了简单抛光,几乎没有雕琢。

冯敏、毛振伟等(2003)对河南省舞阳县贾湖遗址的绿松石进行了研究,发现该绿松石样品中有 3 件存在伴生岩石。贾湖绿松石的

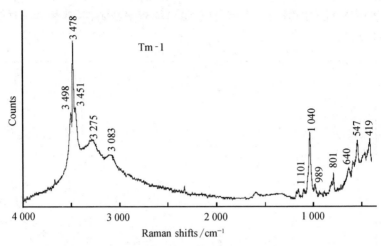

图 6-14 假象绿松石样品 Tm-1 的 Raman 图谱

伴生岩石为灰色,层理清晰,层理面上呈现出明显的云母反光,岩石类型为石英云母片岩。而湖北郧县地区绿松石的伴生岩石为黑色,属炭质类型岩石。陕西安康地区绿松石的伴生岩石为黑褐色。安徽马鞍山地区绿松石的伴生岩石为灰白色,呈脉状、斑点状分布。表 6-6 列出了河南舞阳贾湖、湖北郧县、安徽马鞍山和陕西安康四处绿松石伴生岩石的矿物成分。表 6-6 列出了各地绿松石矿物的主要成分含量。

表 6-6 不同产地绿松石所含伴生岩石的矿物成分

| 产　地 | 矿　物　成　分 |
|---|---|
| 河南贾湖 | 石英、白云母 |
| 湖北郧县 | 石英 |
| 安徽马鞍山 | 石英、高岭土 |
| 陕西安康 | 石英、黄钾铁矾、埃洛石、蒙脱石等 |

注:据冯敏、毛振伟等,2003。

贾湖绿松石伴生岩石的矿物组合以含白云母为主要特征,这与其余三处明显不同。具体来说,安徽绿松石伴生岩石以含高岭土为主要特征,而陕西与湖北所产的绿松石伴生岩石皆为含石英的炭质岩石,但相对而言,后者的矿物组合较为简单,而前者要复杂得多。

表 6-7 各地绿松石矿物主要成分的含量

| 产地 | $P_2O_5$ | $As_2O_5$ | $Al_2O_3$ | $Fe_2O_3$ | CuO | ZnO | $SiO_2$ | 总量 |
|---|---|---|---|---|---|---|---|---|
| 陕西 | 27.75 | 0.08 | 32.11 | 3.36 | 8.04 | 0.62 | 12.71 | 84.94 |
| 湖北 | 34.41 | 0.11 | 36.48 | 1.81 | 6.99 | 2.31 | 0.18 | 82.29 |
| 马鞍山 | 32.99 | 0.01 | 33.18 | 3.85 | 10.69 | 0.18 | 0.79 | 81.69 |
| 贾湖 | 31.48 | 0.34 | 35.66 | 1.30 | 8.86 | 0.21 | 5.40 | 83.25 |

注:据冯敏、毛振伟等,2003。

(五)秦岭绿松石

秦岭东段鄂、陕、豫三省交界部是我国绿松石矿的主要成矿区。从陕西白河向西扩展到平利黄洋河一带,向东与湖北郧阳鲍峡店同属一条矿化构造带,在竹山县喇叭山一带见有数十处绿松石矿点。在河南有淅川黄庄乡大石桥绿松石矿床,它们共同点都是围绕着古陆边缘的郧县、平利、牛山隆起分布,构成秦岭东段绿松石成矿区。

据涂怀奎等(1997)研究,该区绿松石矿床的成矿基底由耀岭河群、陨西群中酸性与中基性火山岩和火山碎屑岩组成,富含磷矿、铁矿和铜矿是形成绿松石矿的基础,也是主要的物质来源之一。该绿松石成矿区含矿岩系主要是寒武系,以下寒武统水口沟组为主,绿松石矿赋存于上硅质岩段中,该段岩性上部为绢云母片岩、碳质岩,含少量磷质结核,局部含绿松石;中部为薄层—中厚层碳质板岩,条带状硅质岩,碳质绢云母片岩和板岩,含磷结核,为主要含绿松石矿层;下部为中厚层含碳质硅质岩,局部含绿松石。

控矿构造在秦岭东段主构造属北北西向断裂束,于郧县收敛,白河—郧县断裂属主要控矿断裂,沿绿松石矿床北侧通过,伴随断裂南侧有闪长岩、伟晶岩及铜矿脉。绿松石多集中于各类构造裂隙中,尤以小褶皱轴部的节理和石英脉附近更富集。以郧县鲍峡店绿松石矿点最明显。据白河月儿潭绿松石矿床统计,在白河控矿断裂南主要有三组成矿裂隙或解理,即 120°～140°、78°～88°、10°～30°、62°～82° 和 40°～45°、78°～80°。

该区绿松石矿体多呈细脉状、透镜状、团块状,多产于含碳质含磷质岩系中裂隙内和孔洞中,普遍赋存于破碎带中及褶皱带核部,多顺层产出,目前秦岭地区绿松石含矿层虽都赋存在寒武系地层中,但不同矿床的岩性与矿体形态是有差别的,如河南淅川大石桥绿松石矿床赋存于砂质泥岩中,矿层多呈结核状、星点状和扁豆状产出,直径 0.25 cm,矿层厚 0.6 m,湖北竹山喇叭山矿床与其相似,赋存在硅质泥质板岩中,呈结核状、鲕状及脉状、镶嵌状,分布广泛,已知矿点有 25 处。白河月儿潭矿床矿体规模较大,呈脉状,一般长 80 m,宽 12 m,最大脉长 250 m,绿松石在脉中呈矿囊产出,其规模一般长 20～100 cm,厚 1～20 cm,延深 10～80 cm。

矿石类型有两类:一是简单矿石,以绿松石为主,少量碳质粉末与之共生,另一种是多种矿物集合体,由多水高岭石、炭质粉末、褐铁矿等与绿松石共生组合而成。陕西白河月儿潭绿松石矿床,历代都有开发利用,工艺性能良好,制作的项链、鸡心、戒面、山水人物等销往国内外。湖北竹山已知矿点 25 处,早已开发利用,供应武汉玉器厂,1954～1981 年总产量 372.12 万吨,湖北郧阳绿松石 1785 年已大量开采,河南淅川大石桥绿松石 1973 年发现,1976 年开发,少量作工艺品。

据涂怀奎等(1997)研究认为该区绿松石矿床属外生的淋滤型矿床。

(六)新疆哈密宝石级绿松石

新疆绿松石矿产于新疆哈密天湖一带的碳质板岩及绿松石化石英岩中,矿体呈透镜状、细脉状和结核状。据宝石和宝石学杂志(2000)报道,在新疆绿松石化石英岩的层间裂隙中采出了结核状宝石级绿松石,结核体直径最大可达 10 cm～45 cm,一般为 5 cm～9 cm,浅蓝—草绿色。

经有关地质部门研究后认为,该区出露寒武纪地层,矿床为次生淋滤型,矿化带东西长 2 km、宽 5 m～30 m,带内有古人遗留下的采矿坑。目前,地质部门在进行深部地质工作,可望找出高质量的绿松石。

(七) 亚美尼亚绿松石

据 A. K. Казарзи 报道,亚美尼亚南部发现了绿松石矿化带。在金多—金属矿的构造中,发育有晚始新世—中新世的火山沉积层。中酸性、碱性斑岩岩株和透镜体侵入其中。散布着一组独立、分开的岩墙,其中绝大部分受北西向和近南向的陡直的断裂带控制。断裂斜切或横切近东西向延伸的小型背斜褶皱,断裂的错动把金属矿床分割成许多小的断块。中心断块被相对抬高了,约 80% 的矿体和绿松石带就赋存在中心断块的强烈蚀变岩中。热液矿化呈脉状,近南北向的脉体填充裂隙。这些独特的单个脉体,厚度为 0.3～3 m,沿走向可延伸 300～350 m。

矿体由同一成矿期(少数由几个成矿期)的产物组成。包括:闪锌矿、方铅矿、黄铁矿、辉钼矿、雄黄、石英、黑云母、电气石等。绿松石矿化呈条带状,宽达 10 m。含绿松石岩石有轻微碎裂化、电气石化和黄铁矿化。绿松石富集在石英—电气石细脉中。电气石晶体长可达 2 cm,其化学成分相当于含镁高的黑电气石。除阳起石和绿松石外,还含有黑云母、绢云母、榍石、磁铁矿、黄铁矿、辉钼矿等。绿松石在细脉中分布不均匀,条带、透镜体、斑晶、斑点占总体积的 10%～60%。

绿松石颜色为浅蓝、淡蓝,有时为淡蓝白色。这里没有发现"捷胡特矿床"所特有的淡白色、似白色或淡绿色的绿松石变种。该处绿松石结构致密,没有经受过氧化作用或淋滤作用。矿物以浅蓝色的隐晶质集合体为代表,少数为绿—浅蓝色。折射率($Ng=1.640$～$1.648$,$Np=1.613$～$1.620$),近似于"捷胡特"和中亚一些矿床中浅蓝色绿松石的折射率。摩氏硬度为 4.5～5.5。

据 A. K. Казарзи 研究,X 射线分析和差热分析资料都证明了亚美尼亚南部所发现的绿松石。经差热分析查明,加热曲线具有清晰的峰值,在 370～400 ℃ 时吸热,在 750～815 ℃ 时则放热。加热曲线的特征基本上符合文献中的标准数据。绿松石矿化与同时控制着硫化物矿化的断裂构造有关,在"绿松石共生集合体"中,硫化物和其他热液矿物保存良好,矿床氧化带中的矿物(其中包括碳酸岩)未经受任何明显的作用,这些都证明浅蓝色矿物—绿松石具有深成的性质。

(八)美国绿松石

许多世纪以前,美国西南部的人们由于迷恋于一种特殊的天然宝石(美国称为"天空石",而中国称之为绿松石)而成为有经验的矿工和匠人。早在征服者和货车留下踪迹之前,就有印第安部落挖掘的矿坑和巷道,这些已成为现代许多著名的绿松石产地的重要标记。绿松石至今仍是美国印第安人最喜爱的宝石材料,也是整个美国流行的古典和现代珠宝材料。

早期的绿松石矿山集中于现在的新墨西哥、亚利桑那、科罗拉多、加利福尼亚和内华达州地区。许多老矿山在19世纪晚期被淘金人重新发现,另外,最近已证实一些现代矿山几百年前已被开采过。现在内华达州的绿松石产量居于首位,如在几百年前,新墨西哥Cerrillos Hills地区的产量最大。新墨西哥及周边地区的古代部落单独使用绿松石或与煤玉和贝壳一起使用,直到西班牙人到来之后,印第安人才把绿松石与银结合制成珠宝饰物。考古学家共发现了5万余件绿松石制品。有一件令人惊叹的项链上有相同的绿松石珠约2 500粒。除珠子之外,还有垂饰、雕刻品、神物、手镯、脚镯和镶嵌骨、礼仪用品以及工具和器具。

最有趣的是一件镶嵌着绿松石和煤玉的骨雕,一只有绿松石眼睛的煤玉青蛙和一件镶嵌有蓝色宝石拼花的精致胸饰。所有早期的美洲人都将绿松石视为至宝。绿松石作为天空和水的标记,具有重要的宗教和文化意义。人们认为它可以避邪并确保神灵的佑护。印第安人常常把用绿松石制成的他们熟悉的鸟或动物的形状和平圆状珠子戴在身上或衣服上。绿松石神物被用于医药、打猎、战争、巫术和部落仪式(婴儿出生、婚礼、加入部落)。

在现代宝石加工业和珠宝贸易中,内华达州在绿松石生产方面的领先地位是无可非议的。几个郡的许多矿山提供的大量宝石级绿松石品种繁多，花纹有趣，具有多种原色但一般呈蓝、绿色。内华达州最近开发的一原矿山过去土著人曾开采过。尽管有一些矿山是经过大量的现代勘查和勘探后偶然发现的，但早期开发的迹象很明显。几个权威的考古学家声称，所有现在最有名的绿松石产地都是在遥远的过去被发现并被开采过的。印第安人用石、火和水揭开残留的黏土壳，获取坚硬的蓝色绿松石团块。现在人们对这部分矿山进行大规模的机械化露天开采。不同矿山开采的绿松石各具特色：有的如小巧的蜂巢，呈鲜艳的浅蓝色，外围为黑色；有的在深的蓝色中夹有赭色细脉；有的具有黑红色斑纹。

在亚利桑那州 Kingman 附近的旧矿山中发现的珠网状绿松石，是一块受到高度评价的现代宝石。

# 第七章　独山玉、青金石和孔雀石

**内容提要**

本章首先介绍了独山玉的利用和发展历史、独山玉的宝石矿物学特征及其分类、独山玉的质量评价、独山玉的工艺品评价及选购以及独山玉与相似玉石的区别等。同时介绍了独山玉的地质特征及成矿机理以及四川省地质矿产局新发现的黝帘石化斜长岩——雅翠的主要特征。其次介绍了青金石的开发利用历史、青金石的特征及其分类、青金石的工艺要求和质量评价及其成因类型和资源分布。最后介绍了孔雀石的利用和发展历史、一般特征及产状、工艺性能及主要产地。重点介绍了湖北大冶和广东阳春的孔雀石的一般特征。

## 第一节　独　山　玉

### 一、独山玉概述

独山玉因产于我国河南省南阳市郊的独山而得名。又名"南阳玉"和"独玉"。据史料考证,早在6 000多年前的新石器时代,人们就开始利用和雕琢独山玉。在大量使用软玉以前,独山玉一直是古代玉料中的重要品种。被发掘出土的永城县芒砀山西汉梁王墓中的金镂玉衣为独山玉所制。陈列于北京北海公园的"渎山大玉海"(又名大玉瓮),是国之瑰宝,高0.7 m,口径1.35 m~1.82 m,最大周长4.93 m,重3 500 kg。2004年5月26日,由亚洲珠宝联合会组织国内权威专家进行鉴定,一致认为,于元代制作的"渎山大玉海",所用材料为河南独山玉。特别是改革开放以来,久负盛名的南阳镇平玉雕业吸引了大量的业内外人士,从而使独山玉为更多的人所了解、欣赏和接受。如独山玉大型玉雕工艺品《万里长城》、《佛山胜景》、《百鸟朝凤》、《卧龙出山》等。其中《卧龙出山》长2.5 m、高1.6 m,重3.6吨,上有"徐庶走马荐诸葛"、"三顾茅庐"、"火烧博望败夏侯"三个历史故事画面,集山水、人物、林木、花卉、走兽、亭台楼阁于一体,勾画出三国初期曹、刘相争的一段壮观的历史画卷。

独山玉色泽鲜艳,质地细腻,透明度高,光泽强,硬度高,属于中档玉料。制作的工艺品,以其丰富的色彩、优良的品质、精美的设计和加工,深受人们的欢迎(图7-1)。

图7-1 独山玉玉雕品

## 二、独山玉的宝石学特征及分类

### (一)独山玉的宝石学特征

#### 1. 矿物组成和化学成分

独山玉是一种黝帘石化的蚀变斜长岩,由多种矿物组成。主要有:斜长石55%～90%,黝帘石5%～70%,透辉石1%～15%,铬云母5%～15%,钠长石1%～5%,黑云母小于10%。化学成分主要为$SiO_2$、$Al_2O_3$和$CaO$(表7-1)。随着矿物种类及含量的变化,其化学成分也有较大的变化。

表 7-1 独山玉岩石化学成分(质量分数%)

| 类型 | $SiO_2$ | $TiO_2$ | $Al_2O_3$ | $Cr_2O_3$ | $Fe_2O_3$ | FeO | MnO | MgO | CaO | $Na_2O$ | $K_2O$ | $H_2O^-$ | $CO_2$ |
|---|---|---|---|---|---|---|---|---|---|---|---|---|---|
| 白独玉 | 44.38 | 0.05 | 32.24 | 0.01 | — | 0.61 | 0.08 | 1.32 | 19.61 | 4.86 | 0.08 | 0.69 | 0.10 |
| 紫独玉 | 43.74 | 0.55 | 34.13 | 0.30 | 0.56 | 0.44 | 0.09 | 0.28 | 18.39 | 0.54 | 0.58 | 0.39 | 0.10 |
| 绿独玉 | 42.52 | 0.82 | 33.82 | 0.28 | 0.32 | 0.25 | 0.09 | 0.63 | 14.83 | 0.52 | 2.64 | 2.62 | 1.16 |
| 黄独玉 | 44.14 | 0.60 | 33.46 | 0.18 | 0.31 | 0.49 | 0.09 | 0.28 | 19.28 | 0.88 | 0.02 | 0.23 | 0.06 |
| 杂独玉 | 43.96 | 0.43 | 32.15 | 0.25 | 0.30 | 0.54 | 0.09 | 0.50 | 18.39 | 0.62 | 1.30 | 0.61 | 0.10 |
| 平均值 | 43.75 | 0.49 | 32.60 | 0.20 | 0.33 | 0.49 | 0.09 | 0.83 | 18.82 | 0.70 | 0.54 | 0.84 | 0.30 |

注:据涂怀奎,2000。

2. 颜色

独山玉主要有白色、绿色、紫色、黄色、红色、黑色。通常一块独山玉上有2~3种以上的颜色共存。

3. 结构

独山玉主要呈现粒状结构、花岗变晶结构和辉长结构,构造有块状、条带状和条纹状。微透明至半透明。质地细腻,致密坚硬。大多数品种结构为细粒(变晶)结构或隐晶质结构,平均粒径小于0.05 mm,抛光良好的成品表面细腻、光滑,仅部分黑独山玉粒度较粗,且不均匀。少数品种可见溶蚀交代结构。

4. 其他鉴定特征

独山玉摩氏硬度6~6.5。

由于独山玉所含的矿物成分非常复杂,因此,其折射率和相对密度的变化范围较大。折射率一般在1.56~1.70,密度介于2.73~3.18 g/cm³之间,一般为2.90 g/cm³。

(二)独山玉的分类

根据商业及工艺分类标准,以颜色为划分标志,涂怀奎(2000)将独山玉划分为8个品种或亚种。

1. 白独玉

白独玉总体为白色、乳白色,常为半透明至微透明或不透明,依据透明度和质地的不同又有透水白、油白、干白三种称谓,其中以透水白为最佳。白独玉约占整个独山玉的10%。

2. 红独玉

红独玉又称"芙蓉玉"。通常表现为粉红色或芙蓉色,深浅不一,一般为微透明至不透明,与白独玉呈过渡关系。此类玉石的含量少于5%。

3. 绿独玉

绿独玉包括绿色、灰绿色、蓝绿色、黄绿色,常与白色独玉相伴,颜色分布不均,多呈不规则带状、丝状或团块状分布。透明度自半透明至不透明表现不一,其中半透明的蓝绿色独玉为独山玉的最佳品种,在商业上亦有人称之为"天蓝玉",或"南阳翠玉"。近年矿山开采中,这种优质品种产量渐少。而大多为灰绿色的不透明的绿独玉。

4. 黄独玉

黄独玉为不同深度的黄色或褐黄色,常呈半透明分布,其中常常有白色或褐色团块,并与之呈过渡色。

5. 褐独玉

褐独玉呈暗褐、灰褐色、黄褐色,深浅表现不均,此类玉石常呈半透明状,常与灰青及绿独玉呈过渡状态。

6. 青独玉

青独玉呈青色、灰青色、蓝青色,常表现为块状、带状、不透明,为独山玉中常见品种。

7. 黑独玉

黑独玉又称"墨玉",黑色、墨绿色,不透明,颗粒较粗大,常为块状、团块状或点状,与独玉相伴,该品种为独山玉中最差的品种。

8. 杂色独玉

杂色独玉的特点是在同一块标本或成品上常表现为上述两种或两种以上的颜色,特别是在一些较大的独山玉原料或雕件上常出现四至五种或更多颜色品种,如绿、白、褐、青、墨等多种颜色相互呈浸染状或渐变过渡状存于同一块体上,甚至在不足1cm的戒面上亦会出现褐、绿、白三色并存,这种复杂的颜色组合及分布特征对独山玉的鉴别具有重要的意义。杂色独玉是独山玉中最常见的品种,占整个储量的50%以上。

### 三、质量、工艺品评价及选购

优质独山玉为绿色和白色。白色品种要求呈油脂光泽,绿色品种要求呈翠绿色,微透明,质地细腻,无裂纹。而颜色杂、色调暗、不透明、有裂纹的独山玉为劣等品。独山玉的质量评价仍以颜色、透明度、质地、块度为依据,在商业上将原料分为特级、一级、二级、三级这四个级别。

特级:块重20 kg以上,纯绿或纯蓝、绿、蓝中透明、绿白,质地细腻,无白筋,无裂纹。

一级:块重5 kg以上,白色、乳白、绿色,色泽鲜艳。无裂纹、无杂质。

二级:块重3 kg以上,白色、绿色,杂质与裂纹很少,色泽鲜艳。

三级:块重1 kg以上,杂质块重2 kg以上,色泽一般,裂纹很少。

高品质独山玉要求质地致密、细腻、无裂纹、无白筋及杂质,颜色单一、均匀、以类似翡翠的翠绿为最佳。透明度以半透明和近透明为上品,块度愈大愈好。

独山玉工艺品的评价包括:料质是基础,工艺是保证,设计是关键。用独山玉加工的工艺品种类繁多,内容丰富,优良品种的原料块度较小,又因市场需要常加工成小挂件、手镯、戒面。其他的加工成人物、山水、花卉、鸟兽、炉熏、器皿、盆景、仿古玉器等类型工艺品。每类又均有几十种题材或产品,总计达百余种产品类型。对这些工艺品的评价除要注意玉质的等级和雕刻工艺的优劣外,产品的设计思路及美学效果是不可忽视的重要因素。

独山玉颜色丰富,颜色的组合方式及深浅富于变化,一方面给设计者提供了广泛的想象空间,同时也为设计者提出了更高的要求,不同的料要有不同的设计思路,或静或动,或古或今,或简或繁,均要因材而定。

一件好的作品应做到题材寓意与玉料品质的和谐,形态美与色彩美的统一,并且符合对比、对称、均衡、统一等基本美学原则。从而达到"巧、俏、绝"的艺术水平,即设计思路巧妙,俏色运用合理,工艺精湛绝伦。如独山玉雕件"铁扇公主",作品中巧用杂色独玉中的白、黑、绿、红等颜色,白色部分用作人物的脸部,花绿部分用作衣身,一块浓绿处巧妙设计成芭蕉扇,边缘绛红部分巧用作火焰,一大的红点设计成孙悟空,整个画面结构合理,造型活泼,线条流畅,在选料、设计、用色、做工上可谓一件难得的佳作。又如杂色独玉产品"独玉鹰蛇",黑色部分为杂石和枯木,花绿设计为青草和灌木,绿色雕成一只威风凛凛的雄鹰,蛇身黑底泛白点,蜿蜒于杂石草丛中。作品设计独特,造型自然,栩栩如生。显然,一件优秀工艺品与精巧的设计息息相关。对这些工艺品评价,不仅要求评判者通晓玉石,熟知工艺,而且还应有相当的艺术修养及审美情趣,这也正是许多业内人士所追求和必备的素质。

独山玉的优良品种常加工成戒面、挂件、手镯以及摆件等。独山玉雕有130多种工艺品,畅销南洋与欧美。

### 四、独山玉与相似玉石的区别

独山玉以颜色、质地、矿物组成等不同而区别于翡翠、软玉、石英质玉(东陵石)、岫玉等其他类似的玉石。主要鉴别特征见表7-2。

表7-2 独山玉与其他相似玉石的鉴别表

| 名 称 | 摩氏硬度 | 密度/($g \cdot cm^{-3}$) | 折射率 | 质 地 | 组成矿物 |
|---|---|---|---|---|---|
| 独山玉 | 7.5~8 | 2.70~3.09 | 1.56~1.70 | 坚硬、细腻、性脆、韧性差 | 斜长石、黝帘石、绿帘石、透闪石 |
| 翡翠 | 6.5~7 | 3.25~3.36 | 1.64~1.66 | 坚硬、细腻 | 硬玉 |

续 表

| 名 称 | 摩氏硬度 | 密度/(g·cm$^{-3}$) | 折射率 | 质 地 | 组成矿物 |
|---|---|---|---|---|---|
| 软玉 | 6~6.5 | 3.90~3.20 | 1.60~1.64 | 非常坚硬、细腻 | 透闪石—阳起石 |
| 东陵石 | 7 | 2.66 | 1.54~1.55 | 性脆 | 石英、锂云母、铬云母 |
| 绿泥石致密体 | 2.5 | 2.70 | 1.57 | 硬度低 | 绿泥石 |
| 岫玉 | 2~6 | 2.44~2.62 | 1.53~1.57 | 硬度变化大、细腻、性脆 | 蛇纹石 |

注：据栾秉璈，1988。

绿色独玉易与翡翠相混，从颜色上来看，独山玉绿色带灰，带蓝色色调。同一块独山玉玉料可以同时出现2~3种或者更多的颜色，颜色鲜艳。

翠绿色的独山玉粗看像翡翠。仔细观察，绿独玉具有粒状结构或溶蚀交代结构。主要矿物为斜长石和翠绿色铬云母，透明度好。而翡翠具有斑状变晶结构，软玉则具有毛毡状纤维交织结构。

白色独山玉易与白色软玉和石英质玉相混。白色软玉比白独玉细腻，石英质玉手感较差。

## 五、独山玉的地质特征及成矿机理

### (一) 地质特征

独山玉矿位于秦岭造山带东段南支，南阳盆地北缘，朱（阳关）—夏（馆）大断裂带北侧。朱夏断裂带是矿区内主要的构造带，控制基性、超基性岩体的分布、控制矿体定位和区内其他次一级的构造分布。由于矿区大面积被第四系覆盖，区内地层分布比较零星，主要出露地层有下元古界秦岭群、下古生界二郎坪群、中生界变质岩和陆相碎屑岩。本区岩浆活动强烈，从酸性岩到超基性岩均有分布，时代从元古代到燕山期，其中以加里东的火山活动和华力西—印支期岩浆活动最为强烈,它们对独山玉的成矿均有明显的控制作用。

独山玉矿体主要呈脉状产出,玉矿脉主要产于独山中部辉长岩碎裂带中、上部的次闪石化中粗粒辉长岩中。区内地层包括元古界黑云母斜长混合片麻岩、斜长角闪岩、黑云母石英片岩、大理岩及绢云母片岩。其次是下白垩系与三叠系,元古界与第四系分布较广。岩浆活动强烈,从酸性到基性都有,加里东期基性至超基性分布于二龙至独山一带,呈脉状、岩株状产出。玉矿围岩以次闪石化中粗粒辉长岩为主,次为糜棱岩化辉长岩。围岩蚀变普遍有次闪石化、钠黝帘石化、蛇纹石化、绿泥石化,矿床属接触交代型。矿体分布规律:① 垂直分布在中粗粒次闪石化辉长碎裂岩中,具成群成带特征。② 沿走向分布,地表玉脉自北西向南东由疏变密,中部为最重要矿体。③ 玉脉受断裂破碎带控制,分布于上盘挤压破碎带内侧,即蚀变辉长碎裂岩带边部。

矿体以脉状为主,透镜状次之,团块状与网脉状极少。单个矿体长 $1\sim20$ m,宽 $0.1\sim2.0$ m。优质玉厚 5 m,青独玉个别 $3\sim5$ m。产状以北东东一组为主,南东东次之。独山西坡玉脉产状 $55°\sim96°$,倾角 $54°\sim84°$,另一组 $110°\sim153°$ 倾角 $42°\sim60°$。东坡玉 $27°\sim312°$ 倾角 $62°\sim75°$。矿区构造以断裂为主,主方向 $330°$,其次是北西西与北东向。

矿体受构造控制十分明显,整体呈鱼群状产出。剖面上呈阶梯状、叠瓦状,平面上呈雁行状,具等间距分布的特点。一些矿体充填在构造裂隙之中,一些矿体本身就是构造挤压带的组成部分,即为辉长岩经构造作用形成的糜棱岩。前者与围岩界线十分清楚,后者则大多数呈过渡关系。

(二)成矿机理

大地构造演化是控制成矿物质来源、成矿物质运移通道、充填空间、成矿条件以及后期改造的关键性因素。从上述分析来看,南阳独山玉矿的成矿直接与秦岭造山带的构造演化密切相关。据廖宗廷等(2000)研究,认为秦岭造山带的构造演化和独山玉的成矿机理主要经历了下列两个大的阶段。

第一个阶段(发生于华力西期之前)：这一阶段不存在现在意义上的秦岭造山带，与形成秦岭造山带密切相关的华北板块和华南板块独立演化，两者间相隔着一个近东西向的秦岭洋，秦岭洋中可能有各种火成活动，形成包括科马提岩、辉石岩、辉长岩等为代表的基性—超基性岩和其他火成岩。这些火成活动所形成的岩石为独山玉矿的成矿创造了良好的物质基础，即形成成矿源岩。

第二个阶段(发生在华力西期以后)：随着构造的演化，秦岭洋洋壳开始向华北板块单向俯冲，至印支期，华北板块与华南板块靠近，秦岭洋最终关闭，并逐步碰撞造山形成秦岭造山带。造山过程中强烈的构造活动使原来的火成岩体发生构造侵位到现今的造山带位置。在较大深度、较高温度条件下，强烈的构造作用，加之后期岩浆热液作用，使成矿源岩发生糜棱岩化、玻化以及重结晶等一系列作用及蚀变，最终形成独山玉矿。

### 六、雅翠

雅翠是四川省地质矿产局新发现的玉料。雅翠的玉质为黝帘石化斜长岩。白色、灰白色基底上有翠绿色斑点，类似翡翠，但翠色不够均匀。硬度和相对密度似独山玉。不透明，玻璃光泽。雅翠脉产于前震旦系蛇纹岩与变质火山岩交界处，还常见有花岗岩小岩体。雅翠脉主体为斜长岩，已遭受含铬钠黝帘石化。雅翠翠色美丽，质量上乘的小块体可作首饰镶嵌品，大的致密块体，可作玉雕用料。

## 第二节 青 金 石

### 一、青金石概述

青金石是我国传统的玉石之一，由于它呈天蓝、深蓝等色调，又常含有闪光的黄铁矿(图7-2)，故称为"青金石"。优质的青金石质地细腻,微透明至半透明,蔚蓝色,上面布满了片状、粒状黄铁矿,宛如秋夜的天幕,深旷而明净,闪烁着灿烂的繁星,使人心旷神怡。

我国近代著名的地质学家章鸿钊在《石雅》一书中写道:"青金石色相如天,或复金属屑散乱,光辉灿灿,若众星之丽于天也。"

图7-2 青金石中的片状、粒状黄铁矿

青金石在我国古代常用作装饰工艺品和首饰。如在徐州东汉墓中出土的鎏金镶嵌兽形铜盒砚上,就镶嵌有珊瑚、绿松石和青金石玉石,且制作精巧,色彩艳丽,金光闪闪。在河北赞皇东魏李希宗墓中,出土有一枚镶青金石的金戒指,青金石呈蓝灰色,重11.75 g。在宁夏固原北周李贤夫妇墓中,也出土有一枚镶青金石的金戒指,青金石戒面颜色也为蓝灰色,直径为0.8 cm。

目前,我国青金石主要应用于首饰、工艺品等,尤其是在少数民族地区,青金石以其独特的蓝色备受喜爱。质量较好的青金石多用作戒面、佛珠、耳环、手镯等饰品,宝石级青金石常用作珠宝首饰和收藏品。

我国目前已知仅在新疆南部产有少量的青金石。世界上以阿富汗产的青金石最著名,我国市场上的青金石宝石绝大部分是从阿富汗进口的。其次在俄罗斯、塔吉克斯坦、智利、加拿大、巴西、澳大利亚等国也有产出。

青金石同绿松石一样,被认为是"成功之石"和"十二月的诞生石"。美丽的青金石为智利的国石,象征希望、坚强和庄重。

## 二、青金石特征及分类

（一）特征

青金石是一种多矿物集合体,其组成的矿物成分包括青金石、蓝方石、方钠石、黝方石,以及少量方解石、黄铁矿、普通辉石、角闪石和云母。其中以青金石矿物为主。青金石矿物成分为钠钙的铝硅酸盐,属方钠石族矿物。其化学成分为$(Na,Ca)_8[AlSiO_4]_6[SO_4,S,Cl]_2$。

青金石通常呈天蓝、深蓝、艳蓝、青蓝等色调。摩氏硬度5～6,密度2.38～2.5 g/cm³。等轴晶系,晶体常呈菱形十二面体。青金石通常表现为极细粒的集合体。致密块状。性脆,玻璃光泽,断口呈油脂光泽。薄片中常呈蓝色。均质体,折射率约为1.50。

(二) 分类

根据青金石的物质组成、颜色、质地、块度等,王寒竹(2000)将青金石分为以下几种。

1. 普通青金石

普通青金石属质量最好的青金石,呈现浓艳、均匀的深蓝色、天蓝色,光泽强,质地纯净、致密、细腻、坚韧、光洁,没有或极少有杂质、裂纹及其他缺陷,青金石含量在95％以上。

2. 青金

青金中青金石矿物含量在90％～95％。呈浓艳、均匀的深蓝、天蓝、翠蓝、藏蓝等色,颜色的浓度、均匀度、纯正度较普通青金石差。光泽强,质地致密、细腻、坚韧。没有或含极少白斑,杂有稀疏的星点状黄铁矿及其他矿物。无裂纹及其他缺陷。

3. 金克浪(又称金格浪)

金克浪中青金石矿物的含量明显减少,含有较多而密集的黄铁矿,杂质矿物明显,含量增加,有白斑和白花,颜色的浓度明显降低,呈浅蓝色且分布不均匀。

4. 催生石

催生石中青金石矿物含量在30％以下。呈天蓝、翠蓝、浅蓝色等,分布不均匀。光泽较强。质地致密、坚韧,但白斑或白花及其他杂斑较多,使玉石上常呈蓝点或蓝色与白色相混杂的"花斑"。有裂纹及其他缺陷。

此外,还有一些人工仿制品。

1. 瑞士青金(Swiss lapis)

瑞士青金是一种人工着色的碧石(Jasper)赏品,为青金石的仿造品。

2. 着色青金(Sintered spinel)

着色青金是一种利用钴盐进行人工改色的尖晶石块状集合体,也是青金石的代用品。

3. 料仿青金(Glass lapis)

料仿青金是指用玻璃仿造的假青金石,颜色比较纯正,不如天然青金的色调"丰富",并有玻璃感。

4. 炝色青金(Fry serpentine)

炝色青金是利用岫玉为原料,人工炝上蓝色的仿制品。多为浅蓝色,见不到黄铁矿金星。

## 三、质量评价

一般依据颜色、质地、裂隙、切工、块度等方面对青金石进行质量评价。

青金石颜色为深蓝、天蓝、紫蓝、翠蓝和带绿的蓝色,其色彩由所含青金石矿物的含量决定。含青金石矿物越多,颜色越好,反之则差。价值较高的青金石呈浓蓝色或深蓝色,蓝色调浓艳、纯正、均匀者为最佳。如果颜色中交织有白石线或白色斑点,价值就会降低。阿富汗是世界上优质青金石的主要产出国,其价值最高者为浓蓝色或深蓝色的青金石,称作"尼伊利"。其次为天蓝和淡蓝色的青金石,称作"阿斯马尼"。再次为呈绿蓝色的青金石,称作"苏弗西"。

质地是评价青金石质量的重要因素。青金石中往往含有黄铁矿、方解石、云母、辉石等杂质矿物。当金黄色的黄铁矿小颗粒散布于其中时,它便呈现蔚蓝、耀金之状。一般而言青金石中杂质含量越少,质量越高。而且杂质均匀分布者较杂乱无章排列者质地要好。质地细腻、坚韧、致密、无杂质者为青金石中的上品。

裂隙的存在趋势直接影响到青金石的质量。无裂隙的青金石质量最好。裂隙越明显的青金石,其质量等级越差。

切工也是评价青金石质量的重要因素。青金石通常被加工成弧面形的戒面,或雕刻成饰品等。青金石戒面的切割打磨弧度应与其大小比例协调,过厚或过于扁平都会影响其价值。对于青金石工艺品,应注意观察其线条是否流畅。弯转是否圆润,还要评价整件作品的比例是否适当,能否产生整体和谐的美感。

块度是指青金石的块体大小。在其他条件相同的情况下,体积越大,价值越高。

### 四、鉴别

(一) 原石鉴别

在野外根据产状(接触带灰岩中)和独特的蓝色、含方解石、黄铁矿等特征容易识别。

(二) 室内鉴别

将所采样品切制薄片,鉴定其组成矿物的光性和含量并区分不同品种。研究手标本在紫外线照射下发荧光的情况。以加酸不起泡与蓝铜矿相区别。

(三) 成品鉴别

除发荧光特点外,可以摩氏硬度、相对密度及其他特征与方钠石、蓝方石、瑞士青金、着色青金、料仿青金、炝色青金和蓝铜矿相区别。鉴别特征见表7-3。

表7-3 青金石鉴别表

| 种 类 | 密度/$(g \cdot cm^{-3})$ | 摩氏硬度 | 折射率 | 特 征 |
|---|---|---|---|---|
| 青金石 | 5.5 | 2.8 | 1.50 | 有橙色斑点和条带状荧光 |
| 方钠石 | 5.5~6 | 2.14~2.42 | 1.483~1.487 | 有橙色、紫色和粉红色荧光 |
| 蓝方石 | 5.5~6 | 2.25~2.50 | 1.49~1.504 | 有时有橙红色荧光 |
| 瑞士青金 | 6.5~7 | 2.58 | 1.54~1.55 | 矿物为玉髓 |
| 着色青金 | 8 | 3.57~3.72 | 1.71~1.72 | 矿物为尖晶石,含钴玻璃 |
| 料仿青金 | 6.5 | — | — | |
| 炝色青金 | 2.5~4 | 2.44~2.62 | 1.56~1.57 | 矿物为蛇纹石 |
| 蓝铜矿 | 3.5~4 | 3.7~3.8 | 1.73~1.83 | 含铜矿物 |

注:据栾秉璈,1988。

### 五、产地

世界上出产青金石玉石的国家主要有阿富汗、俄罗斯、塔吉克斯坦、智利、加拿大等。

阿富汗的青金石呈深蓝色、天蓝色和浅蓝色,为细粒结构或隐晶结构,是世界上历史最为悠久的优质的青金石原料产地。

阿富汗青金石产于碱性岩与碳酸盐岩的接触带中,伴生有方解石、黄铁矿等,与金云母、硅镁石、镁橄榄石等共生。

俄罗斯的青金石玉石产于滨贝加尔南部地区,包括小贝斯特拉矿床和斯柳甸矿床,前者所产青金石玉石呈艳蓝色,后者所产青金石玉石的质量较差。塔吉克斯坦所产的青金石玉石,具细粒结构或隐晶质结构,颜色为艳蓝色、天蓝色和蓝色,可见到黄铁矿浸染体和细脉。

智利产的青金石玉石,由青金石、方解石、黄铁矿组成,颜色一般较浅,呈浅蓝色,少数为深蓝色。

加拿大产的青金石玉石,常与透辉石、金云母等矿物共生,颜色一般较浅,呈浅的天蓝色。

## 第三节 孔雀石

### 一、孔雀石的利用和发展历史

我国古代称孔雀石为曾青、铜绿等。颜色美丽、块度大、达到宝石级的孔雀石可雕琢成工艺品,具有很高的观赏和收藏价值(图7-3)。尤其是具猫眼效应的孔雀石—孔雀石猫眼,十分珍贵。世界上有的国家还将孔雀石作为国石,如马达加斯加和智利。

孔雀石含铜量高,既是重要的铜矿石,又可制作上乘的国画颜料和艺术盆景。我国古代"唐画,凡绿色多用孔雀石粉末画就,故存千年不变也"。意大利著名画家波提切利的名画《春天》就采用了孔雀

图 7-3 孔雀石

石的原料,500 年来未变色。

世界上具有宝石级孔雀石资源的产地有:非洲的赞比亚、扎伊尔、马达加斯加,欧洲俄罗斯的乌拉尔、法国的谢西、德国的艾塞尔费尔德、意大利的里奥马利娜、美洲的智利等。在尼泊尔的旅游产品中,有孔雀石雕工艺品出售。

我国已知的宝石级孔雀石资源主要分布在广东阳春、湖北大冶,其次有云南的东川、易门,安徽的铜陵、宣州等地。在陕西、河南、广西、四川、湖南、贵州以及台湾金瓜石矿山等地,也发现有少量宝石级孔雀石矿。

## 二、孔雀石的一般特征

(一) 一般特征

孔雀石是一种含水的碳酸铜矿物,化学式为 $Cu_2(CO_3)(OH)_2$,孔雀石属单斜晶系,常呈柱状、针状、纤维状、晶簇状、肾状、葡萄状、皮壳状等。往往在铜矿床的氧化带内形成钟乳状、充填脉状,或粉末状、土状集合体。在钟乳状、肾状集合体内部,常具有美丽的同心层状或放射纤维状花纹。由深浅不同的绿色至浅绿白色组成的条带、环带十分美丽,块大者是宝石级孔雀石。

孔雀石的摩氏硬度为 3.5～4,密度为 3.9～4.0 $g/cm^3$,玻璃光泽,纤维状者具丝绢光泽。浅绿色条痕。孔雀石是铜的表生矿物之一,为自然铜和黄铜矿暴露到地表后,受风化作用而形成的,故孔雀石是寻找铜矿的一个重要标志。

(二) 产状

据钟华邦(2003)研究,宝石级孔雀石往往出现在含铜硫化物矿床氧化带的中下部,其上部为铁帽或铁锰帽,孔雀石分布在铁帽下的次生风化淋滤带内。宝石级孔雀石块体往往出现在侵入岩体与碳酸盐岩接触带的氧化带里。

根据对宝石级孔雀石资源产出环境的调查研究,钟华邦(2003)认为宝石级孔雀石的产出主要有以下特征。

宝石级孔雀石是含铜硫化物矿床氧化带内次生风化淋滤作用产物,往往出现在铁帽或铁帽的下部,氧化带越发育越好。在长江中下游地区,主要分布在地表以下 10～40 m 之间。破碎带、角砾岩带的空洞中,是形成孔雀石矿体的良好场所。

宝石级孔雀石分布在侵入岩体与围岩碳酸盐岩接触带的铜矿床氧化带中,孔雀石中钙的来源主要是围岩碳酸盐岩。

宝石级孔雀石主要分布在雨量充沛、含铜硫化物矿床围岩为碳酸盐岩的温湿地带。故干旱地区铜矿床很少有宝石级孔雀石。这就是我国宝石级孔雀石主要分布在长江以南的铜矿床氧化带内的根本原因。

有的孔雀石为不规则肾状块体(图 7-4)。其断面由半环状放射状孔雀石集合体组成。据余平研究:呈纤维状结构的孔雀石矿物的同心圆和放射状集合体分布特征是从核心部向外,矿物颗粒变粗,同心环带变宽,且一定区间的孔雀石加工性能最佳。

图 7-4 不规则肾状孔雀石矿块素描图

注:据钟华邦,2003。

据钟华邦(2003)对湖北大冶、安徽宣州等地的肾状、葡萄状、同心圆孔雀石集合体观察的结果,具有从核部向外,矿物颗粒变粗,同心环带变宽的类似现象。而湖北大冶平行条带状的孔雀石集合体，条带均由极细的孔雀石矿物组成。

### 三、工艺性能

孔雀石要具有一定的块度，质细坚实，无绺裂，无孔隙，颜色鲜艳。花纹清晰美丽。断口平坦，有易顺花纹开裂的特点。依据孔雀石的结构，有些孔雀石可加工出"猫眼"。颜色具分层性的适于加工浮雕。由于孔雀石具有美丽的环带状构造，颜色艳美，所以还是制作珠宝盆景的好材料。

### 四、主要产地

（一）湖北大冶

湖北的孔雀石主要产在大冶铜录山地区。大冶的孔雀石呈肾状、葡萄状、皮壳状、同心圆状集合体，外表由深浅不同的绿色至浅绿白色组成的条带、环带，十分美丽。内部常具同心层状或放射纤维状结构，具有从核心向外矿物颗粒变粗、同心环带变宽的特征。

大冶的孔雀石大体有四个品种：块状孔雀石、青孔雀石、孔雀石猫眼和观赏孔雀石。

块状孔雀石由致密的纤维状孔雀石微晶组成，结构细腻，具有迷人的丝绢光泽。

青孔雀石由孔雀石与蓝铜矿或者孔雀石与硅孔雀石紧密结合，翠绿色与深蓝色或蓝绿色相互衬托，交相辉映，十分罕见。

孔雀石猫眼由一组平行排列的纤维状孔雀石经特殊加工后形成，弧形表面出现一道亮线，恰如猫眼熠熠发光，闪烁明亮。

观赏孔雀石为肾状、葡萄状孔雀石集合体自然组合，由于地质作用的鬼斧神工，因此外观造型奇特，颜色具有层次性，断面呈扇形放射状，是制作珠宝盆景或台灯的上乘原料。

湖北大冶孔雀石珠宝首饰及工艺品，已畅销国内外。据报道，贵州省也产出孔雀石猫眼,眼球状、豆状的辉铜矿、蓝铜矿的外部常被淡绿、深绿色孔雀石所包围,断面酷似猫眼,令人惊叹,但产量很少。据报道,在安徽某含铜硫化物矿床的氧化带内,有大量孔雀石分布在铁帽之下 10 m～30 m 之间。其中发现少量宝石级孔雀石呈钟乳状块体出现,块度为 2 cm×12 cm×14 cm 左右,断面呈扇形放射状,十分艳美。

(二) 广东阳春

广东阳春产的孔雀石,质优色艳,永不褪色,结晶完美。其内部具翠绿、墨绿、粉绿、天蓝等色纹带相绕的同心、花纹和束状放射花纹,异常美丽。孔雀石呈金刚光泽,璀璨夺目。1984 年在阳春首次发现孔雀石猫眼。葡萄状、钟乳状、绒毛状、杉林状孔雀石天然地构成色彩灿烂、千姿百态的艺术造型,神韵绝妙,给人以盎然的春意,吉祥美好,四季常青,高雅而庄重,显示出无穷的生命力。广东省阳春市石菉铜矿所产之孔雀石被一致公认为质色俱佳的名贵石种。

广东阳春孔雀石矿的规模较大,产于花岗闪长岩类与古生代碳酸盐岩接触带的矿床氧化带内。据统计,阳春地区孔雀石的储量居全国之首。在该地曾发现一块巨大的孔雀石集合体,重达 9.97 吨,令人称奇。据报道,阳春地区发现一块罕见的孔雀石特大集合体重约 15 吨,这是目前已知孔雀石集合体之最。据报道,在阳春地区还发现有孔雀石猫眼。

# 第八章 玛瑙、玉髓和石英岩类玉

**内容提要**

本章首先介绍了玛瑙和玉髓的主要特征和分类、玛瑙和玉髓的工艺要求和质量评价、鉴别特征、产状和产地。特别介绍了最具收藏和观赏价值的水胆玛瑙的特征及成因。详细介绍了宜昌玛瑙的特征、主要品种及价值等。最后介绍了石英岩类玉石的一般特征。重点介绍了东陵石、河南密县的"密玉"、京白玉、贵州晴隆县所产的贵翠以及砂金石的宝石学基本特征等。

## 第一节 玛瑙和玉髓

### 一、概述

玛瑙是人类开发利用最早的宝石之一。也是佛教七宝(金、银、水晶、琥珀、珊瑚、砗磲及玛瑙)之一。

据考古发现,古埃及第四王朝(公元前约2500年左右)的项链中就有玛瑙石。我国早在石器时代就已认识了玛瑙,并利用玛瑙制作饰品和生活用品。在我国的南京新石器时代的北阴阳营文化遗址(距今五六千年)发掘出的随葬品中有不少色彩斑斓的玛瑙雨花石。

玛瑙广泛应用于工艺品、首饰制作等方面。玛瑙以绿、紫、红等色彩鲜艳者较为名贵,最为珍贵的是水胆玛瑙(图8-1)。由玛瑙制成的玛瑙切片具有很高的收藏和观赏价值。这些玛瑙切片的直径大多在 30 mm~200 mm,厚度在 3 mm~10 mm 之间,很薄,晶莹剔透,淋漓尽致地展示了玛瑙的纹彩。玛瑙质地坚硬、细腻,色彩绚丽,一经研磨便光华四射,流光溢彩。

2004年,一块玛瑙在北京数码大厦展出。这块被权威专家估价为9 600万元的大漠奇石,形成于2亿年前的火山喷发。它高约13 cm、宽8 cm、厚8 cm,重量在1 kg左右。是收藏者于1997年冬天在内蒙古西部的苏宏图地区寻到的奇石。2005年在北京举办的全国奇石展上,一块形如灵芝的玛瑙石被专家一致鉴定为价值2 800万元。据介绍,这块玛瑙石是在内蒙古西部苏宏图地区发现的,因其下半部形如嶙峋鸡骨而得名鸡骨玛瑙石。众位专家一致认定这是一块在白垩纪至侏罗纪期间形成于火山爆发的奇石,硬度极高。

图8-1 罕见的水胆玛瑙

玛瑙图案石更是令人爱不释手。玛瑙中的纹理组成了山水花卉、人物、动物、文字等图案,妙趣天成,图案惟妙惟肖,令人拍案叫绝。因此具有很高的观赏和收藏价值(图8-2)。同时由于玛瑙致密坚硬又耐磨,具有一定的韧性,故工业上常用于制作研钵、耐磨器皿及精密仪器上的轴承等。近年又拓宽了开发利用的范围,用于制作医疗保健品。玛瑙被列为结婚10周年的纪念石,又与橄榄石并列为八月诞生石,寓"生活幸福、和平美满"之意。

图8-2 缠丝玛瑙

## 二、主要特征

玛瑙和玉髓均为隐晶质石英集合体。其中具纹带构造隐晶质块体石英称为玛瑙。如果块体无纹带构造则称为玉髓。玛瑙的化学成

分以 $SiO_2$ 为主,还常含有微量元素,如铁、锰、镍等。晶体形态属隐晶质,具粒状、纤维状结构,集合体常为钟乳状、肾状、结核状、致密块状。玛瑙具有各种颜色的环带条纹。

玛瑙和玉髓纯者为白色,因含致色离子和杂质使玛瑙颜色非常丰富,为红、蓝、绿、葱绿、黄褐、褐、紫、灰、黑等色,且有同心状、层状、波纹状、斑纹状各样花纹。故有"千种玛瑙万种玉"之说。油脂光泽至玻璃光泽,透明至半透明。摩氏硬度 6~7,密度 2.61~2.65 g/cm³,无多色性,折射率 1.533~1.544,点测法 1.53 或 1.54。无解理,贝壳状断口或参差状断口,有裂纹。

玛瑙和玉髓呈致密块状构造,也可呈球粒状、放射状或微细纤维状集合体。

玛瑙和玉髓通常无紫外荧光,有时可显弱至强黄绿色荧光。无特征吸收光谱。呈现晕彩效应和猫眼效应等特殊光学效应。

## 三、主要品种

(一) 玛瑙

玛瑙按其中纹理的形状或色带的形态可分为如下几类。

1. 缠丝玛瑙

缠丝玛瑙又称条纹玛瑙。白色或无色条带相间,以细如游丝又变化丰富者为佳。

2. 截子玛瑙

截子玛瑙是指条纹黑白相间的缠丝玛瑙。

3. 合子玛瑙

合子玛瑙是指完全漆黑而有一丝白色条纹环绕的玛瑙。也称这种玛瑙为腰横玉带。

4. 缟玛瑙

缟玛瑙是指玛瑙中的条带以不同颜色相叠且相互平行的玛瑙。

5. 城寨玛瑙

城寨玛瑙又名堡垒玛瑙、城堡玛瑙。在缟玛瑙中有棱角状花纹,如同城郭纹饰故名。

玛瑙按其中所含的包裹体可分为如下两种。

1. 水胆玛瑙

水胆玛瑙是指含有液体、气体包裹体的玛瑙。包裹体形如水胆而得名。水胆玛瑙是玛瑙中最珍贵的品种。

2. 砂金玛瑙

砂金玛瑙是指含有红色的细小针铁矿晶体包裹体的玛瑙。小的针铁矿晶体能产生砂金效应。

(二) 玉髓

玉髓按颜色可分为以下3种。

1. 绿玉髓

绿玉髓因含氧化镍而呈苹果绿或粉绿色,亦称"澳洲玉"。我国又称"英卡石"。黄绿色的绿玉髓,亦称"黄绿玉髓"。

2. 蓝玉髓

蓝玉髓因产于我国台湾省,颜色似蓝宝石,故又称为"台湾蓝宝"。蓝玉髓中除蓝色外,常含有黄色和绿色色调。蓝色是因为其中含有含铜离子的硅孔雀石。

3. 黄玉髓

黄玉髓是一种新的玉石品种。于2004年发现于云南省保山市龙陵县,因其颜色呈黄色,又产于龙陵县,故又称为"黄龙玉"。在黄龙玉之前,该玉种被用作观赏石,称为"黄蜡石"。黄龙玉质地细腻,温润,呈半透明,油脂光泽,目前是深受人们喜爱的玉石品种之一。特别是在中华传统文化中,黄色是最为尊贵且具有神秘色彩的颜色,因而黄龙玉因其黄色和优良的质地为人们所喜爱和珍藏。

**四、工艺要求和质量评价**

玛瑙纹带要求清晰,纹带越细越珍贵。如果既有纹带又有美丽的红色和其他颜色者为高档玛瑙。玛瑙的颜色以红色和蓝色最佳,各色相间,色带分明者最佳。次为褐色和绿色。由于色彩美丽的玛瑙少见，故 20 世纪 60 年代以来，西方国家，尤其是德国和美国，采用各种方法给玛瑙着色，使其成为具有美丽色彩纹带的玛瑙。含液体包裹体的水胆玛瑙价值很高，其中的水胆越大越明显越好。

对玉髓类除了块体要求同玛瑙一样越大越好外，着重要求颜色纯正而美丽，其中绿玉髓和葱绿玉髓优质品比较珍贵。

### 五、鉴别

（一）原石鉴别

根据独有的纹带，玛瑙原石极易识别，主要应根据花纹构造以及颜色，鉴别和划分出各个品种。

（二）室内鉴别

室内鉴别包括进一步测定其密度、摩氏硬度，必要时进行矿物鉴定，特别是通过矿物鉴定可以严格而准确地把有纹带构造的玛瑙与碧玉区别开来。对一些颜色不美观的玛瑙、玉髓和碧玉，应进行分析，以了解它们都含有哪些微量元素，进而有可能通过某些方法（如加热处理）改变它们的颜色。如玛瑙成分中含一定量的 $Fe^{2+}$，则加热即可使 $Fe^{2+}$ 氧化为 $Fe^{3+}$，成为红色玛瑙。同时也可以鉴定该类宝石的孔隙度，以便确定染色后的均匀程度或选择哪种染色方法等。

（三）成品鉴别

玛瑙制品由于有纹带构造，很容易与其他玉石区别，但有些玉髓和碧玉类的小件制品（包括弧面型首饰品）容易与东陵石、密玉、碧玉等制品相混，可根据颜色、质地鉴别，必要时可测定相对密度加以区别。在一般情况下，有经验的鉴别者可以从外观上区别。如，东陵石或密玉制品不如玉髓制品光亮，质地也不够细腻，这同它们内部结构有很大关系（东陵石和密玉的矿物颗粒比玉髓的粒度大，因而表面相对粗糙一些）。

### 六、产状和产地

玛瑙主要产于火山岩裂隙及空洞中，也产于沉积岩层和砾石层及现代残坡积的堆积层中。玉髓产状与玛瑙相同。玛瑙和玉髓的著名产地有印度、巴西(红玉髓和血石)、俄罗斯、爱尔兰、美国、乌拉圭、埃及、澳大利亚(英卡石)、马达加斯加、墨西哥和纳米比亚等国。墨西哥、美国和纳米比亚还产有花边状纹带的玛瑙,称为"花边玛瑙"。美国黄石公园、怀俄明及蒙大拿州也产出有"风景玛瑙"。

我国玛瑙产地分布较广泛,主要有黑龙江、辽宁、内蒙、宁夏、新疆、西藏、湖北、山东等地。南京雨花台所产出的"雨花石",以玛瑙为主,也包括玉髓等小砾石。

(一) 宜昌玛瑙

宜昌玛瑙主要分布在宜昌县、枝江县和宜昌市郊。

玛瑙主要产在第四系早更新统砾石层中。主要呈分散状混杂在砾石层中,或被水流作用搬运到全新统的河漫滩沉积形成。

宜昌玛瑙娇小玲珑,根据不同的石质、色泽、纹理和不同的天然造型,而形成各具特色的优质观赏工艺品,令人赞叹。

宜昌玛瑙奇石扁圆润泽,石上纹理构成各种人物、山川、草木、虫鸟等天然图案,这些天然图案令人浮想联翩。

(二) 黑龙江省大、小兴安岭玛瑙

黑龙江省玛瑙石资源较为丰富,主要分布于大、小兴安岭山区,其产量曾在全国名列前茅。

1. 主要特征

黑龙江大、小兴安岭的玛瑙石颜色丰富多彩,主要有红、紫红、黑、灰白、灰绿、灰蓝及灰白、灰等色,多见同心圆状、环带状、平行层状、致密块状构造等,颜色及花纹变化多端,微透明—半透明,油脂光泽,质地较为坚硬,细腻光滑,颜色鲜艳明亮,抛光后光洁度较高,温润细腻,秀气典雅。其块体一般不大,大多为鸡蛋、鹅蛋般大小,少数为大块者,长达几十厘米。

韩振哲(2003)根据矿物的共生组合、围岩蚀变、矿体形状、矿石结构等特征,认为黑龙江大、小兴安岭玛瑙的成因与中—低温热液有关。矿物组合主要为玉髓、蛋白石、黄铁矿、方解石等。围岩蚀变主要有绢云母化、绿泥石化、黄铁矿化、硅化等。矿体形状多为圆状、椭圆状、规则状,部分为简单的脉状。矿石结构呈现胶状结构,以上均说明黑龙江大、小兴安岭玛瑙的成因属低温热液型。

2. 名石鉴赏

(1) 海底世界(12 cm×8 cm×8 cm)(图 8-3)。

这是一块集苔藓玛瑙、闪光玛瑙特征于一身的极具观赏价值的风景玛瑙石。自然类型有绿皮黑心或空腔空心,内生有水晶小晶簇等,基底颜色为黑色,质地细腻,光亮坚硬,边缘多包裹有绿色珊瑚状、水藻状绿泥石,形似海底珊瑚礁。当中有细小的闪光圆点,酷似鱼儿吐出的气泡,是由细小的空洞中生长的微小石英晶族,将入射光反射出来而形成。画面露中有藏,只见气泡不见鱼儿,使观赏者去联想那活泼可爱、奇形怪状、五颜六色的热带鱼群生机勃勃的生存场面,真可谓"画有尽而意无穷"。这块石表达了人们回归自然、享受自然的美好愿望,也提醒人类要保护海底生态环境。

图 8-3 玛瑙"海底世界"　　图 8-4 玛瑙"池塘月色"

(2) 荷塘月色(10 cm×6 cm×6 cm)(图 8-4)。

这是一块质地优良、景色优美的风景玛瑙石。画面中没有皎洁的月亮,只见在静静的池塘水面上荡漾着几缕淡淡的月光,映照出茂密的水草,再加上宁静的黑夜,使整个画面充满遐想,宁静动人,把池塘月色的景致表现得含蓄深邃,真是"水草多情月含羞"。

(3) 石珊瑚(7 cm×5 cm×5 cm)(图8-5)。

这块玛瑙形似珊瑚,石体中布满大小不等、形态各异的空洞,酷似珊瑚的形态。这种玛瑙的形成与风化作用相关。长期的风化作用或水流的冲刷作用使得其中的抗风化能力低的成分被分解,留下的则是坚硬的部分。

图8-5　玛瑙珊瑚

## 第二节　南红玛瑙

### 一、概述

南红玛瑙属于玛瑙的一个品种。鉴于近年来南红玛瑙深受玉石消费者和收藏者的青睐,市场行情看好。再加之南红玛瑙的产地较多,故将南红玛瑙单独进行介绍。

南红玛瑙古称"赤玉",是我国特有的玉石品种之一。南红玛瑙具有悠久的历史和文化。据考古发现,距今2 400多年前的战国贵族墓葬中已经出土有南红玛瑙的串饰。云南博物馆藏有古滇国时期的南红饰品。北京故宫博物院藏有清代南红玛瑙凤首杯,该南红玛瑙凤首杯为国家一级文物。

近年来,南红玛瑙已经在玉石市场上占有重要的一席之地,成为玉石爱好者和收藏者青睐的品种之一。例如,2011年3月,北京国际珠宝交易中心举办了国内首届以"稀世之珍——南红归来"为主题的南红玛瑙展览,掀起了南红玛瑙的消费和投资热潮。2017云南昆明国际石博会上,南红玛瑙已经成为该博览会上重要的玉石品种之一,引起了世界同行的广泛关注。

## 二、南红玛瑙的组成

1. 南红玛瑙的化学组成

南红玛瑙和普通玛瑙一样,其主要化学组成为 $SiO_2$。

2. 南红玛瑙的矿物组成

南红玛瑙的矿物组成主要为石英,并含有少量的赤铁矿、针铁矿等。其中含铁矿物呈密集斑点状分布,是南红玛瑙呈现红色的主要原因。

## 三、南红玛瑙主要产地

南红玛瑙主要产地包括:云南的保山、四川的凉山,以及甘肃迭部及金沙江流域等地。

1. 云南保山

云南保山南红玛瑙是产自云南省保山地区的一种红色石英质玉石。保山南红玛瑙赋存于第四系地层中,作为杏仁体填充于玄武岩内。

云南保山南红玛瑙的主要产区分为西山和东山矿区。西山矿区已有两千多年的开采历史,而东山产区的开采则很晚。西山矿区就是著名的杨柳矿区。

云南保山南红玛瑙颜色较其他种类红色玛瑙更为浓郁,呈现特殊的胶质感。其颜色主要呈现为浅红色、红色、深红色等,具油脂—玻璃光泽,透明—微透明。颜色纯正、均匀,凝重感和胶质感强,润度高,已经成为消费者和收藏者争相购买的主要玉石品种之一。

2. 四川凉山

四川凉山南红玛瑙主要产于凉山州美姑县和美姑县与昭觉县交界处的山区地带,产地主要包括洛莫依达乡(联合乡)、九口乡和瓦西乡一带。

四川凉山南红玛瑙的颜色主要为红色、橙红色、紫红色及白色和无色等。四川凉山南红玛瑙和云南保山南红玛瑙一样,以其特殊的胶质感和纯正的颜色,深受收藏者的青睐。

3. 甘肃迭部

甘肃南红玛瑙主要产于以迭部县为中心的甘南、陇南地区以及四川阿坝州的东北部。

甘南红玛瑙颜色纯正、鲜亮,通常为橘红色至大红色,少量偏深红色。甘南曾被公认为是南红的最好产区,但如今资源已基本枯竭。

甘肃南红玛瑙非常稀少、珍贵,具有很高的收藏价值。

## 第三节 黄 龙 玉

### 一、概述

黄龙玉因产于云南省龙陵县,颜色呈现黄色而取名黄龙玉。黄龙玉主色调为黄、红两色,兼有羊脂白、青白、黑、灰、绿等色。

黄龙玉是 2004 年发现的一个新的玉石品种。黄龙玉的主要特点是硬度和透明度较高、质地细腻,特别是黄龙玉的主色调为黄、红两色,深受中国传统文化的推崇,黄、红两色象征着富贵和吉祥。

黄龙玉中的"水草花"品种,其中水草的形态变化多端,似有流动构造,富有灵气。这种"水草花"具有较高的鉴赏与收藏价值。

### 二、黄龙玉的组成

化学成分:$SiO_2$;可含有 Fe、Al、Ti、Mn、V 等元素。

矿物组成:玉髓。

### 三、黄龙玉的鉴定特征

黄龙玉与玛瑙的鉴定特征基本一致。

(一)仪器鉴定

黄龙玉的鉴定特征主要包括:密度和折射率。

1. 密度:$2.60(+0.10,-0.05)g/cm^3$。

2. 折射率：1.54（点测法）。

（二）肉眼识别特征

黄龙玉的肉眼识别特征主要包括以下两方面。

1. 结构和质地特征

黄龙玉呈现隐晶质结构，质地一般较坚硬、致密、细腻，透明度高，呈现透明至半透明（图8-6）。结构和质地特征是肉眼识别黄龙玉的有效依据。

2. 光泽

黄龙玉具有玻璃光泽。光泽是肉眼识别黄龙玉的辅助手段。

图8-6 质地细腻的黄龙玉

### 四、黄龙玉的基本品质评价

黄龙玉的品质评价主要依据颜色、质地和花纹图案等。

（一）颜色

黄龙玉的颜色以黄色和红色为最佳。

（二）质地

优质黄龙玉的质地要求致密坚硬、细腻，呈半透明。

（三）花纹图案

具有花纹图案的黄龙玉（图8-7），其质量评价指标是所含图案是否形态逼真、分布均匀、排列自然有序，所含的子叶繁茂的"水草"状、"苔藓"状的图案是否逼真；图案所呈现出的山川秀美的国画般的形态是否具有韵味。能够达到此标准的黄龙玉，其价值会大大提高。

总之，对黄龙玉的评价要结合上

图8-7 含"水草"的黄龙玉

述要素进行综合考虑。但总体而言,颜色鲜艳、质地细腻、"水草"繁茂、形态逼真、富有韵味的黄龙玉其品质和价值很高。

## 第四节　石英岩类玉

### 一、概述

　　石英岩类玉石是较致密的块体或显微粒状集合体,有的因含有色矿物而出现美丽的颜色。包括京白玉、东陵石、密县玉、贵翠、台湾翠及砂金石等许多品种。

　　石英岩类玉石中包裹体矿物有蓝闪石、锂云母、铬云母、赤铁矿等。颜色呈白、绿、翠绿、浅蓝绿、紫、淡紫等色。摩氏硬度为7。密度$2.65 \sim 3.0 \text{ g/cm}^3$。玻璃光泽,不透明至半透明。

　　石英岩玉料要求细腻并致密,但通常都不够细腻。颜色要求翠绿色或暗绿色最佳,而且要求色正。紫色较深者较好,要求色正和明亮。砂金石褐色到深褐色者较好,因为石英岩玉的底色越深,则其中所含的云母片和氧化铁细小碎片的闪光效应就越明显,砂金现象也就越突出。

　　石英岩玉产于含石英岩的沉积地层中。主要产地有西班牙、印度、俄罗斯和智利。印度产的翠绿色东陵石,闻名世界,有"印度翡翠"之称。我国产地有河南密县、贵州晴隆县、台湾省及北京门头沟区等地。值得一提的是,最近在玉石市场上销售的一种新的玉石品种,商业名称为"冰莹玉",外观酷似"水沫子"(钠长石玉),这种"冰莹玉"属于矿物组成均一的显晶质石英岩玉。

### 二、东陵石

　　东陵石为宝石工艺名称,地质学上称铬云母石英岩。因大部分质量好的东陵石来自印度,又称"印度玉"。东陵石所含绿色鳞片状铬云母和其他矿物晶体,构成美丽的绿色带蓝色调。

(一) 宝石学特征

1. 矿物成分

东陵石为矿物集合体,主要成分为石英,占85%～90%,铬云母10%～13%,还含有金红石、锆石、黄铁矿、铬铁矿等,均占1%～2%。

2. 结晶特点

东陵石中石英属三方晶系,由细小石英颗粒组成,呈致密块状集合体。

3. 外观特征

东陵石半透明至微透明,质地细腻,绿色有深有浅,构成丝状或均匀状。

4. 物理性质

东陵石摩氏硬度6.5～7,密度2.63～2.65 g/cm$^3$,玻璃光泽,断口参差状,无解理。

5. 光性特征

偏光显微镜下测定东陵石中石英为一轴晶正光性,折射率在1.54～1.55。

6. 其他特征

查尔斯滤色镜下,东陵石呈褐红色,偏光镜下为集合体消光,分光镜下吸收光谱不典型。

(二) 其他矿物在东陵石中的分布特征

1. 铬云母

在东陵石中,铬云母含量十分丰富,形态根据变质程度的深浅,由自形晶至丝状。铬云母的形态及含量多少直接影响着东陵石外观的总体颜色。如云母片多而呈自形晶分布时,外观颜色较均匀,颜色的饱和度高,如呈丝状分布,则总体颜色呈丝状,且定向性较明显。

2. 铬铁矿

铬铁矿为等轴晶系矿物,放大镜观察黑色不透明,多呈自形晶或细小黑点状分布于铬云母中。从分布特点看,形成时间早于铬云母,被铬云母交代并包裹。当铬铁矿含量多时,直接影响整体颜色的美观程度。

3. 金红石

金红石为四方晶系,显微镜下观察,颜色多呈褐红色、橙黄色,形态各异,有晶形完好的四方柱、四方锥聚形晶,反射光下具金刚光泽,偏光显微镜下极高正突起,解理明显,干涉色为高级白色,平行消光,正延性。一般呈单颗粒分布于石英中。

4. 黄铁矿

黄铁矿为等轴晶系,显微镜下观察多呈浅黄色,不透明,反射光下显金属光泽,呈五角十二面体和立方体聚形的自形晶和等粒状晶形分布于石英中。

5. 锆石

化学成分 $Zr(SiO_4)$,主要成分 Si、Zr。锆石属于四方晶系,晶体呈褐红色,晶形呈四方柱和四方双锥聚形晶或不规则粒状。呈单颗粒状分布于石英中。

(三) 东陵石的鉴别

东陵石为石英族宝石中的多晶质品种,与其相似的宝石有密玉、贵翠、马来西亚玉。但它们组成的矿物特点不同,色形、质地均有差异,鉴别特征详见表8-1。东陵石最易相混的玉石为密玉,但密玉的透明度、颜色鲜艳程度都比东陵石差,质地却比东陵石细腻。经过切片观察,密玉中的石英颗粒太细小(粒径在 0.3 mm~0.9 mm 之间),在石英颗粒边部围绕的为细小绢云母(粒径在 0.003 mm~0.150 mm 之间)。

表8-1 东陵石与相似宝石的区别

| 特 征 | 东 陵 石 | 密 玉 | 贵 翠 | 马来西亚玉 |
|---|---|---|---|---|
| 成 分 | $SiO_2$ 90%<br>铬云母10%,最高达18% | $SiO_2$ 95%<br>铁锂云母3%~5% | $SiO_2$ 90%<br>地开石,或高岭石10% | $SiO_2$ 99%以上 |

续表

| 特 征 | 东陵石 | 密玉 | 贵翠 | 马来西亚玉 |
|---|---|---|---|---|
| 摩氏硬度 | 6.5～7 | 6.5～7 | 6.5～7 | 6.5～7 |
| 密度/($g \cdot cm^{-3}$) | 2.63～2.65 | 2.63～2.65 | 2.63 | 2.63～2.65 |
| 颜 色 | 浅绿到暗绿色 | 浅灰绿色 | 淡蓝绿色 | 艳绿色 |
| 颜色分布特点 | 色形为细小丝状分布,较均匀 | 颜色分布均匀,色不明快 | 绿中闪蓝,色不均匀,有鬃眼或条带 | 艳绿色,绿色不均匀呈丝状 |
| 折射率 | 1.545～1.554 | 1.550左右 | 1.545左右 | 1.545～1.550 |
| 透明度 | 半透明 | 微透明 | 微透明 | 透明—半透明 |
| 分光镜观察 | 无特征吸收光谱 | 无特征吸收光谱 | 无特征吸收光谱 | 红区660～680 nm处有一宽吸收带 |
| 荧光 | 无反应 | 无反应 | 无反应 | 长波紫外光下呈惰性,短波紫外光下显暗绿色荧光 |
| 查尔斯滤色镜下 | 褐红色 | 不变色 | 不变色 | 不变色或变粉红色 |
| 产地 | 非洲巴西 | 河南密县 | 贵州晴隆 | 产地不详 |

注：据李娅莉,2005。

东陵石当颜色鲜艳时,也常用来仿翡翠,但不具翡翠的结构特点及其物理性质(表8-2)。东陵石由于自然资源丰富,且价格低廉,属于一种低档玉石。

表8-2 东陵石与翡翠的区别(据李娅莉,2005)

| | 东陵石 | 天然翡翠 | 染色翡翠 |
|---|---|---|---|
| 折射率 | 1.550左右 | 1.66左右 | 1.66左右 |
| 密度/($g \cdot cm^{-3}$) | 2.63～2.65 | 3.30～3.36 | 3.30～3.36 |

续表

|  | 东陵石 | 天然翡翠 | 染色翡翠 |
|---|---|---|---|
| 二碘甲烷重液中(3.32) | 漂浮 | 悬浮或缓慢下沉 | 悬浮或缓慢下沉 |
| 查尔斯滤色镜 | 褐红色 | 不变色 | 变粉红色或不变色 |
| 分光镜 | 无特征吸收光谱 | 红光区可显示三条吸收线,紫光区普遍吸收,紫光区 437 mm 处可见一吸收线 | 有从 650～670 mm 的吸收带,紫区普遍吸收 |

## 三、密玉

密玉因产于河南密县而得名。密玉质地坚硬、细腻,色泽鲜艳、均匀,含杂质极少。密玉有红、白、青、黑、绿五种颜色,其中绿色密玉,质地翠绿、透明,最为珍贵,1958 年被国家轻工部命名为"河南翠"。

密玉矿位于河南密县牛店头,产出在震旦系中统马鞍山组石英岩中,矿体为彩色石英砂岩(涂怀奎,2000)。矿层一般厚 2 m,最厚 3.4 m,最薄 0.2 m,断续延长约 1 670 m。密玉矿 1960 年发现,年产绿玉 200 吨,黑玉 2 吨。

据记载,早在三千多年前,已出现密玉制成的器件,而且雕刻工艺达到了很高的水平。当代密玉雕刻专业人士所创作的密玉玉雕名品被载入《中国名优特新产品精选》一书。其中"攀登世界最高峰"大型密玉雕件珍品曾被周恩来总理誉为"国宝",现存于上海工业展览馆。

2000 年一件大型玉雕精品"游春图"在上海展出(图 8-8)。这件大型玉雕精品采用特大型密玉雕刻而成。该玉雕体高

图 8-8 密玉《游春图》

1.20 m、宽 0.70 m、厚 0.65 m，重 0.85 吨。堪称我国密玉玉雕工艺史上绝妙的艺术珍品。

密玉主要用来制作玉器和首饰。尤其是绿色密玉具有翡翠的特征，价值最高，其饰物或艺术品在国内深受人们喜爱。密玉因其质优品精而载誉海内外，产品远销东南亚、美洲、非洲及欧洲的五十多个国家和地区，深受人们欢迎。

(一) 密玉的基本特征

1. 矿物组成

密玉主要由石英(97%～99%)组成，并含少量绢云母、锆石、电气石、金红石、磷灰石、燧石、泥质物等。

2. 化学组成

密玉属石英质玉，化学成分（质量百分比）：$SiO_2$ 98%，$Al_2O_3$ 0.22%，$Fe_2O_3$ 0.43%，MgO 0.05%，CaO 0.1%，$K_2O$ 0.3%，并含有微量 $Na_2O$ 和 $TiO_2$。

3. 结构和构造

密玉结构以中细粒花岗变晶、镶嵌为主，偶见粗粒结构。块状构造。摩氏硬度为 7，密度为 2.7 $g/cm^3$。

(二) 品种及质量要求

根据密玉的颜色、块度以及质地将其原石分为三级（表 8-3）。

表 8-3 密玉的工艺分级简表

| 等级 | 工艺要求或规格 |
|---|---|
| 一级 | 呈鲜艳的深绿、翠绿、白色，光泽强，透明度高。质地致密、细腻、坚韧、光洁。无杂质、裂纹及其他任何缺陷。块重 7 kg 以上。 |
| 二级 | 呈鲜艳的绿色、豆绿、白色，光泽强，半透明至微透明。质地致密、细腻、坚韧。无杂质、裂纹等缺陷。块重 5 kg 以上。 |
| 三级 | 呈浅绿、棕红、白色，光泽强，微透明。质地致密、细腻、坚韧。略有杂质、裂纹等缺陷。块重 5 kg 以上。 |

四、京白玉

京白玉呈白色，岩性为致密块状石英岩，有时含有少量碳酸盐矿物。京白玉颜色均一,很少含有杂质矿物,石英颗粒细小,粒径一般小于 0.2 mm,玻璃光泽,摩氏硬度为 7,密度为 2.65 g/cm³,折射率为 1.54。

玉石呈粒状结构,矿物颗粒之间直接紧密镶嵌,其间没有纤维状细小矿物晶体。抛光后外观类似软玉中的白玉,而且最初发现于北京门头沟区,故称"京白玉"。京白玉性脆。与白玉相比,其韧性差,但透明度高于白玉。京白玉产于震旦系沉积地层中。

京白玉质地细腻,肉眼观察颇似青白玉和翡翠。它们的区别在于京白玉的密度小,折射率低,呈粒状结构。市场上多用染成绿色的京白玉类石英岩来冒充翡翠,鉴别时需特别注意。

### 五、贵翠

贵翠是一种含高岭石的绿色到淡绿色细粒石英岩,因产于贵州晴隆县而得名。玻璃光泽,不透明。摩氏硬度为 7,密度为 2.65 g/cm³ 左右。产于二叠纪峨眉山玄武岩中,与辉锑矿共生。

贵翠质地较细腻,但由于含有绿色高岭石矿物,因此其颜色不像东陵石和密玉那样鲜艳,而且高岭石的鳞片也不太明显,分布不均匀,因此贵翠的颜色多呈分布不均匀的带灰色色调的淡绿色。肉眼粗略观察,其外观很像劣质的翡翠。

### 六、安徽霍山玉

霍山玉因主要产于安徽省六安市霍山县而得名。除此之外,大别山、江淮及长江中下游地区也有少量霍山玉的分布,故又称为徽玉。

霍山玉的玉质属于石英质玉类。主要矿物组成为玉髓。霍山玉的颜色丰富,以黄色、红色和白色为主,其次为黑、灰、绿等色,还包括多色的五彩玉和水草花等(图 8-9)。

图 8-9 霍山玉中的水草花

值得一提的是,霍山玉中的水草花玉的形成是由于富含锰质和铁质的溶液沿着玉石的微裂隙渗透、沉淀,最终形成形态各异、色彩斑斓的形似水草花或国画的逼真图案,栩栩如生,极具神韵和观赏价值。

2017年徽玉成功入选2017年哈萨克斯坦阿斯塔纳世博会纪念章用玉。该纪念章作为礼品赠送与会的各国政要。徽玉纪念章以我国传统的中华玉龙为设计原型,与"一带一路"、"千年丝路"的主题相得益彰。纪念章造型典雅,玉质细腻温润,工艺精湛。

### 七、砂金石

砂金石产于黄色或褐色不透明的石英岩中,因含有云母片和氧化铁细小碎片,闪耀金星般的光芒,故又称"金星石"。仿造的砂金石是用褐色玻璃和铜粉经人工烧制而成,亦称"假砂金石"或"假金星石"。

值得一提的是,根据2017版珠宝玉石名称国家标准,只有石英岩类玉石大类。本书暂且将密玉、京白玉、贵翠、霍山玉和砂金石归在石英岩类玉石中,其目的是为了说明这五种玉石均为石英岩,但又具有各自的特点。这一点并不与国家标准相矛盾。

# 第九章　云母质玉石、查罗石、大理石和蓝田玉

**内容提要**

本章首先介绍了云母质玉石的一般特征。主要介绍了20世纪70年代末期在新疆发现和确立的一个玉石新品种——丁香紫玉以及被誉为"石中瑰宝"的广东广宁县的广绿石、新疆阿尔泰山所产的"阿山玉"和陕西商南县所产的商洛翠玉等的主要特征及其鉴别特征。其次介绍了查罗石的主要宝石矿物学特征以及成因和产地等。再次介绍了大理石的主要特征、工艺分类、玉雕用的大理石的质量要求以及大理石的成因和产地。重点介绍了艳色方解石、具有贯穿双晶的方解石以及针状方解石的主要产地。最后介绍了蓝田玉的矿物组成、化学成分、结构构造,以及蓝田玉的种类和成因。

## 第一节　云母质玉石

### 一、概述

云母是含钾、铝、镁、铁、锂等的层状结构铝硅酸盐矿物,单斜晶系,常呈片状、板状、柱状等形态;集合体常为细小片状、鳞片状、致密块状。摩氏硬度2~3,密度2.7~3.2 g/cm³。在其致密块状集合体中,凡色泽艳丽、质地细腻、坚韧光洁、块度较大者,均可用作玉雕材料,称为"云母质玉"。已知品种在我国有丁香紫玉、广绿石、阿山玉等。

### 二、丁香紫玉

丁香紫玉简称丁香紫,是杨汉臣等于20世纪70年代末期在新

疆发现和确立的一个玉石新品种,由锂云母组成。因其颜色如紫色的丁香花而得名。

丁香紫玉的岩性为锂云母岩。玉石具显微鳞片变晶结构,致密块状构造。颜色为玫瑰色、紫色、淡紫灰、灰色。珍珠光泽至丝绢光泽。玉石半透明。摩氏硬度为 $2.22\sim2.67$,密度为 $2.85\ \text{g/cm}^3$,性脆。由于硬度较低,易于琢磨抛光,而且加工后的玉石工艺品或戒面等首饰色泽柔和,因而很受人们的喜爱。但由于其硬度太低,抛光时容易磨毛。

丁香紫玉主要用来制作玉器,如人物、动物、器皿等。如"塔炉"、"六环象炉"、"李白醉酒"等。优质丁香紫玉可用来制作首饰,如戒面、手镯、坠子、项链等。

世界出产锂云母质玉石的国家有巴西、前苏联、瑞典、马达加斯加、美国、纳米比亚、津巴布韦等。巴西出产红色锂云母晶体。中国的锂云母质玉石(丁香紫玉)已在新疆、陕西等地发现。

陕西的丁香紫玉产于陕西省商南县凤凰寨及洛南县峦庄—曹营一带,其矿体产于花岗伟晶岩中,玉石质地致密细腻,具丁香花的淡紫色,有紫红、玫瑰红、淡粉红等色,半透明,矿体富集地段每立方米矿石可获得玉料 $49\ \text{kg}$。该地所产的丁香紫玉属中档玉石。

### 三、广绿石

广绿石又称"广绿玉"或"广东绿",素有"石中瑰宝"之美誉。产于广东省广宁县,因其颜色主要为墨绿色、质地致密细腻坚韧如玉而得名。广绿石主要用于中小型工艺品雕刻,质优者用作印章石,较为名贵。广绿石是我国印石中的"五大名石"之一。

(一)广绿石的一般特征

1. 颜色

广绿石以呈绿、浅黄、乳白、黄绿色者为上品,特别是呈纯绿、浅黄色较为难得。广绿石品种繁多,其中翠绿色者称碧翠,白中带绿者称为丛林积雪,黄中带绿者称黄玫瑰,黄中带红者称为秋景,绿中带金黄色星点者称为绿海金星,白色夹有绿色条纹者称碧海云天,牛角色微透明,形似"冻"者称"广绿冻"。而又以前面四种最为名贵。

2. 矿物成分

广绿石是一种蚀变绢云母岩,是花岗岩类岩石遭受浅成热液蚀变和强烈水化作用而形成的。其组成矿物主要为绢云母,其次为绿泥石,还有微量的磷灰石和金红石等。

3. 化学成分

广绿石的主要化学成分为 $SiO_2$（41.38%～74.99%）,$Al_2O_3$（29.94%～36.69%）,$K_2O$（6.83%～11.24%）。此外,墨绿色品种中含较多的 $MgO$（11.44%）和氧化铁（4.47%）,杂质成分含量较少。

4. 主要性质

广绿石呈油脂光泽—蜡状光泽,微透明—半透明。质地细腻、有滑感。摩氏硬度 3.5～4,密度 2.85 $g/cm^3$。

（二）广绿石的工艺分级

按颜色、质地等工艺特征,可将广绿石分为三个等级（表9-1）。其玉材可用以制作图章、风景、花鸟、人像、佛像、动物等工艺美术品。

表9-1 广绿石工艺分级表

| 等级 | 工艺要求或规格 |
|---|---|
| 一级 | 颜色鲜艳纯正,质地温润如冻石,隐晶质块体。可制精美玉器、图章。 |
| 二级 | 颜色丰富,质地致密细腻,隐晶质块体。可制中级工艺品。 |
| 三级 | 颜色丰富多彩,但不均匀,质地致密细腻,不透明。可制粗犷的工艺品。 |

四、阿山玉

阿山玉（Altay jade）为隐晶质白云母集合体,以产于新疆阿尔泰山而得名。其矿体赋存于花岗伟晶岩的内部结构带中,常与块体微斜条纹长石、石英等共生。玉石由微晶白云母、石英等组成,其粒径为 0.005～0.01 mm。呈团块状或卵圆状,最大者为 55 cm×40 cm×40 cm,质地致密细腻。颜色为浅绿色,有时可见青灰色,半透明。摩氏硬度为 5.8～6.2。抛光后色泽鲜嫩,能给人一种心静、清凉之感。分布广泛,易于开采。

### 五、商洛翠玉

商洛翠玉产于陕西省商南县。商洛翠玉是一种隐晶质致密块状的白云母岩。玉石呈胶状结构,因其色绿如翡翠,故名商洛翠玉。产出于赵川北震旦系灯影组米黄、肉红色白云质结晶灰岩的断裂带中,由风化淋滤作用而形成。玉石单个玉脉最长达 2 m,厚数厘米,质纯细腻,微透明,摩氏硬度 3.5～4,有绺裂和白色杂质小块者可制装饰品,大块用于雕刻材料。

## 第二节 查罗石(紫硅碱钙石)

### 一、概述

查罗石是英文名称 Chamite 的音译。它是前苏联于 1960 年发现的一种新矿物的名称。该新矿物学名为紫硅碱钙石。发现地为贝加尔恰洛河附近。

1973 年查罗石作为玉石新品种出现在宝玉石市场上。紫硅碱钙石含量在 70% 以上,颜色艳丽、花纹清新、质地细腻者为优质玉石,纯净透明者可作翻型或蛋圆形首饰戒面。

### 二、主要特征

(一)矿物组成

查罗石的主要组成矿物为紫硅碱钙石,可含有绿黑色霓辉石、绿灰色长石、橙色硅钛钙钾石等。

### (二)化学成分

查罗石的主要矿物紫硅碱钙石的晶体化学式为 $(K,Na)_5(Ca,Ba,Sr)_8(Si_6O_{15})_2Si_4O_9(OH,F)\cdot 11H_2O$。

### (三)结晶状态

岩石为结晶质、块状或纤维状集合体。

## 三、物理性质

### (一)颜色

查罗石常见的颜色有紫色、紫蓝色,可含有黑、灰色、白色或褐棕色色斑。

### (二)光泽

查罗石常呈玻璃光泽至蜡状光泽。

### (三)解理

紫硅碱钙石具三组解理,集合体通常见不到解理。

### (四)硬度和密度

紫硅碱钙石的摩氏硬度为 5~6。相对密度为 $2.68(+0.10,-0.14)g/cm^3$,因成分不同而有变化。

### (五)折射率

紫硅碱钙石的折射率范围为 $1.550$~$1.559(\pm 0.002)$,随成分不同有所变化。双折射率为 0.009,集合体折射率通常不可测。

### (六)光性特征及其他特征

紫硅碱钙石为非均质体,二轴晶,正光性。常为非均质集合体,而难以测得其矿物光性。紫外荧光:长波下荧光呈无至弱,斑块状红色;短波下无紫外荧光。吸收光谱不特征。

放大检查:纤维状结构,含绿黑色霓石、普通辉石、绿灰色长石等矿物的色斑。无特殊光学效应。

## 四、成因和产地

查罗石—紫硅碱钙石岩,是一种赋存于正长岩岩体中,由交代作用形成的岩石,霓石化显著。紫硅碱钙石是交代岩中的主要矿物成分,占矿物总量的50%～90%。该玉石矿床产在前苏联雅库特境内的穆伦地块上。

## 第三节　大理石、蓝田玉和阿富汗玉

### 一、大理石

(一)概述

大理石是石灰岩经变质后的产物,我国以云南大理苍山所产的大理石最佳,故名大理石。大理石质感柔,美观庄重,格调高雅,花色繁多,是装饰豪华建筑的理想材料,也是工艺美术品雕刻的传统材料。

大理石的主要矿物为方解石。无色透明的方解石晶体称为冰洲石,以发现地冰岛命名。

冰洲石是一种十分重要的光学材料。人们利用它的高双折射率制作具有重要光学用途的"尼科尔棱镜",这使它的价格一直居高不下。一些大块优质的冰洲石每kg售价常在万元以上。冰洲石不仅广泛使用于光学领域,而且它的某些品种也是宝石爱好者收藏的珍品,是许多宝石收藏家竞相寻觅的对象。

例如,我国湖南的一种红色的含汞的冰洲石,其深红的颜色十分诱人。美国华盛顿斯密逊博物馆就存有两颗产自墨西哥和加利福尼亚的金黄褐色冰洲石,分别重75.8克拉和45.8克拉。加拿大卡尔加里狄沃则藏有一颗含钴的蓝色冰洲石,重7.5克拉,系西班牙所产。

据报道,在湖北鹤峰县三叉溪发现了一种新型的彩玉石原料——百鹤玉,亦称生物型大理石。该产地距鹤峰县城约6公里。百鹤玉赋存于下志留统罗惹坪组生物灰岩段,主要由方解石组成,其次有石英、长石、云母及微量的锆石、电气石等。具生物结构、生物泥质粉砂结构,含丰富的古生物化石,如海百合茎、苔藓虫、珊瑚和腕足类。生物化石有的呈同心圆状、串珠状、贝壳状,有的呈放射状、叶片状或其他不规则状,个体大小悬殊,粒径 0.02 cm～4.5 cm 不等。由不同生物个体或不同矿物集合体相互穿插、巧妙连接,组成了褚红、乳白、浅灰等色彩斑斓的海底世界,再现了四亿年前古生代海相生命的自然之美,具有较高的观赏性和趣味知识性。湖北的百鹤玉石质坚硬、色调均衡、花纹别致,具有良好的抗拉、抗压和抗折能力,宜于各种雕刻工艺,具有广阔的发展前景。

(二)主要特征

1. 矿物组成

大理石的主要组成矿物为方解石,可含有不等量的白云石、菱镁矿等矿物。

2. 化学成分

大理石中方解石的化学式为 $CaCO_3$,可含有 Mg、Fe、Mn 等元素。

3. 结晶状态

方解石常呈晶质体和晶质集合体状态产出。晶体属三方晶系。结晶习性和形态的多样性超过世界上任何一种矿物。常见晶形有板状、长柱状、菱面体、偏三角面体,双晶常呈蝴蝶状和燕尾状(图 9-1)。

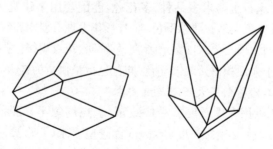

图 9-1　方解石的蝴蝶状和燕尾状双晶

4. 物理性质

方解石可呈各种颜色,常见有白色、黑色和各种花色。晶体呈玻璃光泽至油脂光泽。具三组完全解理。摩氏硬度为3,密度为$(2.70\pm0.05)$g/cm$^3$。

光性特征：方解石为非均质体。无多色性。折射率为1.486~1.658,双折射率为0.17。大理石属集合体,故双折射率不可测。

吸收光谱：大理石由于不纯净可出现吸收线。

放大检查：大理石呈粒状结构、片状或板状结构,可见方解石三组解理发育。

特殊性质：加盐酸起泡。

（三）工艺分类

大理石的品种划分和命名原则不一,有的以产地和颜色命名,如丹东绿、铁岭红等；有的以花纹和颜色来命名,如雪花白、艾叶青；有的以花纹形态来命名,如秋景、海浪；有的是传统名称,如汉白玉、晶墨玉等。因此,因产地不同常有同类异名或异岩同名现象出现。

我国所产大理石依其抛光面的基本颜色,大致可分为白、黄、绿、灰、红、咖啡、黑色七个系列。每个系列依其抛光面的色彩和花纹特征又可分为若干亚类,如：汉白玉、松香黄、丹东绿、杭灰等。大理石的花纹、结晶粒度的粗细千变万化,有山水型、云雾型、图案型（螺纹、柳叶、文像、古生物等）、雪花型等。现代建筑是多姿多彩不断变化的,因此,对装饰用大理石也要求多品种、多花色,能配套用于建筑物的不同部位。一般对单色大理石要求颜色均匀；彩花大理石要求花纹、深浅逐渐过渡；图案型大理石要求图案清晰、花色鲜明、花纹规律性强。总之,花色美观、便于大面积拼接装饰、能够同花色批量供货为佳。

（四）工艺雕刻用大理石质量要求

工艺雕刻用大理石要求结构致密,颗粒均匀不易脱落,无裂隙,无包裹体,颜色、花纹、块度、形状符合造型要求,一般要求体积大于0.15 m$^3$。如用于室外,不需岩面新鲜,但要求抗风化性好,吸水率低。

（五）宝玉石学工艺及特征

由于大理石中方解石晶体解理很发育,因此很难进行翻光面加工。据王寒竹等（1997）研究,可用Linde A粉在蜡质、沥青质或木质磨盘上抛光。相比之下,阶梯形琢型比圆形多面体琢型容易加工。顶部翻光面角度最好为42°,底部翻光面角度为43°。块状石料一般用于雕刻或制作凸圆形,加工难度不大。采用氧化锡抛光,效果很好。大理石一般用作石材或装饰石料,优质者可作工艺制品(花纹色彩好者),如云南的"云石"、"云南灰",北京的"艾叶青"、"芝麻花"、"螺丝转"、湖北的"云彩"、"福香"、"雪浪"、"紫纹王"、"红花玉"、"残枫"、"银荷"等。

"云石"是一种具有山水画花纹的大理石,在白色或浅灰色背景上由灰、深灰、褐、浅黄褐等俏色勾画出"丛山"、"险峰"、"彩云"等花纹,非常美观。"云石"是名贵的彩石,常用作工艺制品。如"石屏风"等摆件。我国最晚在公元前12世纪的殷代,已将大理石用作石雕材料。

(六)成因和产地

大理石是由石灰岩遭受区域变质或接触变质而形成的。粗大的方解石(含冰洲石)晶体是热液作用产物,国内外产地很多。优质方解石晶体产地有冰岛的埃斯基菲约德、英格兰的德比郡等,德国的安德列亚斯堡,还有罗马尼亚、墨西哥、美国等。大理石在国外主要产于美国弗蒙特州等地,国内产地有河北、北京、湖北、云南等许多省、市、自治区。

世界上最著名的艳色方解石产地有:西班牙所产钴方解石,其颜色有玫瑰红、胭脂红、紫色等。墨西哥产有鲜红色、半透明的方解石。俄罗斯西伯利亚产有褐黄色、淡黄色的方解石。美国产有透明度很好的金黄色方解石。

我国也有艳色方解石的产出。据报道,在江西省广丰县锰矿附近发现了较透明的紫色方解石;浙江省湖州市弁山地区出产一种灰黄色和墨色的方解石;四川省甘洛县有金黄色方解石的产出;湖北省罗田县产有墨绿色的方解石。

## 二、蓝田玉

(一)概述

蓝田玉因产于陕西省西安市蓝田县而得名。蓝田玉是一种蛇纹石化大理岩,是由我国地质工作者于20世纪70年代在陕西蓝田县发现的一种玉石。蓝田县位于西安市东南,县城距西安40公里。县境除东、南部为秦岭山区外,余为川原丘陵地带。绕流长安的八水中的灞河和浐河即发源于此,著名的白鹿塬便夹于灞、浐河之间。战国时期,秦置蓝田县,因为玉之美者曰蓝,该县产美玉,故名蓝田玉。

考古资料证明,蓝田玉是我国开发利用最早的玉种之一,迄今已有4 000多年的历史。我们的祖先至少在新石器时代晚期就发现了蓝田玉具有坚硬的品质、细腻的纹理与美丽的颜色,用之制造工具和礼器。陕西历史博物馆珍藏的125件神木石峁龙山文化玉器中,就有一件用蓝田玉制作的菜玉铲。铲呈草绿色,刃端并夹有浅褐色,长梯形,体扁薄,平直背残一角,刃微斜,圆穿偏于一边,长16.8 cm,宽7.5 cm,极薄锐,厚仅0.2 cm。到了战国时期,蓝田玉得到较大规模的开发,甘肃天水市发现的战国大玉钺,有着蓝田玉特有之绿灰色和斑驳的纹理。该大钺体扁平作板铲状,宽弧刃,两角翘出。钺体两侧有美丽的内收弧线并各透雕两个长方形孔。因其功能为礼仪用器,不便装柄,故于装柄部位开一方形缺口来表示此即装柄之部位。钺末端作凤鸟或云朵状,前接一张口卷尾虎。钺体两面花纹相同,各以浅浮雕镌出兽面纹。其形象横眉内勾,"臣"字形眼,形鼻,鼻翼两旁吊下垂外撇之长髯。兽面纹上方,各有弓形突纹左右对称,并向下延伸囊括兽面而闭合之,于是形成与突弧刃平行的一道弧线纹。接近透孔的钺面各饰有战国秦特有的方折卷云纹,旁填S纹。近柄部缺口旁雕平行的二道直线纹,与柄缺对应处有二圆点纹。末端两面亦饰方折卷云纹和圆虺纹。华丽壮伟,精美异常,给人以庄严神秘与强烈的震撼。古时秦始皇的传国玉玺即以蓝田玉制成。唐代的达官贵族以佩戴蓝田玉而显尊贵。

目前,蓝田玉以其独特的风格走俏市场。蓝田玉主要用于精美玉雕、美术工艺品、高品质的装饰材料及特色保健用品等,档次规格丰富,产品花样繁多。

(二) 基本性质

蓝田玉的颜色主要有白色、灰色—灰白色、浅黄—黄色、浅绿—墨绿、黄绿色,少量黑色,基色一般较浅,为白色、灰白色、灰色、浅黄色、浅绿色、浅黄绿色。花纹一般比基色较深,以黄色、绿色、墨绿色、黑色为主。

蓝田玉一般呈蜡状光泽,特别是蚀变较强的微晶蛇纹石、绿帘石、石英、绿泥石团块,更具蜡状光泽,抛光后光泽清澈柔和。玉石总体为不透明—微透明,质地细腻者为半透明,其中的蛇纹石、绿帘石、绿泥石含量较高的团块透明度较高。

蓝田玉的平均密度为 $2.66 g/cm^3$,摩氏硬度介于 3.5～7 之间。一般质地细腻且绿帘石、石英含量较高者,其摩氏硬度较高,可达 5～7。而质地较粗,不含绿帘石、石英,或绿帘石、石英含量较低者,其摩氏硬度则较低,一般为 3.5～4。

(三) 质量

1. 矿物组成和化学成分

据张娟霞等(2002)研究,蓝田玉的主要组成矿物为方解石、白云石、石英、绿帘石、蛇纹石(叶蛇纹石),次要矿物为绿泥石、透辉石、透闪石、白云母、绢云母、长石、橄榄石、滑石和铁质矿物。

矿石的主要化学成分为 $CaO$、$MgO$、$SiO_2$、$CO_2$、$Al_2O_3$。

2. 结构构造

蓝田玉的结构主要有细粒花岗变晶结构、交代残留结构、显微鳞片变晶结构、不均匀粒状、纤状变晶结构。玉石的主要构造有块状构造、条纹条带状构造、团块状构造、斑杂状构造和云雾状构造。

3. 蓝田玉的类型

依据蓝田玉的结构构造、颜色、花纹等特征可将其划分为块状矿石、团块状(含斑杂状)矿石、条纹条带状矿石和云雾状矿石。

依据蓝田玉的颜色,可将其划分为以下三种类型(张娟霞等,2002)。

(1) 墨玉。

墨玉颜色呈深灰色、黑色。矿区内比较少见,故比较珍贵。主要以团块状出现,团块大小一般 2 cm～15 cm,多为黑色蛇纹石集合体及原岩中含炭质的泥质团块的蚀变产物。

(2) 白玉。

白玉颜色呈纯白色—浅灰白色,可具有极少量其他颜色的斑点和花纹。一般质地细腻,肉眼无法分辨颗粒界线,贝壳状断口或油脂状断口者可称为脂白玉。其质地较粗,肉眼可分辨颗粒大小界线,抛光面上具有晶面反光闪烁者可称为晶白玉。

(3) 彩玉。

彩玉的主色调为一种颜色或略带其他颜色的彩色矿石,或多种颜色共存的彩色矿石统称为彩玉。如黄玉、绿玉、青玉等。

(四) 成因

蓝田玉在成因上属于区域变质—接触交代变质型矿床。

## 三、阿富汗玉

阿富汗玉主要产自阿富汗、土耳其和伊朗等国家,以阿富汗为主,因此称为阿富汗玉。阿富汗玉最大的特点是其玉质细腻温润,颜色以白色为主,与和田玉在外观上非常相似,因此,一般消费者常常误将阿富汗玉当成了品质上乘的和田玉。

(一) 组成特征

阿富汗玉的化学组成主要为 $CaCO_3$,可含有 Mg、Fe、Mn 等元素。

阿富汗玉的主要矿物组成为方解石,可含有少量白云石、菱镁矿、蛇纹石、绿泥石等矿物。由于阿富汗玉的主要矿物为方解石,因此遇盐酸会起泡。

(二) 基本性质

颜色:阿富汗玉的颜色通常以白色为主。

结晶状态:晶质集合体。

光泽:玻璃光泽至油脂光泽。

摩氏硬度：3～5。
密度：2.70(±0.05)g/cm³。
折射率：1.486～1.658。
光性特征：非均质集合体。

(三) 阿富汗玉与和田玉的鉴别

1. 肉眼识别

(1) 光泽。

和田玉具有明显的油脂光泽，而阿富汗玉的光泽为玻璃光泽—油脂光泽，因此其光泽较和田玉弱。光泽是肉眼识别阿富汗玉与和田玉的主要标志之一。

(2) 纹理。

肉眼观察，大部分的阿富汗玉具有明显的密集平行排列的纹理。而和田玉则无此现象。平行纹理是肉眼识别阿富汗玉与和田玉的最主要标志。

(3) 结构观察。

阿富汗玉由于其组成矿物方解石的颗粒相对比较大，因此，借助10倍放大镜观察其内部颗粒感较强。而和田玉由于其组成矿物透闪石的粒径细小，所以质地较阿富汗玉更加细腻温润。

2. 仪器鉴定

(1) 密度。

阿富汗玉的密度为2.70(±0.05)g/cm³。和田玉的密度为2.95(+0.15,−0.05)g/cm³。两者具有明显的差异。

(2) 折射率。

阿富汗玉的折射率为1.486～1.658。和田玉的折射率为1.606～1.632(+0.009,−0.006)，点测法：1.60～1.61。

(3) 摩氏硬度。

阿富汗玉的摩氏硬度为3，而和田玉的摩氏硬度为6～6.5。因此小刀可以刻划阿富汗玉，但刻划不了和田玉。特别需要指出的是，小刀硬度的刻划测试是具有破坏性的，应谨慎选择使用。

(4) 光谱检测。

阿富汗玉与和田玉在红外光谱和拉曼光谱上都具有明显不同的吸收峰,因此,红外光谱和拉曼光谱测试是鉴定阿富汗玉与和田玉的快速、有效的方法(图9-2、9-3)。

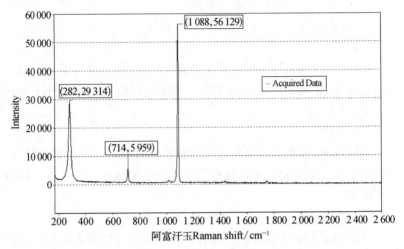

图9-2 阿富汗玉的拉曼光谱

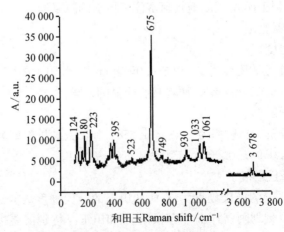

图9-3 和田玉的拉曼光谱

# 第十章 蔷薇辉石玉、青海翠玉、华安玉和符山石玉

**内容提要**

本章首先介绍了蔷薇辉石玉的一般特征、主要品种、鉴别特征、质量及工艺要求以及主要产地。其次介绍了青海翠玉的主要宝玉石矿物学特征、分类及产地。特别介绍了目前市场上出现的一种与青海翠玉在外观上极其相似的玉石——白云石—伊利石质玉的主要鉴别特征。最后介绍了华安玉和符山石玉的主要特征、分类、主要鉴别特征以及成因和产地。特别介绍了绿色符山石与翡翠的主要鉴别特征。

## 第一节 蔷薇辉石玉

### 一、概述

蔷薇辉石玉发现于北京昌平地区,因其硬度与翡翠相似、颜色为桃红色而称为京粉翠,亦称"桃花玉"。京粉翠是我国蔷薇辉石玉料的工艺名称。作玉石用的蔷薇辉石玉为致密块体,而透明单晶体为珍贵的宝石。

我国此种玉料以前主要由澳大利亚新南威尔士进口。前苏联蔷薇辉石玉料在世界上也很有名,乌拉尔曾发现重达47吨的大块玉料,后加工成重达7吨的石棺。除澳大利亚和前苏联外,印度和瑞典也产有这种美丽的玉料。

京粉翠一般常用作玉雕材料。也可琢磨成凸面型戒面或圆颗粒型饰品。有时,为了展示其独特的花纹,京粉翠仅切成平面抛光即可。

除此之外,京粉翠还常用作观赏石。其玉石石体上常有黑色斑点和细脉分布,从而构成多种风景图案,给人以无穷的遐想。黑色斑点常常是由氧化锰等所致。

## 二、主要特征

京粉翠的主要组成矿物为蔷薇辉石,可含有石英及脉状、点状黑色氧化锰色斑。偶尔含有少量透辉石、含锰石榴石及菱锰矿等。蔷薇辉石的化学式为$(Mn,Fe,Mg,Ca)SiO_3$。世界各地蔷薇辉石的主要化学成分见表10-1。

表10-1 蔷薇辉石玉的化学成分

| 组分 | 北京 | 印度 | 新西兰 | 日本 | 瑞典 | 芬兰 | 澳大利亚 |
|---|---|---|---|---|---|---|---|
| $SiO_2$ | 46.07 | 45.46 | 46.42 | 46.58 | 46.33 | 46.84 | 46.45 |
| $Al_2O_3$ | 0.39 | 0.27 | 0.07 | 0.25 | 0.26 | — | — |
| $Fe_2O_3$ | 9.48 | 0 | 0.11 | — | 0.83 | — | 0.12 |
| FeO | 0.96 | 0.96 | 1.49 | 1.66 | — | 7.33 | 12.65 |
| MnO | 34.20 | 50.54 | 47.62 | 44.89 | 44.28 | 38.92 | 35.10 |
| MgO | 2.62 | 0.55 | 0.92 | 1.52 | 0.04 | 2.83 | 0.40 |
| ZnO | 0.01 | — | — | 0.21 | 0.07 | — | — |
| CaO | 5.37 | 2.25 | 3.26 | 4.46 | 8.02 | 3.44 | 5.45 |
| $H_2O^+$ | — | 0.00 | — | — | — | 0.26 | 0.27 |
| $H_2O^-$ | — | 0.00 | 0.18 | 0.58 | — | — | — |
| 总和 | 99.10 | 100.03 | 100.07 | 100.15 | 100.05 | 99.62 | 100.44 |

注:据栾秉璈、王寒竹,1995。

京粉翠常呈致密块状。结晶状态为晶质集合体,常呈细粒块状集合体。常呈浅红、粉红、紫红、褐红等颜色。常有黑色斑点或细脉,有时夹杂有绿色或黄色色斑,玻璃光泽,两组完全解理,集合体通常不见解理。摩氏硬度5~6。密度为$3.50(+0.26,-0.20)g/cm^3$。

呈弱至中等的橙红或棕红的多色性,集合体无多色性。折射率为 1.733~1.747(+0.010,−0.013),点测法常为 1.73,因含石英可低至 1.54,双折射率为 0.010~0.014,集合体不可测。无紫外荧光,可见 545 nm 附近较宽的吸收光谱带。

### 三、主要品种

蔷薇辉石玉根据其颜色等特征主要分为以下几种(据王寒竹,1995)。

#### (一) 紫红色粉翠

紫红色粉翠呈紫红色,致密块状,摩氏硬度 5.6,相对密度 3.61 g/cm$^3$。含 MnO 47.32%,($Fe_2O_3$ + FeO) 1.51%,(CaO + MgO)3.78%,属二级品。

#### (二) 粉红色粉翠

粉红色粉翠呈粉红色,致密块状,摩氏硬度 5.8,相对密度 3.65 g/cm$^3$。含 MnO 45.44%,($Fe_2O_3$ + FeO) 2.10%,(CaO + MgO)5.0%,属一级品。

#### (三) 灰粉色粉翠

灰粉色粉翠呈淡粉红色到灰粉红色,致密块状,摩氏硬度 5.7,相对密度 3.63 g/cm$^3$。含 MnO 34.24%,($Fe_2O_3$ + FeO)10.44%,(CaO + MgO)7.99%。属于一种含铁蔷薇辉石。

#### (四) 红白花京粉翠

红白花京粉翠由粉红色品种与白色硅化石英组成,致密块状,玉体上间有红、白色花斑。摩氏硬度 5.8~7.0,相对密度 3.19 g/cm$^3$。该种玉石如玫瑰花瓣,散落在乳白色半透明的石英中,非常美观,是我国北京独有的品种,属特级品。

北京产出的红白花京粉翠品种系蔷薇辉石发生硅化的结果,后期乳白色石英交代了玫瑰色或粉红色的蔷薇辉石,呈不规则团块状,产于普通京粉翠矿体的上部和接近地表的部位。由于红白花京粉翠品种稀少,目前在矿区已难采到。

### 四、鉴别特征

蔷薇辉石玉的原石常呈致密块体，以其蔷薇粉红色及其表面常见黑色的氧化锰薄膜或细脉等特征而区别于其他玉石。以其硬度和加盐酸不起泡而区别于菱锰矿。

成品鉴定时，可测试其相对密度和折射率，而同其他相似的玉石相区别。

### 五、质量及工艺要求

京粉翠玉料要求块体致密（外观看不到矿物颗粒之间的界线）、裂纹少、块度大。由于原石在露天容易氧化出现黑色氧化锰薄膜或斑点，应注意妥善保存，以免氧化强烈时失去玉料性质。颜色依次为粉红色、紫红色、灰粉红色。蔷薇辉石玉颜色的好坏在工艺要求中尤为重要，这也是划分品种的依据。红白花京粉翠块体的工艺要求是红白分明和无裂纹。

京粉翠玉料除少数用于琢磨弧面型戒面及首饰镶嵌品外，主要用于玉器制品。其中因氧化出现少量氧化锰黑线或斑块者，也可用作玉石原材料，并把少量黑色当成"俏色"利用。

### 六、产状和产地

蔷薇辉石玉主要产于与含锰岩石密切相关的接触带矽卡岩中和某些热液矿脉中。

我国主要产地有北京、吉林、四川、新疆、青海等省市，但仅北京的产品已被开发利用。国外产地有澳大利亚、俄罗斯、印度、瑞典、芬兰、日本等。

#### （一）京粉翠

北京京粉翠产于燕山期花岗细晶岩与寒武纪含锰灰岩接触交代而成的含锰矽卡岩中。接触带的矽卡岩带长达 580 m，倾向延伸 20~30 m。组成矽卡岩的主要矿物除蔷薇辉石外，还有含锰石榴石、透辉石、符山石、方柱石、绿帘石和菱锰矿等。

北京京粉翠矿体总体上呈板状,严格受接触带控制。但优质品在板状矿体中又呈透镜体产出。矿体一般长 10 m～20 m、厚 0.5 m～1 m 不等,延深 10 m～21 m。玉料中蔷薇辉石的含量大于 90%。

（二）商州蔷薇辉石

据报道,在陕西省商州市亦有蔷薇辉石玉的产出。商州所产的蔷薇辉石玉（粉翠）,主要由蔷薇辉石矿物组成,颜色多呈紫红和粉红色,色泽鲜艳,柔和悦目。微透明至不透明,致密块状,结构呈隐晶质。玉石质地细腻,断口光洁平坦。

商州蔷薇辉石矿产于宽坪群含锰石英白云石大理岩、含锰石英岩岩层中,是由区域变质作用而形成。矿体呈透镜状、似层状产出。共有 4 个矿体。最长者达 72.5 m,一般矿体长 10 m～20 m,平均厚度为 1.71 m。

商州蔷薇辉石玉可雕琢加工成玉器,还可不经任何加工而作为装饰品及观赏石。

## 第二节 青海翠玉

### 一、概述

青海翠玉在地质学上称为含水的钙铝榴石岩。因其质地致密,色泽鲜艳,常在白色光润的底色上,散布着大小不一的翠绿色斑点或色带,甚至通体为绿色,很似翡翠,又产自青海,故而称为青海翠玉。又因 20 世纪 80 年代初最早发现于青海的乌兰地区,故又有"乌兰翠"之称。

此外,人们发现,青海翠玉还有一个神奇的功能,即能在几分钟至十几分钟内,可加速催化白酒、啤酒中的醇,转化为芳香脂类,并可祛除酒中苦、辣味,提高酒的品质,使白酒变得醇香、绵软、泡沫增多、持久,更加可口。因此又称美酒玉。

青海翠玉中的优质品,翠绿喜人、晶莹剔透,很似翡翠,因量少,近年来价格上涨很快。一对翠绿色半透明的青海翠玉手镯其价格可与中档翡翠手镯价格媲美。但质次者则价格很低。

近年来,青海翠玉早已走俏市场,销往广州、北京、深圳、香港、台湾等地区以及东南亚等国家。用青海翠玉制作的戒面、首饰、玉佩和工艺品,可与翡翠制品相媲美。

## 二、乌兰翠玉的一般特征

### (一) 矿物组成

据李荣清等(1994)研究,乌兰翠玉的矿物组成主要为石榴子石(质量百分比达90%以上),其次为透辉石(含量5%~8%)、绿泥石(含量小于5%),还含有少量石英、方解石、绿帘石等矿物。岩性为绿泥透辉钙铝榴石岩。青海翠玉质纯时呈白色,但因含有绿泥石矿物,及微量元素铬的存在,而使青海翠玉呈现绿色。

作为乌兰翠玉中主要矿物的石榴子石,呈细粒状,粒径一般小于1 mm,白色—翠绿色,折射率1.732~1.749,随绿色加深,折射率增大。该石榴子石均属钙铝榴石,$Cr^{3+}$是这种玉石的主要致色离子。

乌兰翠玉往往具蜡状光泽至玻璃光泽,透明度较好。其摩氏硬度大于7,不亚于翡翠。但韧性却很差,比翡翠易碎。密度为3.44~3.50 g/cm³。

### (二) 鉴别特征

乌兰翠玉无论在外观还是在物理性质方面均与翡翠较相似,两者的区别如下。

1. 外观

乌兰翠玉在外观上较粗糙,透明度较差,光泽较暗淡,不像翡翠那样细腻,绿色较呆板。

2. 放大观察

显微镜下,乌兰翠玉呈粒状结构,而翡翠呈粒状变晶结构。

3. 碰撞声音

将两件乌兰翠玉制品轻轻相碰,发出的声音沉闷,而翡翠轻碰时发出的声音清脆。

4. 查尔斯滤色镜检查

由于乌兰翠玉是由 $Cr^{3+}$ 致色,在查尔斯滤色镜下,乌兰翠玉的绿色斑块全部变为暗紫红色。

5. 密度测试

乌兰翠玉的密度大于翡翠。乌兰翠玉为 $3.4\sim3.5$ g/cm$^3$,翡翠为 $3.2\sim3.3$ g/cm$^3$。

## 三、分类

青海翠玉根据颜色的分布,分为翠绿型、白底绿花型、浅粉黄型三个类型,其中前两类质量较好。

(一)翠绿型青海翠玉

翠绿型青海翠玉常表现为淡绿底色之上有浓绿翠块,也有颜色翠绿、纯正而均匀者。通常半透明至微透明,也有少量透明品种。质地细腻坚韧,颗粒感弱。透明而翠绿者极佳,但产量极低,可加工成首饰戒面等。半透明绿色玉石产量较高,具有较高的工艺价值。

翠白玉是青海翠玉的上品,其特点是白色光润的底色呈散染状,分布着大小不一的翠绿色斑点或条带,呈白底绿花型,质地均一,色泽纯正,是制作首饰和工艺品的上选原料。

(二)白底绿花型青海翠玉

白底绿花型青海翠玉的特点是白色光润的底色上散布着大小不一的翠绿色斑点或条带。质地均一,色泽艳丽,是制作玉镯等首饰及摆件、挂件、高档酒具等的理想材料。

(三)浅粉黄型青海翠玉

浅粉黄型青海翠玉呈浅粉黄色、灰绿色等,光泽较差。由于其颜色清淡、微裂隙较发育、产量高,其经济价值较低。主要用于雕刻玉佩、酒具等。

### 四、产地

青海翠玉资源较为丰富,储藏量较大。在青海的祁连、乌兰等地区均有产出。在新疆哈密地区也发现了类似的玉种。

新西兰、美国犹他州、南非特兰斯瓦尔等国家和地区也有这一玉种的产出。其中南非所产较为著名,曾有"南非翡翠"之称。

### 五、白云石—伊利石质玉

近来,市场上常出现一些被称为"青海翠玉"或"水钙铝榴石玉",但密度明显偏小的玉石产品。该玉石的原料被一些厂家称为"花玉",因其制作的产品品种多,数量大,价格较低廉,市场效果较好。黄学雄等(2002)对该种玉石作了较系统的研究,发现其并非水钙铝榴石玉,而是一种外观与水钙铝榴石玉相似的白云石—伊利石质玉。

(一)宝石学特征及其成分

1. 物理性质

该白云石—伊利石质玉的颜色呈绿色和白色相杂,底色一般是白色,绿色从淡绿色到比较深的灰绿色或深绿色,绿色一般呈网状沿玉石的微裂隙分布,也见不规则状分布,并且均匀散布整块玉石。一般为半透明到不透明,玻璃光泽,摩氏硬度约为2~4,折射率一般为1.50~1.53(点测),平均密度为2.82~2.86 g/cm$^3$。

2. 矿物组成及其特征

该白云石—伊利石质玉主要组成矿物是伊利石、白云石和石英,偶见零星的不透明矿物。伊利石在薄片中无色,低正突起,微细鳞片状,一般为0.1~0.3 mm,沿岩石微裂隙分布或散布于块岩石中,含量大约40%~50%。玉石的绿色就是源于伊利石。

白云石在薄片中无色,可见闪突起,表面蚀变而显混浊,粒度细而不易辨,粒径一般为0.2~0.4 mm,白云石的含量大约为40%~50%。石英多沿裂隙及裂隙两侧膨胀分布,含量约5%~10%。

## （二）与相似玉石的区别

与白云石—伊利石质玉相似的绿色宝玉石品种很多，较容易混淆的玉石是翡翠、独山玉、水钙铝榴石等。其他的绿色玉石如绿色软玉、岫玉、东陵石、染色的石英岩等则很容易通过外观和质地与白云石—伊利石质玉相区别。

绿色软玉为纤维交织结构，一般为微透明到半透明。闪石类矿物构成的不透明状灰斑呈规则分布，强油脂光泽。绿色的岫玉为纤维交织结构，一般是淡绿色，常带黄色色调，也有的呈墨绿色或暗绿色，往往颜色分布均匀，其中可见浅色—白色部分呈不规则的"云朵"状分布，透明度一般较好。绿色东陵石由细粒石英组成，粒状结构，一般可见明显的鳞片状绿色铬云母散布其中。绿色翡翠为粒状结构或者纤维交织结构，绿色色调的分布除小粒成品外都不够均匀，一般可见"翠性"，油脂光泽。绿色的独山玉呈粒状结构，颜色鲜艳，但分布繁杂，一般在同一块玉石上常见多种颜色，多为微透明—半透明。

在外观上最容易与白云石—伊利石质玉相混淆的是水钙铝榴石，市场上常见的水钙铝榴石是细—中粒粒状结构，主要成分是钙铝榴石，及少部分的绿泥石，通常含有许多黑色磁铁矿小点，颜色一般以白底绿色为主，绿色常为亮绿或黄绿色，分布极具特征，多呈点状或疙瘩状，部分块体可见等粒的点状绿色均匀分布，外观为微透明—半透明，并呈油脂—玻璃光泽。

除了外观特征外，上述各种玉石在折射率、密度、摩氏硬度上差别很大。因此可通过常规的宝石测试手段相区分。这些玉石的主要性质对比见表10-2。

表10-2 白云石—伊利石质玉和相似玉石的性质对比

| 项目 | 白云石—伊利石质玉 | 水钙铝榴石 | 翡翠 | 独山玉 | 软玉 | 岫玉 | 石英岩玉 |
|---|---|---|---|---|---|---|---|
| 光泽 | 玻璃光泽 | 油脂—玻璃光泽 | 油脂—玻璃光泽 | 玻璃光泽 | 油脂光泽 | 蜡状—玻璃光泽 | 玻璃光泽 |
| 透明度 | 微透明—半透明 | 微透明 | 不透明—透明 | 微透明—半透明 | 微透明—半透明 | 半透明 | 半透明 |

续表

| 项目 | 白云石—伊利石质玉 | 水钙铝榴石 | 翡翠 | 独山玉 | 软玉 | 岫玉 | 石英岩玉 |
|---|---|---|---|---|---|---|---|
| 颜色及分布特征 | 绿色、灰绿色、网状、不规则状 | 亮绿色、黄绿色，点状、疙瘩状 | 绿色色调及分布变化大 | 清绿、蓝绿，不均匀带状、团状 | 淡绿色—墨绿色，颜色均一 | 黄绿色，较均匀 | 浅绿色，片状、鳞片状 |
| 结构 | 细粒结构—微细鳞片状结构 | 细粒—中粒结构 | 粒状—纤维交织结构 | 粒状结构 | 细纤维交织结构 | 纤维交织结构 | 粒状结构 |
| 摩氏硬度 | 2～4 | 7 | 6.5～7 | 6～6.5 | 6～6.5 | 2.5～5.5 | 7 |
| 折射率（点测） | 1.50～1.53 | 1.73 | 1.66 | 1.58 | 1.62 | 1.56 | 1.56 |
| 密度/$(g \cdot cm^{-3})$ | 2.82～2.86 | 3.36～3.50 | 3.34 | 2.75～3.18 | 2.9～3.1 | 2.57 | 2.66 |

注：据黄学雄，2002。

## 第三节 华安玉

### 一、华安玉的利用历史

华安玉亦称"九龙璧玉"。因产于福建省西南部的华安和漳平一带而得名。华安玉矿体出露面积达94平方公里(图10-1)。地质学上称为透辉石角岩、透辉石石英(或玉髓)角岩。

图10-1 华安玉的产出

据地质学家研究，华安玉是2.4亿年前的浅海半深海相沉积物经成岩作用和1.4亿年前的热变质交代作用形成的矽卡岩型玉石，是大自然赋予人类的珍贵资源。

华安玉质地细腻坚硬，色彩丰富，纹理多变，光泽强，制作成的各种工艺品深受人们的喜爱,成为我国一个重要的玉石品种(图 10-2)。2000 年,在中国宝玉石协会组织的"国石"评选中,华安玉被列为国石的候选石之一。

图 10-2 华安玉

## 二、华安玉的宝石学特征

### (一)外观特征

华安玉的颜色主要为红、绿、白和黑 4 种颜色,尤其以绿色为多。各种颜色深浅各异,分布不均,多呈条带状,组成绚丽多彩的图案。有的如虎皮斑纹,有的像挥毫泼墨的山水画。华安玉具玻璃光泽,透明度较差,一般不透明。折射率为 1.53~1.65,摩氏硬度为 5.8~6.6。

### (二)化学成分

据汤德平等(2002)研究,华安玉中的透辉石是含铁较高的透辉石,铁使其颜色呈淡绿色。而黑色条带中的不透明矿物为磁黄铁矿。其化学成分见表 10-3(汤德平,2002)。

表 10-3 华安玉化学成分

| 矿 物 | $SiO_2$ | $TiO_2$ | $Al_2O_3$ | $Cr_2O_3$ | FeO | MnO | MgO | CaO | NiO | $K_2O$ | $Na_2O$ | $P_2O_5$ | 总 和 |
|---|---|---|---|---|---|---|---|---|---|---|---|---|---|
| 透辉石 | 53.03 | 0.04 | 0 | 0.007 | 16.07 | 0.31 | 7.94 | 22.54 | 0 | 0 | 0.14 | 0.13 | 100.21 |
| 钾长石 | 66.39 | 0.24 | 18.03 | 0.080 | 0 | 0.07 | 0 | 0.09 | 0 | 15.56 | 0.66 | 0.01 | 101.13 |

（三）结构和矿物组成

华安玉浅绿色、粉红色条带部分为显微粒状变晶结构,大小均一,粒度为 0.03 mm～0.05 mm。矿物组成为透辉石、石英和钾长石,还有少量绢云母、方解石、绿泥石和硅灰石等。

华安玉绿色部分以透辉石为主,质量分数约为 60%～90%。

华安玉粉红色部分含钾长石较多,局部可达 45%。石英的质量分数一般为 15%～25%。石英或集中于灰白色条带中,或分散在透辉石的颗粒之间。

华安玉黑色条带的黑色部分致密坚硬,颜色分布均匀,由粗、细 2 个部分组成。粗粒部分由石英、透辉石、透闪石和不透明矿物组成。石英大小为 0.05 mm～0.1 mm,约占 15%。透闪石粒度为 0.1 mm～0.2 mm,约占 10%。透辉石粒度约 0.08 mm,淡绿色,约占 5%。玉石中还有约 5% 的不透明矿物。细粒部分约占 65%,主要为绢云母、石英和不透明矿物等,粒度小于 0.01 mm。

## 三、华安玉的分类

根据华安玉的颜色与花纹,可将华安玉划分为以下几个品种。

青色华安玉：以绿色为主,颜色可由灰绿色至暗绿色,含有白色或少量其他颜色的条带。

粉红色华安玉：以粉红色为主,含有少量白色、绿色等其他颜色的条带。

墨色华安玉：黑色,质地致密。

虎皮华安玉：由粉红色、淡绿色条带组成,两者比例相近,相间排列形成类似于虎皮花纹的图案。

水墨华安玉：由粉红色、淡绿色、黑色和白色等条带构成,条带多呈不规则状排列,构成的图案犹如水墨山水画。

## 第四节 符山石玉

### 一、符山石玉的主要特征

#### （一）宝玉石学特征

符山石玉产于河南省桐柏县回龙乡，因此又称"回龙玉"，属于矽卡岩型玉石。主要为符山石岩，矿物颗粒较小，一般为 0.05 mm，因此肉眼一般见不到矿物颗粒。颜色呈苹果绿、黄绿、黄白、浅白，以黄绿为主，致密块状构造，质地细腻，微透明，玻璃光泽，摩氏硬度为 7，密度为 $3.2 \sim 3.4 \text{ g/cm}^3$。符山石玉是产于破碎带中的一种特殊玉石。

符山石玉颜色鲜艳柔和，有的具有美丽的花纹。具花纹者，其中常含有细粒矽卡岩矿物或杂质。玉石抛光后，晶莹美丽。颜色、光泽、透明度、硬度等均达到玉石的基本要求。但地表的矿石多具有裂隙，大块者较少。

显微镜下观察，黄绿色矿石主要由符山石集合体组成（图10-3）。符山石的晶体形态见图10-4。苹果绿色者主要由黝帘石矿物集合体组成。其他色调矿石中，除符山石、黝帘石外，还有石榴石、绿帘石、透辉石以及少量硅灰石等。玉石的矿物颗粒都较细小，一般粒径 0.05 mm 左右，有

图 10-3　符山石玉原石

时也见有 0.2 mm～0.4 mm 的矿物颗粒。致密的玉石其矿物的细小颗粒分布均匀。颗粒越细小，玉石透明度就越好。

含矿岩石除符山石岩外，还有符山石透辉石矽卡岩、石榴石矽卡岩、绿帘石透辉石矽卡岩等。当矿石中的矿物颗粒逐渐变大，一般超过 0.5 mm 以上时，则变成完全不透明的矽卡岩，而不能称其为"回龙玉"。

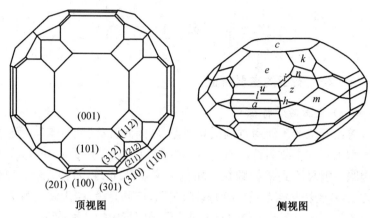

顶视图　　　　　　　　　　　侧视图

图 10-4　符山石的晶体形态

（二）化学成分特征

据钟华邦等（1999）对黄绿色的回龙玉进行电子探针的分析结果：$SiO_2$ 42.33%，$TiO_2$ 0.29%，$Al_2O_3$ 18.78%，（$Fe_2O_3$ + FeO）2.33%，CaO 35.21%，$Na_2O$ 0.31%。因此，回龙玉中的符山石的特点是高硅低镁，属于高硅低镁符山石。

## 二、地质概况

回龙玉矿位于河南省桐柏县回龙乡。玉石矿产于燕山期铜山花岗岩体北东侧的变质岩系之中。矿区出露的变质岩系有太古界的大路庄群和下元古界回龙群。

回龙玉矿体产于太古界大路庄群虎头庄组内。在镁质碳酸盐岩的层间断裂破碎带内，出现有石英斑岩、辉绿岩、钠长石岩、矽卡岩、玉石矿体等。玉石矿体与矽卡岩紧密伴生，矿体呈似层状、透镜状或不规则脉状产出。回龙玉石矿是一种矽卡岩型的玉石矿。主要矿体走向北东，倾向南东，断续分布。玉石矿体一般宽几厘米至几十厘米，局部最宽处可达到 2 m～4 m。玉石矿体一般长几米至几十米，沿走向断续出露长达 1 km 以上。矿体常与普通致密块状矽卡岩伴生,两者呈迅速渐变过渡关系。有时玉石矿体过渡到镁质大理岩。在含玉石矿体的断裂破碎带内蚀变强烈,见有多金属矿化、萤石矿化等。

### 三、成因

钟华邦(2001)研究认为:回龙玉的形成是镁质碳酸盐岩产生破碎带后,受到后期岩浆活动、热液活动的影响,在高温低压的环境下,发生多次交代置换作用,是多成因、多阶段形成的一种特殊的矽卡岩型玉石矿。

在玉石矿附近常见有钠长石岩及含钠长石很多的脉岩。由于受脉岩的影响,玉石矿含钠而不含钾。

### 四、绿色符山石与翡翠的鉴别

绿色纯正艳丽,质地细腻,无绺裂、杂斑等缺陷的符山石可同上等翡翠相媲美,因此,具有很高的工艺及收藏价值。绿色秀丽的符山石玉在外形、密度、硬度等方面与上等翡翠相似,外观上极易混淆。两者可从以下几方面鉴别。

(一) 折射率测定

符山石的折射率明显大于翡翠,点测法符山石折射率为 1.71,而翡翠一般为 1.66。

(二) 放大检查

符山石的颗粒界限很难辨别,无翡翠特有的粒状变晶结构,不显翠性。

(三) 吸收光谱

分光镜下,符山石可以清楚见到 465 nm 的吸收带,而翡翠则在 437 nm 处可见到吸收带。

(四) 红外光谱

红外光谱是区分符山石和翡翠的有效方法。两者在谱带的数目、形状和吸收带的波数特征方面都有明显的差别(表 10-4)。尤其是翡翠(硬玉)的化学成分中没有羟基,因而在高频区 3 400 cm$^{-1}$～3 800 cm$^{-1}$ 没有吸收谱带出现,而符山石由于含有羟基则在这个范围内有较强的吸收谱带。这是鉴别符山石与翡翠的关键。

表 10－4  符山石与翡翠的红外光谱对比表

| 波数特征<br>宝石名称 | $\nu_s$(OH)/<br>cm$^{-1}$ | $\nu_{as}$(SiOSi)<br>$\nu_{as}$(OSiO)/cm$^{-1}$ | $\nu_s$(SiOSi)/<br>cm$^{-1}$ | $\delta$(SiO)$\nu$(M—O)/<br>cm$^{-1}$ |
|---|---|---|---|---|
| 符山石 | 3 590,3 540 | 1 015,980,900 | 790,630,570 | 483,440,410,320 |
| 翡翠(硬玉) | — | 1 060,985,930,850 | 745,662,582 | 460,430,392,366,328 |

注:据魏权凤等,1999。

# 第十一章 水钙铝榴石、方钠石、葡萄石和蓝纹石

**内容提要**

本章首先介绍了水钙铝榴石的一般特征、主要性质及其成因和主要产地。其次介绍了方钠石的基本特征及其主要的宝玉石学鉴定特征以及产状和产地等。再次介绍了葡萄石的矿物组成、结晶形态、加工工艺以及产状和产地等。最后介绍了我国四川省旺苍县发现的蓝纹石的主要宝玉石学特征。

## 第一节 水钙铝榴石

### 一、概述

水钙铝榴石是一种含羟基的钙铝榴石的变种。由于含铬而呈绿色,含锰而呈浅粉红色。由于含水,因此折射率和密度较钙铝榴石低。由于颜色与翡翠相似,而且具有良好的韧性,因而有"非洲玉"、"德兰斯瓦翡翠"和"亚利桑那翡翠"之称。深受亚洲人的喜爱。其中以翠绿色的水钙铝榴石最为漂亮,水钙铝榴石加工成首饰,常充作翡翠。

### 二、主要性质

(一)矿物组成

水钙铝榴石主要组成矿物为水钙铝榴石,可与符山石共生。

(二)化学成分

水钙铝榴石的化学式为 $Ca_3Al_2(SiO_4)_{3-x}(OH)_{4x}$,其中(OH)可替代部分($SiO_4$)。

### (三) 其他性质

水钙铝榴石常呈绿至蓝绿色、粉、白、无色。玻璃光泽,断口呈油脂光泽至玻璃光泽。玉石呈晶质体或晶质集合体,等轴晶系。无解理。摩氏硬度为7,密度为$3.47(+0.08,-0.32)g/cm^3$。属光性均质体,无多色性。折射率为$1.720(+0.010,-0.050)$。无紫外荧光。

吸收光谱:暗绿色的水钙铝榴石的吸收光谱在460 nm以下全吸收;其他颜色的水钙铝榴石因含符山石,因此在463 nm附近出现符山石的吸收线。

特殊性质:查尔斯滤色镜下呈粉红至红色。

## 三、成因和产地

水钙铝榴石产于苏长岩、斜长岩和辉长岩中,属蚀变矿物。除此之外,还见于岩浆岩与泥灰岩的接触变质带。

主要产地有南非德兰斯瓦、前苏联高加索、美国和新西兰等地。

# 第二节 方钠石

## 一、基本特征

方钠石是一种钠铝氯硅酸盐矿物,其晶体化学式为$Na_8[AlSiO_4]_6Cl_2$。$SiO_2$ 37.1%,$Al_2O_3$ 31.7%,$Na_2O$ 25.5%,$Cl$ 7.3%,微量的Na可被K和Ca替代。

方钠石属等轴晶系,晶体具菱形十二面体解理,但少见。常见块状、结核状集合体。方钠石常见颜色为深蓝至紫蓝色,常含白色、黄色或红色网状细脉(图11-1),灰色、绿色、黄色、白色或粉红色少见。无多色性。常呈玻璃光泽至

图11-1 方钠石中的白色网脉

油脂光泽。常呈贝壳状到不平坦状断口。

方钠石的摩氏硬度为 5～6,相对密度为 2.25（＋0.15,－0.10）g/cm³。光性特征为均质体。折射率为 1.483(±0.004)。

紫外荧光：长波下无至弱,橙红色斑块状荧光。

发光性：查尔斯滤色镜下变红。

### 二、方钠石的宝玉石学鉴定特征

方钠石常有白色矿物纹理,使它在外表和颜色上很接近智利产的杂青金石,可用作青金石的代用品,区别在于方钠石的颜色一般比青金石更紫,而且含黄铁矿很少。而青金石为多种矿物组合,内有较多的黄铁矿颗粒和方解石呈星点状或团块状分布。

方钠石的主要识别特征如下。

深蓝色、多晶结构、折射率低(1.48)。

相对密度低(2.28 g/cm³),因而在密度为 2.65 g/cm³ 的重液中呈漂浮状态。

查尔斯滤色镜下变红。

放大观察可见白色的物质分布于其中。

### 三、产状及产地

方钠石产于火成岩中,是富 Na 贫 Si 碱性岩浆结晶产物。常与长石、白榴石和霞石伴生。

产地包括前苏联的乌拉尔山、意大利的维苏威山、挪威、德国、玻利维亚、加拿大、美国的缅因州和蒙大拿州。在非洲的西南部还发现了一种适于加工成翻光面的鲜蓝色较透明的方钠石。这种方钠石可加工成腰圆形款式。

## 第三节　葡　萄　石

葡萄石(Prehnite)是根据其发现者 Colonel Prehn 的名字而命

名的。

## 一、主要特征

（一）成分

葡萄石是一种含水的钙铝硅酸盐。化学成分 $Ca_2Al(AlSi_3O_{10})(OH)_2$，可含 Fe、Mg、Mn、Na、K 等元素。

（二）结晶形态

葡萄石晶体常呈板状、片状，集合体呈葡萄状、肾状、块状和放射状等。

（三）其他性质

葡萄石常呈白色、浅黄色、肉红色、浅绿色，还有近于透明的无色及微绿黄色葡萄石。商业界曾把白色葡萄石作为"日本玉石"出售。

葡萄石呈玻璃光泽。晶体具有一组完全至中等解理，集合体通常不见解理。摩氏硬度为 6~7，密度为 2.80 $g/cm^3$。非均质体，二轴晶，正光性。无多色性。折射率为 1.616~1.649（+0.016，-0.031），点测法常为 1.63，双折射率为 0.020~0.035，集合体不可测。无紫外荧光。在 438 nm 处可见弱吸收带。猫眼效应等特殊光学效应罕见。

## 二、加工工艺

颜色艳丽、透明度高、含包裹体少、裂纹少的葡萄石可作首饰或玉雕原材料，常加工成蛋圆型或翻型戒面。优质、块大者更是玉器工艺品的最佳原料。

## 三、产状及产地

葡萄石主要见于玄武岩熔岩孔洞中，常呈肾状集合体。有时也有无色葡萄石晶体（图 11-2），长达 7.6 cm，产于酸性岩脉中，如加拿大魁北克 Asbestos。

优质葡萄石产地有美国康涅狄格州法明顿、新泽西州帕特森和贝尔根山(Bergen Hill)、马萨诸塞州韦斯菲尔德(Westfield)和密执安州上湖铜矿区。其中新泽西州暗色岩中的葡萄石块体有重达 150 kg 者。此外，澳大利亚等地产有达首饰级半透明的黄色葡萄石，加工后的首饰重量大于 30 克拉。另有优质绿黄色葡萄石产自苏格兰，但加工后的首饰较小，戒面均在 5 克拉左右。

据报道，在我国四川省乐山市境内的大渡河中也有优质的葡萄石产出。

图 11-2　葡萄石

## 第四节　蓝纹石

蓝纹石产于我国四川省旺苍县，是由四川省地质矿产局于 1980 年发现的。其岩性为方钠石化的磷霞岩，因其玉石具有呈蓝色的云雾状条纹，故名"蓝纹石"。蓝纹石由霞石、磷灰石、方钠石组成，另含少量钛辉石(绝大部分已蚀变成黑云母)。呈块状，局部有构造碎裂现象。颜色为灰、灰蓝、蓝色，但分布不均匀。在白色的底子上出现了云雾状条带、条纹或色块，且其界限不清。摩氏硬度 5.5～6。按颜色的差异，有浅蓝色蓝纹石、蓝色蓝纹石之分。蓝纹石具有较高的观赏和收藏价值。质优者可作为宝玉石原料。

除四川省外，在新疆拜城黑英山北伊兰里克志留—泥盆纪大理岩内的碱性伟晶岩中也有蓝纹石的发现，实为汽化—热液型的金云母—方钠石脉，其中的方钠石比较集中。蓝纹石呈淡蓝、淡茄紫色，显玻璃光泽，微透明至半透明。质量尚好。

# 第十二章 寿山石、鸡血石、青田石和高岭石质玉石

**内容提要**

本章首先介绍了寿山石的一般特征。包括寿山石的外观特征、矿物组成及其特征、分类、鉴别、质量要求及评价、寿山石的优化处理方法及其鉴别特征、收藏与保养、价格以及寿山石的玉雕历史。其次介绍了我国昌化鸡血石和巴林鸡血石的主要特征及其鉴别特征,同时强调了昌化鸡血石与巴林鸡血石的主要区别特征。再次介绍了青田石的主要宝玉石学特征、分类、主要品种及其鉴别特征、质量评价、价格以及成因等。同时简要介绍了青田石的鉴赏收藏和保养等。最后介绍了高岭石质玉石的主要特征及分类。重点介绍了吉林省长白县的长白石以及贵州省平塘县的花石的基本特征及其主要品种等。

## 第一节 寿山石

### 一、概述

寿山石因产于福建省福州市寿山乡而得名,是我国印章和其他石雕艺术品的玉料之一。寿山石雕在国际上享有较高的声誉。

寿山石除了用作优质印石材料外,还广泛用以雕刻人物、动物、花鸟、山水风光、文具、器皿及其他多种艺术品。优美的寿山石艺术品可以使人陶冶情操,益寿延年。

2002年5月,福州市举办了首届中国(福州)寿山石文化旅游节。"中国寿山石馆"和寿山石文化中心广场在美丽的田黄石产地寿山溪畔落成并举行开馆典礼。此举为寿山石文化的进一步弘扬起了巨大的推动作用。

## 二、主要特征

### (一) 外观特征

寿山石的颜色十分丰富,白、红、黄、绿、紫、黑各色均有,其中以黄色为上品。通常在同一样品上同时具有多种颜色。工匠们充分利用这些颜色,制作出巧夺天工的艺术品。半透明至不透明,品质较高者透明度高;蜡状光泽。

### (二) 物理性质

据汤德平(1999)对寿山石的密度、硬度等的系统测定,寿山石的密度为 $2.57 \sim 2.84$ g/cm$^3$,摩氏硬度为 $2.32 \sim 3.05$。根据寿山石的密度和硬度可将其分为 3 类。

第一类密度为 $2.57 \sim 2.67$ g/cm$^3$。摩氏硬度 2.60 左右。这一类寿山石占绝大多数(约 79%),包括寿山石的大部分品种,如高山石、善伯洞石、都成坑石、旗降石及部分的坑头石、田黄石和月尾石等。

第二类密度为 $2.71 \sim 2.79$ g/cm$^3$,摩氏硬度较高,最大可达 3.72,但其变化范围也较大。这一类寿山石约占 13%,主要包括连江黄和部分田黄石、月尾石和坑头石。

第三类密度为 $2.81 \sim 2.84$ g/cm$^3$,摩氏硬度较小,低于 2.50。这一类寿山石约占 8%,品种主要包括芙蓉石和月尾石。

### (三) 矿物组成及其特征

对寿山石的矿物组成,长期以来一直认为其主要矿物成分为叶蜡石。20 世纪 80 年代中期以来,经过进一步的研究,人们对寿山石的矿物组成获得了许多新的认识,认为大多数寿山石的矿物成分并非叶蜡石,而是以高岭石族矿物为主。

据汤德平(1999)研究,寿山石的矿物组成主要是地开石,次要矿物为高岭石、珍珠陶石或伊利石和叶蜡石。

## 三、寿山石的分类

传统上,寿山石按产出状态一般可分为"田坑"、"水坑"和"山坑"

三大类。目前产出的寿山石以山坑石为主。

（一）田坑石

田坑石是产于寿山溪的坑头支流水田内砂砾层中的寿山石。田坑石因原岩剥落后经水流搬运而成浑圆状,通常位于水田或溪流之下 1 m～2 m 的砾石中。田坑石通常内部具细密的"萝卜纹"和"红筋"。"萝卜纹"是一种透明度较低的网状细脉。"红筋"是指沿岩石节理裂隙充填的红色细脉,系铁质(主要是 $Fe_2O_3$)沿岩石的裂隙渗透充填所致。

田坑石品种为田黄,包括田黄冻、田黄石(银裹金、金裹银)、白田石、红田石、黑田石等。

田坑石中田黄最为珍贵,素有"石中之王"的美誉。

（二）水坑石

水坑石是指产于寿山乡东南部、位于潜水面之下坑洞中的寿山石。呈白、黄、红、灰蓝及黄白相间的颜色。此类寿山石因长期的水流作用,其透明度增高,光泽增强,常呈蜡状光泽甚至油脂光泽,石质温润。水坑石棱角分明,无石皮,断口新鲜,颜色内外一致,偶含"萝卜纹",间有"红筋",质地较坚硬。水坑石主要有各种冻石,如水晶冻、鱼脑冻、黄冻、牛角冻、鳝草冻、坑头石等。水坑石中最珍贵的是鱼脑冻。

（三）山坑石

山坑石是指产于福州寿山、月洋两乡方圆约 10 多公里的中生代火山岩岩层中的寿山石。为未经搬运的原生矿。无"萝卜纹"和石皮,颜色内外一致。相对而言,其石质较疏松而"干燥",透明度稍低。山坑石的品种目前仅按采坑命名,主要有高山石、荔枝洞、鸡母窝、都成坑、善伯洞、旗降石、芙蓉石、太极头等。山坑中的白芙蓉最似羊脂玉,价值很高。

**四、重要品种及鉴别特征**

寿山石的主要品种及鉴别特征如下。

（一）高山石、都成坑石、马背石和坑头石

这类寿山石的矿物组成主要为地开石，且纯度较高。密度为 $2.50\sim2.80\ g/cm^3$，摩氏硬度为 2.6 左右，一般透明度较高，光泽较强，颜色丰富，均属一些品质较好的寿山石品种。其中，坑头石中地开石的有序度最高，透明度最好。部分矿石的颜色较深，呈灰白—灰黑色。较深的颜色与其中所含较多细小的黄铁矿有关。其他 3 个品种颜色丰富，有白、黄、红、黑等，所含地开石的有序度都较低。高山石颜色丰富多彩，都成坑石以黄、红色为主，质地较坚硬，抛光后，光泽较好。

（二）月尾石和芙蓉石

月尾石和芙蓉石是以叶蜡石为主要矿物的寿山石品种。因此，在寿山石的品种中，它们的密度最大，为 $2.70\sim2.80\ g/cm^3$，摩氏硬度最低，为 2.5 左右，透明度稍差。依据这些特征可以准确地将它们与其他寿山石品种区分开来。

其中月尾石颜色以黄绿色（月尾绿）和紫色（月尾紫）为主。芙蓉石以藕色为上品，也具有红、黄、紫、绿等颜色。

（三）善伯洞石与旗降石

两者以高岭石为主。较透明者亦有以地开石或珍珠陶石为主。颜色为白、黄、红等。密度为 $2.60\ g/cm^3$ 左右，摩氏硬度为 $2.5\sim2.6$。

（四）连江黄和牛蛋石

连江黄和牛蛋石主要由伊利石组成，含少量地开石。两者的颜色呈黄褐色，透明度较差，密度为 $2.78\ g/cm^3$，摩氏硬度为 $2.9\sim3.1$，为寿山石中摩氏硬度最大者。但两者的产状不同，连江黄产于连江金山顶，属山坑石，而牛蛋石产于寿山的大段溪、大洋溪及寿山溪中。

（五）田黄石

田黄石简称为"田黄"。由于其珍贵，又称为田黄宝石。狭义的田黄石指产于福建省寿山地区田坑中的田黄冻石。田黄石是寿山石中的极品。人们主要喜欢田黄宝石鲜艳、亮丽的黄色。田黄石有多种黄色。黄色可划分为金黄、桔皮黄、桂花黄、糖果黄、蒸栗黄、奶黄等色调。

所谓"冻"就是指具有一定的透明度。田黄冻中具有"萝卜纹"或"萝卜纹带",实际上是指田黄冻中半透明的细脉纹或细脉纹带。

在田黄宝石中,可见到"红筋络"、"红格"或"红线"。这也是田黄石的标志。所谓"红筋络"、"红格"和"红线",实质上是指田黄宝石中不规则的红色细线。红线是由红色氧化铁充填玉石中的微裂隙所致。该裂隙在田黄冻中又被胶结,所以与新出现的裂隙是截然不同的。

石皮、萝卜丝纹和红筋络是田黄石的三大特征。这些特征主要与田黄石经过搬运、埋藏的次生产出状态有关。

狭义的田黄石一般不大,多在 50 g 以下,最大的可重达 4.3 kg。但块度大的田黄石一般透明度低,且石质粗硬,有人称其为"硬田"。田黄宝石具萝卜纹部分,其摩氏硬度在 2~3 之间。石皮部分的摩氏硬度在 3~4 之间。田黄宝石的密度约为 3 $g/cm^3$。

田黄石的矿物组成较复杂。以前认为,田黄石由地开石或珍珠陶石组成。而汤德平(1999)研究发现了以伊利石为主要矿物成分的田黄石。此外,除了部分田黄石为单一矿物组成外,大部分田黄石为复合型。其中的微量矿物包括伊利石、叶蜡石和地开石。

任磊夫(2000)将田黄宝石划分为 3 种。

(1) 田黄冻,矿物成分主要为珍珠石,有时可见到少量的伊利石。

(2) 田黄石,是珍珠石与地开石不同比例的混合物。

(3) 银裹金,是纯白色半透明的地开石包裹着金黄色的冻状珍珠石。

## 第二节 鸡血石

### 一、概述

鸡血石亦称"鸡血冻",产于浙江省临安县昌化区上溪乡的玉岩山,因含有辰砂,具有红如鸡血般的颜色而得名。又由于鸡血石主要产于浙江昌化,因此又称为"昌化石"。

鸡血石以其罕见的鲜艳血色、独特的质地与青田石、寿山石同列为印章石三宝,其收藏价值远高于实用价值。鸡血石因其血色鲜艳夺目,质地犹如美玉,自古以来为国人所珍爱。

鸡血石为我国独有的名贵玉石,其开发历史已有1 000多年。据考证,我国最早开采和利用鸡血石始于明代,当时鸡血石就被御定为朝廷贡品。鸡血石中以浙江昌化地区的鸡血石开发和利用最早,也最受人们喜爱。据昌化县志对鸡血石的记载,"图章石红点如朱砂,亦有青紫如玳瑁,良可爱玩,近则罕行矣"。清朝乾隆皇帝南巡至天目山时,当地主持进献8 cm见方的鸡血石印章一方,乾隆将它刻上"乾隆之宝"并注明"昌化鸡血石",此章现存于北京故宫博物院。

1972年9月,中国与日本建交时,周恩来总理以一对鸡血石印章作为国礼馈赠前日本首相田中角荣。从此以后,日本、中国香港、台湾乃至东南亚华人掀起了鸡血石收藏和购买的热潮,至今不衰。鸡血石主要用来制作印石和雕刻摆件。

## 二、基本特征

鸡血石主要由地开石、高岭石等矿物组成,并含少量叶蜡石、石英、绢云母、明矾石、辰砂等矿物。具有蜡状光泽、油脂光泽、玻璃光泽,微透明至半透明,少数透明。折射率1.561~1.564。摩氏硬度2.5~3,性较坚韧,密度2.7~3.0 g/cm$^3$。

鸡血石由"地"和"血"两部分组成。其中红色的部分称为"血",红色以外的部分称为"地"。鸡血石的"地"主要由地开石和高岭石矿物组成。"血"主要是由辰砂矿物组成。"血"呈细脉状、条带状、片状、团块状、斑点状和云雾状分布于"地"上。

## 三、分类及品种

(一)按产地分类

玉岩山鸡血石:产于浙江昌化康石岭以东的玉岩山一带,俗称

"老坑"(古称"水坑")。已有 600 多年的开采历史。其血色鲜浓,质地细腻,曾出产过不少高档鸡血石及其珍品,著名的"羊脂冻"、"牛角冻"等即产于此。时至今日,老坑货已大为减少。"老坑"鸡血石的血色鲜浓,质地细腻,为其他产地的鸡血石难以比拟。目前,市场上的鸡血石主要产自该处。

康石岭鸡血石:分布于浙江昌化康石岭以西地带,俗称"新坑"(古称"旱坑"),为 20 世纪 80 年代新开发的采区。

巴林鸡血石:产于内蒙古赤峰巴林右旗地区。1972 年建矿,年产量数百公斤。

(二)按地子物质成分、光泽、透明度、硬度等方面的差异分类

冻地鸡血石:地子主要由地开石、高岭石组成,具强蜡状光泽,微透明至半透明。这是优质鸡血石中的主要类型。按其颜色的差异又可分为单色冻和杂色冻。一般单色冻质量最好,如羊脂冻、牛角冻属之。其他如呈黄色、半透明的"田黄冻"和呈灰色、半透明的"藕粉冻"亦为佳品。在杂色冻中,除红、黑、白相间的被称为"刘、关、张"者以外,其他均次于单色冻。

软地鸡血石:地子主要由地开石、高岭石、明矾石等组成,具弱蜡状光泽,微透明或不透明,有单色软地、杂色软地之分。在鸡血石中最为常见,约占 70%。

刚地鸡血石:俗称"刚板",地子主要由弱至强硅化的地开石、高岭石、明矾石组成,呈褐黄、粉红色,微透明。摩氏硬度为 3~5 者称"软刚板",大于 5 者称"硬刚板",易碎裂。属中低档石料。

硬地鸡血石:俗称"硬货",地子由硅化凝灰岩构成,呈灰、白色,摩氏硬度为 7。属中低档石料。

(三)按颜色、光泽、透明度、质地等方面的差异分类

普通鸡血石:简称"鸡血石",指颜色艳丽、光泽强、质地致密细腻,而透明度差的鸡血石材料。其中再按颜色的差异和"鸡血"的形态及分布特征的不同,还可以划分为不同的品种。

鸡血冻石:指主要由地开石、高岭石等组成,颜色艳丽,光泽强,

质地致密细腻、坚韧光洁,透明度好,没有或极少有瑕疵的鸡血石。按其颜色的不同还可将冻石分为不同的品种,呈白色、透明如羊脂白玉、点缀有鲜红色辰砂者称"白羊脂冻",白如玉、半透明者称"半脂冻",白色、状如鱼脑者称"鱼脑冻",红白相间、如桃花盛开者称"红冻"(桃花冻),呈黄色者称"田黄冻",乌黑色如牛角者称"乌冻"或"牛角冻",呈藕粉色者称"藕粉冻"(昌化冻),以及灰冻、绿冻、粉红冻等。其中以白冻的质量为最好,乌冻次之,黄冻等更次之,绿冻最次。

鸡血石的基本形态有条带状、团块状、星点状、云雾状等。"冻石"按色泽被分为单色冻、彩色冻两类,其中单色包括有白冻、乌冻、黄冻、粉冻、灰冻,彩色冻包括有黑白彩、黄白彩。不同的冻石品种,由于其"鸡血"形态的不同则存在着不同的鸡血石等级。

另外,有的学者还根据"鸡血"呈团块状、条带状、斑点状、云雾状、彩虹状等形态,从而将鸡血石分为块红、条红、片红、斑红、星红、霞红等品种。

虽然"鸡血"的多少影响鸡血石的质量,但如果鸡血石质地优良、透明度好、光洁度高,"鸡血"分布的形态和纹饰美丽,即使"鸡血"少,其鸡血石的价格也会升高。

(四) 商业俗称

鸡血石在商业上大致分有如下4种俗称。

1. 大红袍

大红袍是指含血量大于70%的方章,肉眼观察几乎全红,血色分鲜红、大红两种,为产地稀少的品种。

2. 红帽子

红帽子是指方章、对章、古印章、屏风等成品。其特征是上部为全红,状似帽子,其含血量占成品的13%左右,品种较稀少。

3. 刘、关、张

刘、关、张是指血色和种地具有红、黑、白三色相间的方章或工艺品。白色代表刘备,红色代表关公,黑色代表张飞,乃以颜色的不同和分布命名。此品种稀少。

4. 水草花

水草花鸡血石是指在鸡血石白色地子上分布有黑色或深灰色松枝状花纹，伴有点滴状的血，此品种为收藏之佳品。

### 四、质量要求及评价

颜色和质地是鸡血石质量评价的最主要因素。

总体上，工艺上要求鸡血石的"鸡血"多（即辰砂含量多），颜色鲜艳，油脂光泽强，半透明至透明。质地致密、细腻、坚韧、光洁，无裂纹、杂质及其他缺陷，块度大。

（一）血质

血质指"鸡血"的质量，它是鸡血石评价过程中应注意的首要因素，无疑也是确定其档次和经济价值高低的主要依据。工艺美术上要求其血质优良，一般从颜色、浓度、血量、血形四个方面进行评定。

颜色：一般分为鲜红、大红、暗红三级，其中以鲜红为贵，大红次之，暗红再次之。

浓度：指鸡血的聚散程度，一般可分为浓、清、散三级，其中以浓血为上。浓鲜红血的聚集浓度大，在冻地的衬托下具有涌动似的立体感，俗称"活血"，为最高档次的血质。

血量：指鸡血在原石或成品中的百分含量，凡优质鸡血石，其鲜红鸡血含量大于30%者为高档品，大于50%者为精品，大于70%者为珍品。

血形：指鸡血在鸡血石中所呈现出的形态，或人眼所见到的鸡血外形，一般可分为团块状、条带状、云雾状、星散状等，以前两种为佳。在一块鸡血石上，如果不同形态的"鸡血"进行有规律的自然组合，形成千姿百态的美丽图案，则将使鸡血石更加绚丽夺目，价值倍增。

（二）"地"的评价

"地"又称"底子"或"基底"，指鸡血石上除"鸡血"以外的其他石料部分。凡优质鸡血石均需在适宜的地子的衬托下，方可显现出其鸡血之美。因此,地子是鸡血石评价过程中应注意的重要因素,也是确定其档次和经济值高低的主要依据之一。

"地"通常有冻地、软地、刚地、硬地之分。冻地是指质地细腻温润,透明度好,光泽强,摩氏硬度低(2~3),犹如胶冻。软地是指质地细腻,微透明,摩氏硬度较小(3~4)。刚地是指质地稍粗糙,具玉感,摩氏硬度较高(4~6)。硬地指质地颜色发白,质地粗糙干燥,摩氏硬度很高(6~7)。

工艺美术上要求鸡血石的地致密、细腻、坚韧、温润、光洁。一般从颜色、光泽、透明度、摩氏硬度等方面进行评定。

鸡血石"地"的颜色以颜色均匀的单色为佳,杂色为次;光泽以油脂光泽和强蜡状光泽为佳。总体来说,冻地、软地的质量比刚地、硬地的质量好。

颜色:按颜色的差异可划分为单色地、杂色地两类,而以单色地为佳。单色地的颜色以白、黑、黄、灰四色为多,而呈淡绿、淡红色者较少。通常单色地的色调比较单一、纯净,少有掺进杂色者。杂色地具有多种颜色,其中除红、黑、白三色相聚的"刘、关、张"较名贵外,其余的均次之。"刘、关、张"鸡血石等颜色搭配协调的鸡血石价值比单色价值更高。

光泽:不同类型的地子对光的反射程度并不相同,从而表现出不同的光泽。一般以蜡状光泽为最好,如冻地的蜡状光泽就很强,其他地子的蜡状光泽强弱各异。

透明度:地子有透明、半透明、不透明(微透明)之分。凡透明度愈高的地子,其质量就愈好,如冻地属之。按冻地、软地、刚地、硬地的顺序排列,其透明度依次减弱,即从透明或半透明至不透明。

摩氏硬度:优质鸡血石的地子,其摩氏硬度为2~3,如冻地。4~6者次之,摩氏硬度大于6者更次之。按冻地、软地、刚地、硬地的顺序排列,其硬度依次增高。

(三)缺陷

缺陷主要包括杂质和裂纹。

杂质：指赋存于鸡血石中的各种杂质矿物包裹体等。这些矿物主要有石英、黄铁矿等。

裂纹：指赋存于鸡血石中已裂开的纹理，有原生裂纹、后生裂纹之分。原生裂纹在工艺上称为"绺"，是鸡血石形成过程中产生的裂隙。后生裂纹在工艺上称为"裂"，由采矿爆破、加工或受其他外力作用所造成的裂纹。

因此，鸡血石以血量多、血色鲜艳、质地细腻透明、无杂质裂绺者为上品。

**五、昌化鸡血石**

昌化鸡血石产于浙江省临安市浙西大峡谷源头海拔1 000余米的玉岩山，是中国特有的珍贵玉石，具有鲜红艳丽、晶莹剔透的天生丽质，被誉为"中华国宝"。由于具有色彩鲜艳、色形奇异、造型美观的特点，而被誉为"印石皇后"。昌化鸡血石在为中国印石文化的发展作出独特贡献的同时，在玉雕工艺中形成了"鸡血雕"独特流派，其作品以瑰丽、精巧、高雅、多姿而著称。

昌化鸡血石的利用历史悠久。明清时代，昌化鸡血石工艺品已成为皇宫珍品。清乾隆年间，昌化鸡血石载入《浙江通志》："昌化县产图章石，红点若朱砂，亦有青紫如玳瑁，良可爱玩，近则罕得矣。"如今，昌化鸡血石已名扬世界，尤其在日本、韩国和东南亚地区享有盛誉。

昌化鸡血石的主要工艺用途是制作印章、雕刻工艺品和观赏石等。它所展示的东方特色文化，在世界文化艺林中独树一帜，已成为世界赏石者瞩目的焦点。它融观赏价值和文化价值于一体，所展示的东方文化特色在众多的宝玉石中独树一帜，石艺家、收藏家称其"具有国际级身段"，故而受到越来越多的人的喜爱和珍藏。

如今，昌化鸡血石需求层次和人数迅速扩大和增多，它不仅是石艺家、收藏家的偏爱，而且成了人们交往中的珍贵礼品。

(一)矿床特征

昌化鸡血石矿产于浙江省临安市昌化镇玉岩山至康山岭一带。矿区中心位置为东经118度55分,北纬30度15分。矿山走势自上溪乡西北角的鸡冠岩开始,向东北延伸,经灰石岭、康山岭、核桃岭、纤岭等山岭,约10公里。主矿区在海拔1230米的玉岩山北坡。主矿区离南侧的上溪乡政府约2公里,离北侧的新桥乡政府约5公里,离昌化镇50多公里。

矿区地处中山浅谷区,四周群山环抱,峻岭延绵,玉岩山鼎峙其中。昌化鸡血石矿的地形与华夏式构造线有深刻联系。矿区山峰自西南向东北,依次主要有鸡冠岩、灰石岭、蚱蜢脚背、康山岭、玉岩山、核桃岭、纤岭等,海拔大都在1 000米以上。

构造上鸡血石矿位于中生代火山盆地西北翼,呈单斜产出,矿区的构造和出露的地层都较为简单。鸡血石产于侏罗系上统劳村组浅灰—灰白色流纹质晶屑、玻屑凝灰岩中,产出的形态多种多样,顺层理产出或穿插层理产出。矿床明显受地层和构造裂隙的双重控制,成矿具有多阶段性,是典型的火山期后热液矿床。

鸡血石的主要产出层位为侏罗系上统的劳村组,属燕山早期火山活动形式,是一套钙碱系列的安玄岩—安山岩—英安岩—流纹岩和火山碎屑岩组合。其典型岩性是"红层"夹火山岩,所以火山岩以酸性火山碎屑岩居多,酸性及中性熔岩较少。自上而下按岩性变化可分为五个岩性段,第四段为产出鸡血石的主要层位。

昌化鸡血石的产状分为两类:一类顺层理产出,多为似层状、透镜状或不规则团状,沿岩层面和层间滑动面富集断续分布。另一类呈脉状切穿层理,在裂隙中产出。顺层理产出者多为似层状、透镜状或不规则团块状,沿岩层层面断续分布。切穿层理者均在节理裂隙中,多为脉状或沿裂隙分布的不规则小团块状。鸡血石产出层位的岩石普遍发生了交代蚀变作用,主要有硅化、地开石化、明矾石化、黄铁矿化、伊利石化等。其中地开石化和辰砂石化分别生成了鸡血石"地"和"血"的主要成分。

地开石化过程常残留一些次生石英岩化晶屑玻屑凝灰岩或原晶玻屑凝灰岩中的石英斑晶。从鸡血石的产出形态、矿区岩石特征及矿物成分可见,鸡血石矿床为典型的受地层和构造裂隙双重控制的火山期后热液矿床。矿区的火山岩即为鸡血石的源岩,故而该处火山岩和构造背景也就基本代表了鸡血石成矿的构造背景。

(二) 昌化鸡血石的鉴定特征

1. 矿物成分

在鉴定鸡血石时,"地"和"血"的矿物组成是非常重要的依据。鸡血石"地"的矿物成分主要是高岭石和地开石等。"血"的矿物成分主要是辰砂。

2. 化学成分

昌化鸡血石几个主要品种"地"及"血"的化学成分分别见表12-1和表12-2。

表12-1 昌化鸡血石几个主要品种"地"的化学成分(%)

| 品种 | 白冻 | 乌冻 | 黄冻 | 绿地伊利石 | 白冻鸡石 | 乌冻鸡血石 |
|---|---|---|---|---|---|---|
| $SiO_2$ | 45.31 | 47.20 | 45.81 | 35.97 | 42.31 | 48.56 |
| $Al_2O_3$ | 39.45 | 38.00 | 39.27 | 41.16 | 38.64 | 37.03 |
| $Fe_2O_3$ | 0.11 | 0.39 | 0.22 | 1.98 | 0.13 | 0.34 |
| $TiO_2$ | 0.02 | 0.03 | 0.02 | 0.02 | 0.02 | 0.05 |
| $H_2O$ | 14.36 | 13.80 | 14.20 | 6.17 | 17.17 | 13.45 |
| 总量 | 99.25 | 99.42 | 98.52 | 85.30 | 98.27 | 99.43 |

注:据滕瑛、廖宗廷等,2001。

表12-2 昌化鸡血石"血"-辰砂的化学成分(%)

| 血斑组分及元素含量 | | | | | | Σ |
|---|---|---|---|---|---|---|
| S | Mn | Fe | Cu | Ti | Hg | |
| 13.87 | 0.00 | 0.81 | 0.00 | 0.00 | 84.54 | 99.22 |

注:据陈克樵等,2002。

3. 结构和构造特征

鸡血石主要呈显微隐晶质结构、显微粒状结构、显微鳞片状结构。辰砂呈细微粒状、他形粒状或鳞片状。鸡血石主要呈极致密块状构造。

4. "血"的构造

"血"的构造是鉴定鸡血石的另一重要依据。昌化鸡血石的"血"颜色鲜艳,多呈鲜红色,其主要特征如下。

(1)"血"的形状及分布。

"血"的形状呈颗粒状,集合体呈片状、条带状、团块状、细脉状和星点状分布。"血"的周围由半透明的地开石包裹。

(2)"血"与"地"的结合程度。

"血"与"地"结合紧密,有时被鸡血石的"活筋"、纹理等结构穿插,有时可见黄铁矿等包裹体,与仿制的鸡血石有很大的差别。

其他宝石学特征鉴测包括:折射率和密度。但由于鸡血石的折射率难以准确测量,密度、摩氏硬度等参数随"地"的变化而变化,因此,在鉴定鸡血石时这些参数仅作为参考。

(三)昌化鸡血石的质量评价

影响鸡血石质量的要素主要有颜色、质地、透明度、硬度、缺陷与工艺等几个方面。

1. 颜色(血色)

(1)颜色的艳度。

鸡血石的血色通常分为鲜红、大红、紫红、淡红等。造成血色不同的原因,可能与混杂在辰砂矿物中的元素种类、含量或晶体结构有关。

鲜红血,俗称"胭脂红",其色彩给人以鲜艳欲滴的美感,是"鸡血"中最为名贵的血色品种。

大红血,属上等血种,仅艳度稍逊于鲜红,是最常见的血种。

紫红血,俗称"猪血红",亦称暗红。"紫"的程度有所不同,偏鲜的紫红属中上血种,偏暗的紫红属中下血种。造成紫红的原因,主要是辰砂中杂有较多的铁、锰、钛等元素。

淡红血,血色稀淡,属下等血种。

在鉴别血色时,常常遇到在同一块原石或成品上分布着多种级别的血色,这就要看以何种级别的血色为主,来确定其档次和价值。

(2) 血量。

血量是指鸡血石原石或成品中,肉眼可见到的辰砂含量,通常是用目测估算的百分比来确定其多少。"鸡血"(辰砂)含量在工业分类中大致有如下几档。

含血90%左右的为最高档。含血70%左右的为第二档。含血50%左右的为第三档。含血30%左右的为第四档。含血10%～20%及以下的为第五档。石材的整体档次,主要看血色、血形、质地、缺陷等因素综合分析才能确定。

一般来说,质地好的冻石,血量大于30%的就是高档品。超过50%的就成为珍品。超过70%的就可称"大红袍"。成品方章上的血量,除了看血的百分比以外,还要看血色分布的面积。全血和六面红方章为上品,五面红、四面红次之,再次是三面红、二面红,一面红为下品。

(3) 分布形态及综合评价。

血的分布形态是衡量鸡血石品质高低的一个重要标志。血的分布形态大致分为大片状、团块状、条带状、云雾状、星点状、线纹状、像形状七种。

同时还要看整体搭配的效果,作出适当的评价。血形的状态在印章上的分布位置也是影响其质量的因素之一。如血形集中分布在上部和腰部的显眼部位,则是血形分布的最佳位置,档次就高。如血形集中在底部,而顶部和腰部血量少,则影响整体美观,档次就低。

2. 质地

与普通鸡血石一样,昌化鸡血石按质地可分为以下几种。

(1) 冻地鸡血石。

冻地鸡血石的成分是辰砂与地开石、高岭石等矿物组成的集合体,摩氏硬度2～3,微透明至半透明,蜡状光泽,"地"与"血"相互搭配。冻地鸡血石主要品种有以下几种。

豆青地：质地清朗纯净、浸以红斑，清丽脱俗。若质地达到冻地质量，则相应称为豆青冻薄荷冻或薄荷冻鸡血石。薄荷冻的淡绿色是由于其中存在的独立矿物伊利石矿物所致。

桃花地：通体净澈，布满血斑，有如春之桃花瓣撒落，缤纷醒目，温馨和谐，极为美丽，遂为极品。若质地达到冻地质量，则相应称为芙蓉冻鸡血石或桃红冻鸡血石。芙蓉冻的淡红色是由于$Cr^{3+}$的类质同象混入引起。

白玉地：为月白色，无杂质杂色，纯如素玉，鸡血红斑，红装素裹，其丽妍可知。若质地达到冻地质量，则相应称为银灰冻鸡血石。

羊脂地：细腻如羊脂，质纯而温润。若质地达到冻地质量，则相应称为羊脂冻鸡血石。

玻璃地：地子通透，内外含血，叠映生辉，品质不凡。若质地达到冻地质量，则相应称为羊玻璃冻鸡血石。

肉糕地：呈淡肉糕色，微透明匀净。若质地达到冻地质量，则相应称为肉糕冻鸡血石。

牛角地：有黑、灰两色，质地半透明且致密。黑牛角地中以"黑旋风"最为难得，也可称为昌化鸡血石中之绝品。若质地达到冻地质量，则相应称为牛角冻鸡血石。

田黄冻：颜色呈金黄色。亮丽华贵。产于昌化上溪乡，是昌化田黄和鸡血石共生的独石。尊贵的"石中之王"与娇艳的"石中之后"共生而成的田黄鸡血石，可谓是稀世珍宝，流入市面的数量非常稀少。因其非常珍贵，故大多保留原形。田黄冻鸡血石的黄色是由于其中所含的$Fe^{3+}$和$Cr^{3+}$等杂质元素的类质同象混入引起。

（2）软地鸡血石。

软地鸡血石以多姿多彩的软彩石为地，其透明度、光泽度虽不如冻地鸡血石，但不少品种的血色、血形与色彩丰富的质地相融合形成美丽的图纹，却胜过冻地鸡血石。它是鸡血石中最常见的一类，产量约占60%左右。

软地鸡血石的成分是辰砂与地开石、高岭石和少量明矾石、石英细粒组成,蜡状光泽,摩氏硬度3～4,不透明或微透明。

(3) 硬地鸡血石。

硬地鸡血石质地的成分主要是辰砂与硅化凝灰岩组成,摩氏硬度6～7,不透明,干涩少光,俗称"硬货",光泽差,属低档玉料。硬地鸡血石的质地颜色比较单调,较常见的有灰色、白色,也有少量黑色和多色伴生。一般而言,硬地鸡血石难以雕刻,均属低档品。

(4) 刚地鸡血石。

刚地鸡血石"地"的主要成分是辰砂与地开石、高岭石、明矾石和微细粒石英的集合体,分软刚地与硬刚地两类。

软刚地的摩氏硬度为3～5.5。有玉感,不透明,少量微透明。质量好者同软地鸡血石相似,但最大弱点是石质脆,易破裂,尤其是受热、受震的情况下,更是如此。

硬刚地的摩氏硬度大于5.5。刚地以褐黄色、淡红色为主,与冻地、软地鸡血石少数品种的色泽相近,只是石质成分不同,因而产生了硬度、透明度的不同。此品种与俗称"硬货"的石材,从20世纪80年代开始,随着石雕工艺的发展和对鸡血石工艺要求的变化,逐步被人们重视和开发利用,其中还出现了少数名贵的珍品。但大部分不宜雕刻,一般是稍作加工,以其自然美而作为观赏石品种。硬刚地鸡血石的主要品种有刚灰地鸡血石、刚褐地鸡血石、刚白地鸡血石、刚粉红地鸡血石等。

3. 其他质量评价要素

(1) 透明度。

昌化鸡血石的透明度可分为透明、半透明、微透明、不透明等级别。一般而言,透明度越高质量越好。

(2) 光泽。

光泽指鸡血石表面对光的反射强度。辰砂不透明反射率为26.8%。蜡状光泽是昌化鸡血石的主要光泽,蜡状光泽强弱是鉴别昌化鸡血石质地优劣的标准之一。一般而言,蜡状光泽强,透明度高、硬度低,鸡血石质量就好;反之,若蜡状光泽弱,硬度高,鸡血石质量就差。

(3) 摩氏硬度。

昌化鸡血石的摩氏硬度大致分三等:2～3,4～5和6～7。在三级摩氏硬度中,2～3级最易受刀,软硬适中。4～5级不易受刀,雕刻较困难,硬度偏高。6级以上不能受刀,明显过硬。

(4) 缺陷与工艺。

首先,要看原石形状、大小和成品的完整性,即缺陷和裂纹情况。

原石的缺陷主要看是否影响方章的切割,一般而言,能保持方章完整为好。有的原石呈不规则状,影响方章切割,但制成自然形状的摆件和进行工艺品雕刻却有独到好处,故不能以缺损多少来定档次,而应当以其自然形状的优劣来定档次。方章的完整性鉴定是显而易见的,只是对半弧头和自然形方章,不能简单地列为缺损之列。

昌化鸡血石的裂纹可分为原生与后生两类。原生裂纹常被地开石、高岭石、黄铁矿等矿物呈脉状填充,具脉状构造。这类裂纹的特点是,肉眼看了好像有裂,但用小刀或指甲划之又完整无裂。此裂纹是昌化鸡血石成矿期产物,是鸡血石的组成部分,虽对昌化鸡血石花纹和形象有一定影响,但整体档次和价值尚高。后生裂纹主要是采矿爆破所引起的,影响昌化鸡血石的利用质量,如加工得当,可弥补其质量的某些不足,但整体质量档次要下降许多。

其次,还要看质地的杂质和杂色等。杂色表现为鸡血石的"脏色"。其数量的多少、分布的位置将直接影响鸡血石的质量。对于大件的鸡血石摆件,杂色和裂理通常也是难以完全避免的,要视其对整件工艺品美感的破坏程度而定。有时一些杂色如被用作俏色,与"鸡血"相得益彰,浑然一体,反而可增加其美观和艺术性。

(四) 鉴别

1. 昌化鸡血石老坑、新坑的鉴别

昌化鸡血石主矿区在玉岩山腰金鸡山地段。鸡血石有老坑、新坑之别。

老坑石颜色鲜艳,"地"张活,多半透明。产于玉岩山主峰附近地带,水头较足,也称"水坑"。"水坑"鸡血石以血色鲜浓,质地细润而著称,又分为羊脂冻和牛角冻等。

新坑石大多颜色不鲜艳,质地尽管也有半透明,但美感不及老坑石。因含杂质较多,透明度差,水头不足,也称"旱坑"。老坑开采早,已有近千年的历史,曾出产过不少珍品鸡血石。如今老坑资源已近枯竭,市场上所见的多为新坑所产。

2. 昌化鸡血石及其仿制品的鉴别

表 12-3 列出了昌化鸡血石及其仿制品的鉴别特征。

表 12-3 昌化鸡血石及其仿制品的鉴别特征

| 质地 | | 天然鸡血石 | 人造仿鸡血石 | 仿鸡血石 |
|---|---|---|---|---|
| 地 | 颜色 | 色调丰富,种类、深浅分布不一 | 色调单一,常为乳白或灰黑色 | 常为白色或浅黄色 |
| | 成分 | 地开石、高岭石为主 | 人造树脂,密度小 | 地开石、滑石、大理石等 |
| | 透明度 | 各个部分变化大,从半透明到不透明 | 相当均一,常为微透明 | 较均一,常为不透明 |
| | 绺裂杂质 | 常有绺裂,杂质为石英、明矾石、黄铁矿及火山碎屑岩等 | 无绺、无裂、无杂质 | 杂质随成分而变化 |
| 血 | 成分 | 辰砂,少量赤铁矿 | 颜料 | 颜料 |
| | 辰砂特征 | 可见辰砂晶体晶面反光,大小不一的辰砂晶体呈浸染状、块状分布,红色从不同深度透出,形态自然 | 无辰砂晶体,只有颜料颗粒,无光性反应 | 无辰砂晶体,只有颜料颗粒,而且只涂在表面 |
| | 形态 | 自然,受裂隙控制,随裂而变 | 不自然,与裂无关,留有人工痕迹,常无点血 | 不自然,虽有裂但与血无关,有人工痕迹,无点血 |
| | 丙酮或乙醚等试验 | 不反应 | 地和血可能被溶解 | 血可能被溶解 |
| | 加热 | 血色迅速变暗至红褐色,冷却后又可恢复 | 血色不变,超过300℃,地可能软化或熔化、燃烧 | 血色不变 |

注:据包绍华,2002。

### 3. 昌化鸡血石与巴林鸡血石的鉴别

内蒙古巴林鸡血石和昌化鸡血石从外观上一般很难区别,但若仔细观察则不难发现,两者在血色、血形和质地上仍存在一定差异,所谓"南血北地,各有千秋"。两者的主要区别见表 12-4。

表 12-4  内蒙古巴林鸡血石和昌化鸡血石的区别

| 品种 | 矿物成分 | 血色 | 血形 | 质地 | 密度/(g·cm$^{-3}$) | 折光率 | 维氏硬度 | 血色稳定性 |
|---|---|---|---|---|---|---|---|---|
| 昌化鸡血石 | 以地开石为主,含少量高岭石、辰砂(红色致色成分) | 鲜红、纯正无邪,色调较浓 | 不规则细脉状、条带状、团块状,血色分布具方向性 | 坚韧、冻石量少,杂质较多 | 2.585 | 1.562 | 66.14 | 日照不易变色 |
| 巴林鸡血石 | 以高岭石为主,含少量叶蜡石、明矾石、辰砂 | 暗红或大红,色多不纯,色调较浅 | 云雾状、星点状、棉絮状 | 一般细腻温润,冻石量多,杂质较少 | 2.572 | 1.576 | 46.71 | 含 Se 和 Te,日照易变色 |

注:据林嵩山,2000。

## 六、巴林石

巴林石产于内蒙古巴林右旗赤峰山。因其产在内蒙古巴林草原,商品名称为"巴林石"。巴林石与福建寿山石、浙江青田石被称为我国三大彩石,由于巴林石中特产鸡血石,以及随着文化交流、经济发展使巴林石异军突起,以"草原瑰宝"之美称而名扬国内外。特别是在 2001 年 10 月 16 日,经中国宝玉石协会评定,巴林石与寿山石、青田石、昌化石被评为"中国四大名石"。

巴林石的开采利用已有悠久的历史。红山文化时期出土文物中就有鸟形玉、玉蚕、契丹文印等巴林石制品。据考证,元朝初期,人们用它制作生活工艺品,如石碗、石臼等。巴林石被称为"天赐之石",并被制作成各种精美的工艺品。曾有一位老艺人精心雕刻一只石碗献给巴林王,巴林王又将其献给康熙皇帝,康熙皇帝龙颜大悦,对巴林石赞不绝口。从此,巴林石及其制品就成为当地每年向皇宫进贡的贡品。

近代,巴林石与寿山、青田、昌化石被用作印石和雕刻艺术中的原料。又由于巴林石色泽鲜艳、质地透彻明快、受刀感甚佳、产量大而享誉国内外,深受文人墨客、艺术家、收藏家的青睐。

1997年香港回归,内蒙古自治区赠予香港特别行政区的"奔马图",1999年澳门回归,赤峰市赠予澳门特别行政区的"玉玺印",都是用巴林石雕刻制作的。

为了促进巴林石的开发和利用,弘扬中国玉文化,中国巴林石节每年8月份举办一次。中国巴林石价格由20世纪70年代每吨矿石几百元,到现在每吨几万至几十万元,而鸡血石则高达几百万至千万元每吨,极品巴林福黄石更是有价无货。

(一)巴林石地质概况及矿床特征

巴林石矿位于内蒙古巴林右旗北部,该矿地处大兴安岭西南端的东南侧,晚古生代是兴安海槽的一部分,海西晚期形成兴安海西褶皱带,燕山早期受大兴安岭构造岩浆活动影响,形成了大量的火山喷发岩和岩浆侵入岩。

矿区基底地层为上二叠统,岩性为一套砂质板岩。含矿地层为一套中生界陆相火山喷发岩,属上侏罗统玛尼吐组。岩性组合为流纹岩、流纹质角砾岩、安山岩等。该矿属低温火山热液交代型矿床,矿脉严格受南北向断裂构造控制,分段集中、密集成组、平行排列。全矿区划分为5个脉组,每个脉组有矿脉4~8条,其中有工艺价值的矿脉24条,矿脉一般长30 m~100 m,脉宽0.3 m~1.0 m,最宽处2.5 m。矿体赋存在蚀变流纹岩中,矿化蚀变有高岭石化、叶蜡石化、硅化、明矾石化、辰砂等蚀变。蚀变分带明显,由矿脉(高岭石)向两侧变为高岭石蚀变带,高岭石明矾石蚀变带和高岭石硅化蚀变带(见图12-1)。其中鸡血石为含有辰砂化的高岭石。

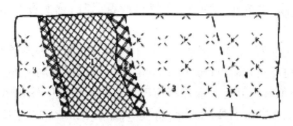

**图 12-1 巴林石矿脉蚀变分带素描图**

1-巴林石；2-高岭石蚀变带；3-高岭石明矾石化蚀变带；4-高岭石化硅化蚀变带（据王子祥，1994）

（二）巴林石的分类

根据内蒙古自治区人民政府制定的《内蒙古自治区地方标准·巴林石》，将巴林石定义为以高岭石、地开石为主的黏土岩。把巴林鸡血石定义为含有辰砂的巴林石。按其颜色、质地和结构分为巴林福黄石、巴林鸡血石、巴林冻石和巴林彩石 4 大类。

1. 巴林福黄石

巴林福黄石与福建省的寿山田黄石齐名。地学界称："南有田黄，北有福黄，只产于中国。"福黄石质地透明，颜色纯正，集细、洁、润等要素于一体，可细分为金黄、金鸡黄、黄金黄、黄金冻、橘黄、金包银等，低档次的有山黄、栗黄等。高档的福黄石价值连城，如 1985 年一块质纯的巴林福黄章，规格为 $4\ cm \times 4\ cm \times 12\ cm$，国际上已超过百万元。现在国内一般小型印章或雕件，其价格均在几万元。

2. 巴林鸡血石

巴林鸡血石以血的艳度、血的状态和质地的透明度来决定鸡血石的质量和确定鸡血石的品种，一般以质地加鸡血来确定品种的名称。巴林鸡血石大致可分为上、中、下三个档次。从颜色的浓度上又可分为鲜血、溅血、浓血几个亚类。从质地上看羊脂冻地、牛角冻地的最好。主要品种有黄冻鸡血石、黑冻鸡血石、羊脂冻鸡血石，此三种为珍品。此外尚有"刘、关、张"、灰冻鸡血石、花石糕鸡血石、水草花鸡血石、芙蓉鸡血石、瓷白鸡血石和红花鸡血石等。

1997年内蒙古自治区成立50周年时,在内蒙古地质矿产陈列馆展出的鸡血石王,高90 cm、厚20 cm,重98 kg,堪称国内外最大的鸡血石王,价值数千万元。而赤峰市巴林右旗的中国巴林石馆(巴林奇石馆)展出的鸡血石重38 kg,亦称鸡血石王。一方上乘2 cm×2 cm×9 cm的巴林鸡血石章,国际市场价高达10万元,国内市场价格约3~7万元不等。

3. 巴林冻石

凡质地晶莹透明或半透明,不论其色泽优劣均归属此类。巴林冻石可分为极品和上、中、下四个亚类,有100多个品种,常见的品种有巴林黄、灯光冻、羊脂冻、桃花冻、芙蓉冻、牛角冻、水晶冻等。

巴林冻石主要制作印章和工艺美术雕件。如中国巴林石馆展出的由56条龙组成的巴林石巨雕,高1.6 m、宽1 m、厚0.6 m,重800 kg,呈群龙飞舞的场面,神态各异,似蛟龙戏水,表现了我国56个民族大团结,龙腾虎跃、奋发向上的精神。为庆祝香港、澳门回归而赠送港、澳的巴林石巨雕,分别重140.8 kg、110 kg。

4. 巴林彩石

巴林彩石常含有两种或两种以上的颜色。彩石石种以绚丽多彩、富于情趣、常伴有天然图形寓于其中,按其自然景象,经艺术家的独具匠心的设计、琢磨和巧雕而成山水、人物、动物、昆虫、花卉等,形象逼真,惟妙惟肖,是玉石艺术品中上等原料。

巴林彩石根据石质的颜色、质地、块度、适刻性等,又可分为若干亚类,常见的品种有山黄石、石榴红、红花石、黄花石、象牙白等。

(三) 基本特征

巴林石有朱红、橙、黄、绿、蓝、紫、白、灰、黑色;不透明—微透明。透明者有蜡状光泽、油脂光泽,也有鸡血石。巴林鸡血石呈致密块状,以灰白色和黑色的底色为主,"鸡血"呈条带状、片状或散点状分布。蜡状光泽或油脂光泽,半透明—微透明。密度约为 $2.6 \mathrm{g/cm^3}$,摩氏硬度为 2～2.5,少数大于 3。

王子祥(1994)根据巴林石的颜色将其分为以下 3 种类型。

单色矿石:乳白、青灰色、浅绿浅紫、黑灰色高岭石。

杂色矿石:由青灰、褐黄、黑灰、紫红、淡青颜色按其中两种或多种组合而成。

鸡血石:颜色鲜红的隐晶质辰砂沿裂隙贯穿,浸染于高岭石内。状态可呈变幻的云雾,缭绕的云雾镶嵌在矿石中。

1. 矿物组成

巴林鸡血石的"鸡血"部分,其主要矿物成分为辰砂。而"地"的主要组成矿物为高岭石和地开石。以前误认为巴林鸡血石是含有鲜红辰砂矿物的叶蜡石。

此外,还有一种角砾状矿石,其原岩为火山角砾熔岩,角砾为大小不等的棱角状或多边形角砾,被火山熔岩胶结。由于热液蚀变,已全部变为高岭石,但仍保持角砾岩的原始面貌。

2. 化学组成

巴林鸡血石的化学组成见表 12-5。由表 12-5 可见,巴林鸡血石的化学组成与高岭石和地开石的化学成分的理论值基本一致。据矿石化学成分分析,决定矿石颜色丰富多彩的因素主要与岩石中铁含量有关。矿石呈褐黄色、紫红色时,其矿石中 $Fe_2O_3$ 含量明显较浅色矿石含量增高。其中鸡血石的色彩变化,主要与矿石中所含辰砂的量和分布特征有关。

表 12-5 巴林鸡血石中高岭石、地开石的化学成分

| 样号 | $SiO_2$ | $TiO_2$ | $Al_2O_3$ | FeO | MgO | CaO | MnO | $Na_2O$ | $H_2O$ | Total | 矿物名 |
|---|---|---|---|---|---|---|---|---|---|---|---|
| 理论值 | 46.54 | — | 39.50 | 0 | — | — | — | — | 13.96 | 100.00 | 高岭石 |
| B-1 | 46.41 | 0.08 | 39.35 | 0.15 | 0 | 0.03 | 0 | 0 | — | 86.02 | 高岭石 |
| B-4-1 | 46.53 | 0 | 39.45 | 0.10 | 0.21 | 0.09 | 0.08 | 0.11 | — | 86.57 | 高岭石 |
| B-2 | 46.47 | 0 | 39.40 | 0.08 | 0 | 0.10 | 0 | 0 | — | 86.05 | 地开石 |

续表

| 样号 | SiO$_2$ | TiO$_2$ | Al$_2$O$_3$ | FeO | MgO | CaO | MnO | Na$_2$O | H$_2$O | Total | 矿物名 |
|---|---|---|---|---|---|---|---|---|---|---|---|
| BL-1 | 46.53 | 0 | 39.51 | 0 | 0.03 | 0 | 0.14 | 0.09 | — | 86.30 | 地开石 |
| B-4-2 | 0.44 | 0.05 | 84.68 | 0.28 | 0.32 | 0.03 | 0.02 | 0.01 | — | 85.83 | 硬水铝石 |

注：据张守亮等，2002。

（四）巴林石的开发利用

巴林石由于颜色绚丽多彩、品种丰富多样、硬度低、易于雕琢，历来被人们用作印章和雕刻艺术品。工匠和艺术家们以其石质颜色、血色、图案等设计雕琢成不同物品。

1. 印章类

方章：名贵者多为鸡血石方章，呈长方柱形。

对章：指大小相同、图案相对称的印章，常作为爱情、友谊的信物馈赠亲友。

自然形章：以底面平整篆刻，上部为自然形态的印章，随意超脱，保持其自然美。

2. 雕件

根据巴林石本身的材质和形状，雕刻成各种形态各异、栩栩如生的玉雕作品，这些作品有的气势恢宏，有的小巧玲珑，深受人们的喜爱。

3. 天然原石

将天然原石经打磨抛光封蜡，以其特有颜色图形而表现出自然美。天然原石常作为观赏石。

## 七、朱砂玉

朱砂玉也称鸡血玉、牡丹玉等。由于这种玉石产在金矿的顶部，当地亦称为"金顶红"。朱砂玉是1981年吉林省地矿局新发现的一种玉石。该矿床产于低温热液型石英脉中，围岩为花岗岩。

鸡血玉为含辰砂的硅质岩(玉髓)。玉髓呈灰白色,辰砂红色,微透明,点测折射率 1.54,密度 2.70 g/cm³,摩氏硬度 6～7。

鸡血玉与鸡血石同样是罕见的宝玉石品种,但两者不同之处在于,前者的"地"是玉髓,而后者的"地"是地开石。据目前已有资料,鸡血玉主要产于吉林省敦化和广西桂林等地。鸡血玉可制作戒面、挂件、摆件、图章等,具有很好的开发前景。

(一) 基本特征

朱砂玉致密坚硬,微透明至不透明,辰砂含量较高处呈似金刚光泽,含量低处为暗淡的玻璃光泽,含很少辰砂或不含辰砂处为油脂光泽。这种含辰砂、基质为硅质的鸡血玉石,质地非常细腻,肉眼见不到粒状矿物。朱砂玉的颜色以鲜红色为主,局部为淡暗红色。这种玉石摩氏硬度 7,密度 3～6 g/cm³(根据含辰砂的量的多少,相对密度有差别)。

(二) 外观特征

该地产的朱砂玉,基本上以鲜红块体为主,有的成条带分布。因含辰砂量高的鲜红色块体,已看不出硅质基质的颜色,在辰砂含量少的部位或充填在朱砂玉孔洞里的石英颜色,为淡灰白色。含辰砂略少的部位,呈猪肝红色。仔细观察朱砂玉的鲜红色块体,有许多具玛瑙缠丝状的色环,色环的颜色略暗;在鲜红色的块体上可看到很细小的石英脉(脉宽 0.1 mm 左右),切割缠丝状色环。

在硅质基质的孔洞或裂隙中,充填一种粒状的亮灰色的金属矿物,矿物粒径为 0.05 mm～0.10 mm。

(三) 化学组分

据陈克樵等(2002)研究,朱砂玉主要由 $SiO_2$(石英)、$HgS$(辰砂)组成,并含微量的 CaO、FeO、MnO 和 Ba 等。

朱砂玉的硅质、重晶石基质以及石英孔洞或裂隙中的金属矿物电子探针定量分析结果,见表 12-6。

表12-6 朱砂玉硅质和重晶石基质电子探针定量结果(%)

| 矿物名称 | 矿物组分及元素含量 | | | | | | | | | | Σ |
|---|---|---|---|---|---|---|---|---|---|---|---|
| | MgO | $Al_2O_3$ | $SiO_2$ | CaO | $TiO_2$ | $Cr_2O_3$ | MnO | FeO | $SO_3$ | BaO | |
| 锐钛矿 | 0 | 0 | 0 | 0 | 99.83 | 0 | 0 | 0 | 0 | 0 | 99.83 |
| 石英 | 0 | 0 | 0 | 0 | 0 | 0 | 0 | 0 | 34.28 | 65.67 | 99.95 |
| 重晶石 | 0.01 | 0.05 | 0.09 | 0 | 0 | 0 | 0 | 0 | 34.43 | 65.29 | 99.87 |

注：据陈克樵等，2002。

### (四) 产状及成因

从产出特征分析，朱砂玉基质的石英不是同一期形成的。因为一种是与辰砂密切共生，组成朱砂玉的基质。另一种形成时代稍晚，常成微细脉，切割朱砂玉中似玛瑙缠丝的色环，或存在朱砂玉的孔洞中。这种孔洞中的石英裂隙中往往夹有细粒的锐钛矿。

从组成朱砂玉的矿物粒度和表面的一些结构特征判断，朱砂玉可能是低温热水溶液中，含辰砂的硅质胶体沉积，其根据是：由硅质基质和辰砂组成的朱砂玉质地非常细腻，肉眼见不到矿物的颗粒；朱砂玉表面能见到像玛瑙缠丝状的色环，色环颜色比正常的鲜红色略暗；据推断，低温热水溶液中含辰砂的硅质胶体沉积过程中，辰砂含Fe量的韵律性变化，形成朱砂玉色环。硅质胶体沉积后，在一定的物理化学条件下，胶体二氧化硅($SiO_2 \cdot nH_2O$)开始脱水、收缩，形成微细裂隙，被后期的硅质所充填，这就是朱砂玉中见到的微细石英脉。

## 第三节 青田石

### 一、概述

青田石因产于浙江省青田县山口一带而得名，是中国篆刻用石最早的石种，是中国历史上著名的石雕材料之一。青田石质地温润脆软，色彩斑斓，易于雕刻，故青田石与福建寿山石、浙江昌化鸡血石、内蒙古巴林鸡血石统称为中国四大印石。

青田石主要分布于山口区,其中以方山一带的山口叶蜡石矿区最大,该矿区呈北东—南西向展布,全长6公里。

青田石雕是中国传统石雕艺术宝库中一颗璀璨的明珠,历史悠久。青田是石雕之乡,青田石雕始于六朝,距今已有1500年的历史。现存于浙江省博物馆内的出土文物——六朝时期殉葬用的小卧猪石雕就是用青田石雕刻而成的。

青田石雕以秀美的造型、精湛的技艺博得人们喜爱,令人叹为观止。优质青田石常用来雕刻印章,同时,青田石也大量用来雕刻人物、动物和植物、花鸟、器皿等艺术品,销往世界各地。但因矿床的长期开采,珍品的稀缺,其售价已大大提高。一枚高约12 cm、每边宽约4 cm、油脂光泽、纯净无瑕的灯光冻石章,售价高达人民币10万元以上。大量质差或劣质的青田石则被用作工业生产,如制作耐火材料、陶瓷、水泥等工业原料。

近年来,随着科学技术和工艺美术的发展,青田石的用途日益广泛,不仅作为雕刻石料、建筑材料和陶瓷原料的填充料,还用作分子筛和人造金刚石的模具等。

## 二、基本特征

(一)外观特征

青田石呈青白、浅绿、黄绿、翠绿、淡绿、紫蓝、深蓝、灰蓝、粉红、灰白、灰等色。呈蜡状光泽、玻璃光泽、油脂光泽,微透明至半透明,少数透明。

青田石的颜色与其所含的微量元素有关。如含氧化铁、黄铁矿,其颜色呈黄棕色、赭色,含赤铁矿呈红色、红褐色,含钛元素呈淡红色,含锰元素呈紫色,含有机碳质呈褐色至深黑色,绿泥石混入则呈绿色等。

(二)主要物理性质

青田石折射率1.545～1.599,摩氏硬度2.5～3,密度约

2.7 g/cm³；耐火度 1 650 ℃～1 670 ℃。质地致密、细腻、坚韧、温润、光洁。

青田石中化学成分的含量决定了石质的硬度。一般 $Al_2O_3$ 含量愈高石质愈软，而 $SiO_2$、$Fe_2O_3$ 含量愈高则石质愈硬。

（三）化学成分

青田石的主要化学成分是 $Al_2O_3$ 和 $SiO_2$，占化学成分总含量的 90% 左右。

（四）矿物成分

青田石主要矿物成分为叶蜡石，其次还含有地开石、伊利石、绢云母等矿物。天然叶蜡石型青田石中很少见到纯叶蜡石，常见有各种杂质伴生。

根据青田石中化学成分，朱选明、亓利剑等（2002）将叶蜡石型青田石划分为以下几种不同类型。

1. 高铁质叶蜡石型

高铁质叶蜡石型青田石的铁的含量明显高于其他类型叶蜡石。该类型青田石的颜色较深，一般为暗红色或黑色，不透明，属于低档雕刻石。

2. 高硅质叶蜡石型

高硅质叶蜡石型青田石的 $SiO_2/Al_2O_3$ 比值较高。该类型叶蜡石在青田石中所占比例最大，由于硅的含量相对偏高，所以石质不够细腻，硬度较大，不利于精雕细琢，属较低档雕刻石。

3. 纯叶蜡石型

纯叶蜡石型青田石化学成分中 $Al_2O_3$ 和 $SiO_2$ 的含量非常接近于叶蜡石理论值，杂质离子替换现象较少，其杂质离子如 $Ti^{4+}$、$Fe^{2+}$、$Fe^{3+}$ 和层间离子 $K^+$、$Na^+$、$Mg^{2+}$ 的含量很少。该类型青田石的颜色一般较浅，以淡青、淡青黄为主，石质细腻，硬度适中，易于精雕细琢，属高档雕刻石。

4. 高铝质叶蜡石型

高铝质叶蜡石型青田石 $Al_2O_3$ 含量偏高，四面体中铝类质同相替代硅的现象普遍。由于铝替代硅，引起四面体电荷不足，由层间吸附 $K^+$、$Na^+$ 离子来补偿，以达到电荷平衡，故层间 $K^+$、$Na^+$ 离子含量明显高于其他类型叶蜡石。$Fe^{2+}$、$Mn^{3+}$、$Cr^{3+}$ 等微量元素替代八面体 Al 的量也较多，导致该类型青田石的颜色丰富。

### 三、主要品种及其鉴别特征

青田石中的名贵品种首推灯光冻，其次为封门青、兰花青、竹叶青、山炮绿、五彩冻。

灯光冻：青色微黄，莹洁如玉，细腻纯净，半透明，产于青田的山口封门、旦洪一带。

封门青：为淡青色，微透，质地极为细腻，产于山口封门矿区。封门青除青色稍淡外，往往在肌理隐有极细的线纹。市场上常以辽宁宽甸石冒充之。宽甸石质细，较透明，光泽好，两者外观上有相似之处，但仔细辨认，辽宁宽甸石的青色偏黄绿，色浮躁，肌理含浅色絮纹，难以受刀。

由于封门青的矿脉较细，储量奇少，颜色高雅，质地温润，硬度适中，是所有印石中最宜受刀之石，因而为篆刻家所青睐，其价值也越来越高。封门青与鸡血石的区别在于封门青色彩天然，绝无人工或他石能仿造，容易辨认。鸡血石以色浓质艳见长，象征富贵，封门青则以清新见长，象征隐逸淡泊，因此，封门青被称为"石中之君子"。

兰花青：又名兰花、兰花冻。色如幽兰，质地明润、纯净，适于奏刀。产于封门、尧士。

竹叶青：又名周青冻。青色泛绿，石质温润细腻。产于周村。

山炮绿：色似翡翠，质细微冻，性坚而脆，纯净少裂者视若珍品。产于山炮。

五彩冻：质地呈黑色，上有红、黄、紫、绿、白等色，细润通灵，质老不易风化。产于旦洪。

### 四、质量评价

工艺美术上要求青田石颜色艳丽、均一,蜡状光泽、玻璃光泽、油脂光泽,半透明至透明。质地致密、细腻、坚韧、光洁,无裂纹、杂质、包体及其他缺陷,块度大。

青田石的颜色与其化学成分有着密切的联系:一般淡黄、黄绿色青田石含 $Al_2O_3$ 较高(28%以上),质量较好,为特级至一级石雕材料;灰色、灰黄色青田石含 $Al_2O_3$ 21%~24%,甚至在21%以下,质量较差;灰紫、紫色青田石含 $Fe_2O_3$ 1%以上。

### 五、成因

青田石矿区位于浙江东南部,区内火山岩广泛发育,其岩性主要为一种变质的中酸性火山岩——流纹质凝灰岩、流纹质火山碎屑岩。青田石成矿时代为晚侏罗纪至白垩纪,其矿床属火山气液交代叶蜡石矿床。叶蜡石矿床是火山活动过程中,伴随岩浆上升的气液交代、分解早期形成的岩石或岩浆物质(如长英质玻璃、火山灰等),在一定的物理、化学条件下改造,经部分或全部脱硅、去杂、物质成分重新组合等过程,就地沉淀或沿裂隙经过运移充填而形成。

## 第四节 高岭石质玉石

### 一、长白石

长白石又称"长白玉"、"马鹿玉",因产于吉林省长白县马鹿沟一带而得名。其物质成分与上述寿山石、青田石、巴林石等有许多相似之处,为中国历史上的著名的印章和石雕材料之一。

长白石矿床产于侏罗纪酸性火山岩、凝灰岩中,属沉积—火山热液型。

（一）基本特征

据赵松龄等研究，长白石主要由高岭石组成，另含少量地开石、叶蜡石、明矾石等。长白石颜色丰富，呈白、灰、绿、灰绿、黄绿、黄、橘黄、青蓝、深褐、褐、红、紫红等色，玻璃光泽，微透明到半透明，折射率约为 1.56~1.60，密度约为 2.00~2.80 g/cm$^3$，摩氏硬度 2~2.5，断口贝壳状，质地致密细腻，坚韧光洁。

（二）分类及品种

按色泽、透明度、质地等的差异，可以将长白石分为以下两类。

1. 长白印石

长白印石是指光泽较弱、透明度较差、质地致密坚韧的普通长白石。长白印石按色泽的差异又可分为单色印石和多色印石。

2. 长白冻石

长白冻石是指光泽强、透明度高、质地致密细腻、坚韧光洁、外观似"肉冻"状的长白石。冻石的艺术价值和经济价值均远高于印石。

按矿物成分及其共生组合，可将长白石分为 5 个自然类型。

（1）地开石型。

地开石型长白石是指组成长白石的主要矿物成分为地开石。

（2）高岭石型。

高岭石型长白石是指组成长白石的主要矿物成分为高岭石。

（3）高岭石—地开石型。

高岭石—地开石型长白石是地开石型和高岭石型的过渡型。其主要矿物成分除地开石外，还有少量高岭石。

（4）石英—高岭石—地开石型。

石英—高岭石—地开石型长白石是指组成长白石的主要矿物成分除地开石、高岭石外，还有少量的石英等。

（5）水白云母型。

水白云母型长白石是指组成长白石的主要矿物成分为水白云母。

（三）开发利用

优质长白石主要用于印章的雕刻和生产。目前,长白石除用作印章石之外,亦广泛用来雕琢人物、花鸟、动物、器皿等艺术品。其产品已远销港、澳、台及亚欧各地,深受人们喜爱。劣质长白石(高岭石矿)用于工业生产,如陶瓷、化工、橡胶、造纸等行业。目前该矿工业高岭石年出口量为 3 000～5 000 吨,年创汇约 60 万美元。

除著名的鸡血石、寿山石、青田石以及长白石等印石外,我国还有许多地方出产印石。较重要的包括以下几种。

1. 陕西五花石

五花石产于陕西省略阳县白水一带。由于它紫红如朱、粉红如桃、白如羊脂、黑色如漆,貌似花斑、彩带之故,因而被称为"五花石"。五花石是一种致密坚硬的高岭石岩。

五花石呈白、灰白、灰、深灰、黑灰黄、粉红、紫红、灰红、灰紫等色,尤其是在一块原材料上往往各色齐备,素有"多色交辉"之称,这是五花石外观上的一个主要特点。通常显玻璃光泽、蜡状光泽,微透明。质地致密细腻,摩氏硬度 2～3,断口呈贝壳状,密度 2.59～2.64 $g/cm^3$,可雕性良好,惟质地较脆。

2. 青海都兰石

青海都兰县发现了叶蜡石质玉雕材料,因产于青海都兰县而得名"都兰石"。其颜色呈浅红、暗黄绿色,微透明至半透明,质地致密细腻。

3. 河南四方石

河南商城县发现了一种比寿山石透明、硬度大的石雕材料,当地称之为"四方石"。

4. 安徽凤脑石

安徽在其与浙江省的交界处一带发现了块状叶蜡石,称"凤脑石"。其颜色以红色为主,间有黄、白色斑点,微透明,但质地不够细润。

## 二、花石

花石又称"大塘石",产于贵州省平塘县。可能是由于它各色齐备,艳丽多彩,加上矿区所在地名叫"开花寨",故名"花石"。

(一) 基本特征

花石五颜六色,花纹美观,显油脂光泽、玻璃光泽,微透明。质地致密、细腻、坚韧。摩氏硬度约 $2\sim3$,密度约 $2.50\sim2.65 \text{ g/cm}^3$。

花石是一种变质程度较浅的黏土岩。其主要组成矿物为高岭石。其次为高岭石的变质产物堇青石、红柱石等。

(二) 分类

花石根据其颜色及矿物组成可分为以下四种类型。

1. 彩霞石

彩霞石为变质揉皱状铁质高岭石岩,呈浅粉红、紫红、浅紫、浅褐、浅黄、浅灰、黑白等色,组成五彩云霞状。

2. 白玉石

白玉石为变质的纯高岭石岩。差热分析表明,白玉石全部由变晶状高岭石组成,并含有多种微量元素。

3. 虎纹石

虎纹石为条带状含堇青石和红柱石的高岭石岩,黑、白两色相间组成条带,并且有揉皱状构造。

4. 珍珠石

珍珠石为变鲕状铁质高岭石黏土岩,呈浅灰、浅黄灰、浅紫、浅褐、黑等色。既有呈单一颜色者,也有呈多色混杂者。

# 第十三章 木变石、菊花石、梅花玉和天然玻璃

**内容提要**

本章首先介绍了木变石的概念及其两种基本类型——虎睛石和鹰睛石。同时介绍了木变石的鉴别特征、市场价格等。重点介绍了河南淅川虎睛石、贵州罗甸木变石猫眼和陕西商南的木变石等。其次介绍了菊花石的主要特征。重点介绍了我国湖南浏阳的菊花石、广西来宾菊花石、湖北恩施的菊花石等。同时介绍了中国奇砚——菊花石砚。再次介绍了河南汝阳所产的梅花玉、金沙江畔梅花玉的主要特征。最后介绍了天然玻璃的两种主要类型——黑曜岩与玻璃陨石的主要特征、加工工艺及成因和产地等。重点介绍了广西玻璃陨石、海南岛玻璃陨石的基本特征等。

## 第一节 木变石

### 一、概念及其分类

木变石是保留了角闪石石棉纤维状结构的石英集合体,纤维平直密集排列。因为它的颜色和纹理与树木十分相似而得名。由于其质地坚韧,色泽特异,因而早就成为人们喜爱的一类玉石,在我国宝玉石市场上,占有一定的地位。

木变石的颜色常为褐色、黄褐色、蓝色和蓝灰色,颜色是由石棉中析出的铁质沉淀在纤维状石英颗粒孔隙中造成的,微细的纤维状十分明显。木变石的质地细腻,具强丝绢光泽,不透明。摩氏硬度7,密度 $2.64 \sim 2.71 \text{ g/cm}^3$。韧性较好。木变石是一种硅化的石棉,木变石的化学成分为 $SiO_2$。

木变石是由蓝色或绿色纤维状石棉脉，经酸性热水溶液交代，石棉中的铁和镁析出，变成了纯 $SiO_2$ 集合体而形成的。这种硅化石棉如果成为一种玉料，则称之为广义的木变石。木变石根据颜色和纤维的排列状况又分为虎睛石和鹰睛石。一般将黄褐色的木变石称为虎睛石，蓝色的木变石称为鹰睛石。

虎睛石是黄褐色、棕黄色木变石琢磨成弧面型宝石后，所具有的猫眼效应而得名。虎睛石除黄色纤维外，尚有较多的蓝色和红色纤维，呈蓝、褐、红相间的斑杂，整体上以黄色为主。鹰睛石是灰蓝色或暗灰蓝色的木变石琢磨成弧面型宝石后，所具有的猫眼效应，类似"鹰眼"而得名。鹰睛石是青石棉没有被石英完全代替，从而保持了原来青石棉的灰蓝色。

## 二、评价

木变石和虎睛石属中档玉料，一般用作项链和玉器雕刻材料。评价与选购的依据是：质地是否细腻，颜色淡雅以及块体大小。工艺美术上将虎睛石原石分为三级：一级虎睛石，呈黄色、红蓝色，色泽艳丽，有一定透明度，质地致密细腻，坚韧光滑，无杂质裂纹、空洞及其他缺陷，块重 10 kg 以上；二级虎睛石，色泽艳丽，微透明，质地致密、细腻、坚韧，有微量杂质，但无裂纹、空洞及其他缺陷，块重 5 kg 以上；三级虎睛石，色泽艳丽，微透明，质地致密、坚韧，有杂质、裂纹等缺陷，块重 2 kg 以上。

虎睛石饰品在市场上非常抢手，市场价格也较好，结晶程度和透明度较高的虎睛石手镯一只售价在 8 000～10 000 元，一串佛珠售价在 5 000～8 000 元，一枚虎睛石戒面售价在 500～1 000 元。相同质量的鹰睛石的价格要比虎睛石饰品高出 50％左右。

世界上最大的虎睛石、木变石矿床位于南非德兰士瓦省。除此之外，还有南非葛利考兰及澳大利亚、巴西等国。我国虎睛石最著名的产地是河南省内乡—淅川一带，还有陕西省商南东南部、贵州罗甸以及湖北省郧西等地。

### 三、河南淅川虎睛石

河南内乡—淅川一带的虎睛石矿是在20世纪50~70年代勘察蓝石棉矿时发现的,20世纪70~80年代有少量开采,目前已在火石寨、大龙庙、马头山、瓦子山一带形成一定的生产规模,年产量可达数十吨左右,主要销往广东、辽宁及其他地区。玉石的加工性能良好,玉雕及工艺效果极佳。

(一)虎睛石类型

刘国范、杨振军等(2003)按颜色将其分为4种。

1. 金黄色虎睛石

金黄色虎睛石即最常见的"虎睛石"或"虎眼石"。虎睛石呈脉状、大小不一的透镜体和豆荚状,产于破碎带中部或两侧,矿石呈细粒斑杂状结构或纤维状结构,块状构造,蓝石棉纤维集合体呈簇状,方向各异,色杂。由于后期的褐铁矿化,致使虎睛石呈现金黄色或黄褐色,强丝绢光泽或金刚光泽,微透明或半透明,摩氏硬度达7以上,具有较强的猫眼效应。

2. 纯蓝虎睛石

纯蓝虎睛石即"鹰睛石"。颜色单一,蓝石棉纤维排列不规则,细小裂隙发育,硅化程度较低,可见到硬脆石棉纤维,矿石呈细粒结构、纤维状结构,块状、似蜂窝状、条带状或皮壳状构造,强丝绢光泽,微透明或半透明,具有较强的猫眼效应。

3. 紫红色虎睛石

紫红色虎睛石颜色为紫红色。呈细粒纤维状结构,致密块状构造,强丝绢光泽,具明显的猫眼效应。

4. 多色虎睛石

多色虎睛石也称"斑马虎睛石"或"斑马虎眼石",颜色呈红、蓝、黄、乳白色等,石棉纤维排列方向不规则,夹杂有石英、褐铁矿、镜铁矿等,细小裂隙发育,孔隙多,质差,利用率低。

(二)虎睛石的矿物和化学成分

河南淅川虎睛石的原岩矿物成分主要为碱性和碱土性角闪石石

棉两大类。

虎睛石的主要矿物成分为玉髓和石英。有时伴生有黄铁矿、赤铁矿（褐铁矿）、钠长石、方解石等。其中，玉髓为无色隐晶集合体，具油脂光泽。

据刘国范等（2003）报道，虎睛石化学成分中 $SiO_2$ 含量 90%～99%，FeO 0.049%，MgO 0.049%，CaO 0.039%，$Al_2O_3$ 0.039%，$K_2O$ 0.029%。

### 四、贵州罗甸木变石猫眼

罗甸县位于贵州省南部边陲，隔红水河与广西天峨、乐业两县相邻。20 世纪 90 年代初，罗甸县羊里乡龙井村在开采蓝石棉矿时，发现一种灰绿色玉石，经贵州省黄金珠宝检测中心质量检验，被确定为木变石猫眼。该地区发现的木变石猫眼达宝石级。该地区是我国继河南淅川之后发现的又一木变石猫眼的产地。

（一）木变石猫眼的矿物组成

罗甸木变石猫眼的主要矿物为石英，其次为极少量的阳起石、透闪石和斜长石等。

矿物集合体呈致密块状、板状或长柱状产出，不透明至半透明，颜色有灰绿、浅绿、深绿、墨绿、灰蓝、蓝绿、米黄等色，其中以灰绿、灰蓝、蓝绿色为主，丝绢光泽，表面可见绢丝纤维的平行条纹。

罗甸木变石猫眼的密度 2.681 g/cm³，摩氏硬度 7.1，折射率 Ne 为 1.553，No 为 1.544，双折射率为 0.009。长短波均无荧光性。沿纤维条纹的垂直方向切割，加工成素面宝石，可呈现一条耀眼的光带，呈现出猫眼效应，但眼线较宽，明亮度较差。

（二）木变石猫眼显微特征

显微镜下观察可见硅化的石棉纤维大致呈定向平行排列，偶见硅化的螺旋状石棉纤维，石棉纤维长度较短，纤维直径较粗，这是导致猫眼效应不好、眼线较宽的主要原因。样品中硅化的石棉纤维分布不均匀，石棉纤维集中的区域颜色较深，而石棉纤维相对稀疏的区域则颜色相对较浅，甚至达到灰白—白色，成分几乎为纯的石英质。

贵州罗甸木变石猫眼是二叠纪辉绿岩接触蚀变带上的蓝石棉经过硅化而形成的。木变石成分被 $SiO_2$ 交代形成致密块状、板状或长柱状，矿物组成以石英质为主，但仍有原矿物闪石石棉的残留，矿物结构属天然多晶质类。

（三）木变石的经济价值

河南省淅川是我国最早发现木变石的地区，目前已形成各种系列的木变石饰品、工艺品。其次在河南西峡、陕西商南、贵州省罗甸县、织金县均有木变石产出。木变石在玉石类中属中低档玉石原料，但其中也有品质上乘的中档原料，提高木变石产品工艺的附加值，可取得较好的经济效益。

河南淅川木变石猫眼矿床经多年开采，产量逐年减少，不能满足日益发展的珠宝加工业需求。而贵州罗甸木变石猫眼的研究和开发不仅满足了宝石市场的需求，也将为当地经济的发展带来较好的经济效益。

### 五、商南虎睛石

商南虎睛石产于陕西省商南县冯家岭、双庙岭、大苇园、十里坪等地的蓝石棉矿中。受断裂带控制，已知含矿体长数十至数百米，厚数米至数十米。

商南虎睛石主要有两种，一种是黄色、褐黄色，常称为虎睛石；另一种是蓝色、蓝灰色，称为鹰眼石。微透明至半透明，纤维状结构，丝绢及蜡状光泽，它是蓝石棉的硅化产物。琢磨后，整块玉石在明亮的棕红色底色上，闪烁着金黄、金红或蓝石棉纤维的丝绢光泽，颇似老虎的眼睛。商南虎睛石常用作首饰、工艺品及观赏品，晶莹华贵，很受消费者青睐。

## 第二节　菊　花　石

### 一、概述

菊花石是我国特有的一种具有观赏和收藏价值的玉石品种。菊花石通常是由一些较粗大的呈放射状排列的针状、长柱状或片状矿物的集合体组成。因形似菊花状而得名。这些矿物包括红柱石、天青石、硅灰石、钠沸石、电气石等。菊花石属沉积成因的碳酸盐岩。

菊花石天然产出，颜色黑白分明，白色构成千姿百态的花瓣，犹如盛开的菊花，令人赏心悦目(图13-1)，加之石质细腻，软硬适中，易雕琢成各种观赏奇石和工艺品，优雅高贵，是人们喜爱与收藏的石雕珍品。菊花石的发现已有数百年，制成各种观赏石和工艺品流传于世，是玉石工艺品的一朵奇葩。

1959年，湖南省工艺美术研究所工艺师徐佑章、李玉光等，雕刻了一座取名为"菊魁"的作品，石雕高112 m、长60 cm、宽48 cm，重约40 kg。花瓣最长36 cm，最宽9 cm，形态洁白晶莹，潇洒飘逸，错落有致，现存于北京人民大会堂湖南厅，为我国石雕中的一件国宝。

图13-1　菊花石

游杰辉创作的菊花石《九龙百花屏》(图13-2)，宽186 cm、高128 cm，共有菊花118朵，贝类4个，为目前规格最大、化石最多的菊花石雕。

图13-2　菊花石《九龙百花屏》

## 二、广西来宾菊花石

### (一)地质特征

广西菊花石产地位于来宾县城城南 5 公里外的红水河铁桥一带。菊花石产于广西中部来宾县一带下二叠统栖霞组中—上部的一套深灰—黑灰色含燧石团块的条带状生物屑泥粒岩、泥粒岩、灰泥岩夹泥质岩组合中,整个含菊花石岩段普遍含不等量的生物屑和有机质。生物以钙藻类、有孔虫、竹蜓、珊瑚、苔藓虫为主,次为腕足类、棘皮类、腹足类、介形虫类及少量三叶虫、硅质海绵骨针和放射虫等。菊花石在岩层中呈稀疏状、星散状沿层面或层内分布,一般数平方米内仅一朵,偶尔 $1 m^2$ 内 2~4 朵聚集,分布极为均匀。

### (二)化学组成及矿物组成

广西来宾县菊花石矿物组成主要由天青石或菱锶矿、方解石和玉髓三种矿物组成。天青石或菱锶矿($SrSO_4$)为原生矿物,后经碳酸盐化形成方解石,再发生硅化形成玉髓,玉髓晶化后则形成放射状石英。

### (三)菊花石的分布特点

菊花石在岩石中分布不均匀,呈稀疏、星散分布,如有的岩石中在数平方米内仅见 1 朵"花朵",但有的地方在 $1 m^2$ 内可见 1~5 朵,偶尔可高达 10 朵左右,其排列无明显定向性。菊花石的大小差别很大,"花朵"直径从 1.5 cm~50.0 cm 不等,形状以菊花状为主,也有呈不规则放射状。据李军虹、赵珊茸等(1999)研究发现,显微镜下,在粗粒泥灰岩中菊花石比较发育,而在细粒泥灰岩中则非常少见,表明从空间上其发育与地层岩性有关。

### (四)菊花石的形貌特征

菊花石由花蕊和花瓣两部分组成,花瓣以花蕊为中心向外生长,呈放射状排列,花蕊与花瓣的界线一般不太分明。据菊花石的形貌,可将其分为以下几种类型。

似圆球状:花朵似球形,花瓣长短较均匀,花蕊与花瓣界限一般较分明。

蝴蝶状：花瓣长短不匀,主要沿两个相反方向呈伞形对称发育,其他方向不甚发育,形似蝴蝶。

鸡爪状：花瓣较稀疏,长短不均,沿某一个方向发育,其他方向几乎不发育,形似鸡爪。

单晶状：呈菱形方解石集合体,不呈菊花状。

不规则状：花瓣长短不均匀,自由延展,形态不规则。

### 三、湖北菊花石

湖北菊花石产于恩施地区,又称三峡菊花石。湖北菊花石分布广,蕴藏量大,现已开采及利用,是国内菊花石的重要产地之一。

#### （一）一般特征

湖北菊花石外观呈块状,致密坚硬,由灰黑色基底和白色菊花两部分组成,有时见白色方解石细脉穿插和体态较大生物化石点缀。

基底呈灰黑色,由生物碎屑和泥晶两部分组成。生物种类繁多,有蜓类、腕足类、孔虫类、苔藓虫类等。其碎屑大小不等,一般 0.1 mm～2 mm,个别较大,可达 20 cm。泥晶为细小粒状或扁平粒状,粒径 0.005 mm～0.03 mm,充填在生物碎屑颗粒之间起胶结作用。基底的矿物组成主要为方解石,其次有少量石英和白云石,微量矿物有碳质、黄铁矿、褐铁矿等,有时见自生钠长石晶体和黏土矿物等。

吴国谋(1999)依据花形的完整程度将其分为三种。

1. 花蕊花瓣菊花石

这是菊花石的上等品种,花瓣为向四周散开的放射状,形态多样,有蝴蝶状、绣球状、凤尾状等。花蕊呈圆形,位于花瓣中心。菊花大小不一,直径一般 5～15 cm,最大者可达 40～50 cm。

2. 花瓣无花蕊菊花石

此品种菊花石外形较好,但不如完整花形美丽。其特点与花蕊花瓣菊花石相同。

3. 无花形菊花石

该品种为菊花石下品,花形呈似脉状、不规则状、星点状等散落在基底上。

菊花石花瓣放射状实为一个个菱面体晶体形态紧挨或断续连接所致,其矿物成分主要是方解石和玉髓(石英),有的含菱锶矿及天青石。矿物生成顺序及交代现象明显,显微镜下见花瓣中有基底生物碎屑灰岩被交代的残余。菱锶矿沿天青石颗粒边缘交代。菱锶矿位于中央,四周为方解石、玉髓(石英)组成环带构造,等等。花蕊主要由方解石和玉髓(石英)组成。菊花石的化学成分主要由 CaO、$CO_2$ 及 $SiO_2$ 组成,有的 SrO 含量高(表 13-1),并且 SrO 的含量与 CaO、$SiO_2$ 呈反比关系,即 CaO、$SiO_2$ 的含量越高,SrO 的含量越少。

表 13-1 湖北菊花石的化学成分(质量分数%)

| CaO | MgO | BaO | SrO | $SiO_2$ | $CO_2$ | $SO_3$ | 合计 |
|---|---|---|---|---|---|---|---|
| 18.01 | 0.17 | 0.25 | 35.21 | 16.75 | 28.82 | 1.25 | 100.46 |
| 37.74 | 0.21 | 0.08 | 1.71 | 29.15 | 30.66 | 0.14 | 99.69 |

注:据吴国谋,1999。

(二)形成成因

吴国谋(1999)对湖北菊花石的地质产出和岩石特征进行研究后,认为湖北菊花石是含锶高碳酸盐岩在成岩深埋藏阶段后期经重结晶—交代作用形成的。

1. 物质来源

菊花石作为一种沉积成因的碳酸盐岩,仅赋存在下二叠世栖霞组灰岩段的生物碎屑灰岩中,其他层位及岩石中未发现。因此,菊花石的物质来源必然与其依存的生物碎屑灰岩有关。从化学组成可知,它们有相同的化学成分,富含 Ca、Si 和 $CO_2$ 等。

吴国谋(1999)对湖北数地二叠系栖霞灰岩的 Sr 成分进行分析,恩施含菊花石生物碎屑灰岩的 Sr 含量最高,为 0.085%~0.135%,高于世界碳酸盐岩 Sr 平均含量 0.061%(据 Turekien,1956),属于含锶高灰岩。而湖北鄂州等地同层位灰岩 Sr 含量低,也不含菊花石。

因此,恩施二叠系含锶高的生物碎屑灰岩,不仅提供了菊花石的主要成分 Ca、$SiO_2$、$CO_2$,而且为最多显著特征锶矿物组成提供物质来源。总之,没有含锶高的碳酸盐岩是产生不出菊花石的,这也是菊花石稀少,产于一定层位的重要原因。

2. 生成阶段

恩施菊花石产于二叠系栖霞灰岩,生成在 2 亿多年前。但众多证据表明,菊花石与基底生物碎屑灰岩是不同成岩阶段在不同成岩环境下形成的。基底生物碎屑灰岩从松散沉积物到固结成岩,成岩作用有重力胶结、压溶缝合线、泥晶化、白云石化和自生长石等结构特征,反映它经历了早期和中期成岩阶段。而菊花石矿物组成具粗晶结构和交代结构,并在菊花石颗粒内包裹有基底岩石,说明菊花石是在基底岩石固结后才开始生成。此外,晚期方解石细脉穿插菊花石,或与之相连。故菊花石为成岩中期深埋藏阶段后期生成。

3. 形成方式

整个恩施地区大面积出露的都是沉积岩地层,没有任何岩浆活动和变质作用。因此,吴国谋(1999)研究认为,菊花石的生成只与沉积成岩作用有关,其形成过程为基底生物碎屑灰岩到深埋藏阶段后期。由于温度压力高,粒间水及层间水溶有较多的 Sr、Ca、Si、$CO_2$ 等,可能因蒸发或比重等因素,先是造成 $Sr^{2+}$ 过饱和,与 $SO_4^{2-}$ 结合生成天青石,并长大为粗晶,具完好的板柱状晶形。之后,由于组分的不断变化,早期形成的矿物被后期矿物交代,发生菱锶矿交代天青石,玉髓(石英)、方解石交代天青石、菱锶矿等,交代强烈甚至完全取代,仅保留菱面体假象。因此,湖北菊花石是通过重结晶—交代作用形成的。

## 四、庐山菊花石

(一)庐山菊花石的特征

庐山菊花石外形酷似菊花。主要由玉髓和方解石等矿物集合体及基底组成。以产于庐山鄱阳湖畔的菊花石质量为最佳,十分罕见。其形态优美,蕴意深刻,极具观赏收藏价值。

庐山菊花石花形直径大者可达 20 cm～30 cm,由灰—浅灰色花蕊及浅灰—白色花瓣组成,产于黑—灰黑色基底之中,花瓣与基底色差明显。花蕊与花形直径比为 1∶3～1∶10,比率变化大。菊花多呈单朵状,花朵间距多大于数十厘米。花朵间距较小时,可加工成含两朵或数朵花的高档观赏石。极少见由十余朵花构成的观赏石,如其花形优美、分布得体,艺术观赏性强,则属珍品,价格以数万元计。

庐山菊花石花蕊主要由微粒石英及玉髓组成,质地坚硬,一般与黑色基底及浅灰—白色花瓣的界线较明显。庐山菊花石每朵花瓣呈长柱形,平行柱的纵切面为长条形,垂直柱的横切面为菱形。花瓣主要由方解石及 15%～20% 的滑石和约 10% 的石英组成。三种矿物多呈细—中粒结构,有时在每朵花瓣中心部位可见粒径达 3 mm～5 mm 的方解石单晶,显示从边部向中心晶体颗粒变粗的生长过程。花瓣与基体的边界清晰、平整。

(二) 评价

庐山菊花石可以从花形、花群、加工三方面进行评价。

首先,应观察花形的大小、清晰度及完整程度。花朵直径愈大,愈美丽、愈有气度,也愈为稀罕。花瓣与基底黑白分明,界线清晰,花蕊和花瓣及基底发育完整、大小比例适当、层次清晰者为上品。

其次,观察花朵的数目及它们的分布和结构。花数多者稀少、罕见、珍贵。花朵的分布、结构不能过散,宜疏密相称,大小相衬,给鉴赏者以瑰丽大方、错落有序之感。

最后,由于庐山菊花石成品系艺术观赏品,它的加工应十分精心细致。加工时应仔细考虑它的取材切割,最好是使成品的总体造型不仅具有强烈的自然美感,而且具有深远的意境。

**五、中国奇砚——菊花石砚**

菊花石不仅具有很高的观赏和收藏价值,而且还可制作成菊花石砚

(图13-3、13-4、13-5及13-6),菊花石砚属中国奇砚。相传清乾隆年间,浏阳永和镇村民欧阳锡藩等在河底采石时发现菊花石。菊花石砚高雅别致,俏俊可爱。据考证,菊花石砚是我国最早出现的砚石。

图13-3　浏阳菊花石龙菊砚

图13-4　永丰菊花石砚

图13-5　泸溪菊花石牛砚

图13-6　浏阳菊花石龙砚

清末,菊花石雕技艺成熟,菊花石雕艺术品已成为当时敬献皇帝的贡品。一些菊花石砚精品也为文人雅士所喜爱和珍藏。谭嗣同、梁启超等都收藏了菊花石砚精品,特别是谭嗣同酷爱菊砚,善题砚铭,自谓"菊花石之影",以表达他对故乡浏阳的一片深情。

首都博物馆馆藏清朝道光年间浏阳菊花石随形砚一方(图13-6)。砚呈深灰色,砚长20 cm、宽15.5 cm、厚5.7 cm。造型洗练、古拙,又十分突出菊花石花纹的特有风韵。

民国时期,菊花石砚经过制砚大师戴清升的全面发展,技艺更加完善。他创作的"梅菊瓶"、"梅兰竹菊横屏"在1915年巴拿马万国博览会上获金牌奖,被誉为"全球第一"。

## 第三节 梅花玉

### 一、概述

梅花玉,又名汝石。因产于河南省汝阳县而得名。据《直隶汝州·卷九》载:"汝石,出汝河,取供盆玩,古色斑烂,花纹杰然。"曾被汉光武帝刘秀册封为"国宝"。

汝阳梅花玉开发历史悠久。史料记载,汝阳梅花玉,开采始于商、周,鼎盛于东汉。考古学家曾在商周遗址中发现许多梅花玉饰品,在汉墓中也有梅花玉珍品出现。由于玉矿的局限性,长期和过量开采,曾使该玉矿枯竭而不复存在。1983年,梅花玉矿在汝阳县重新被发现,使这一古老玉种重放异彩。

梅花玉为我国独有的玉中奇葩,以奇特的梅花图案和优良的工艺性能,一直被世人称赞,堪称神州瑰宝。梅花玉含多种微量元素,长期接触、使用该玉制品,有治疗保健作用。因此,又被称为"长寿石"。也因含有多种微量元素,装有杜康酒的梅花玉雕瓶,曾被外交部礼宾司作为国礼馈赠外国元首。1998年国际象棋大赛和1990年第11届亚运会所颁奖杯,均为汝阳梅花玉雕制品。

梅花玉区别于其他玉石的优点是玉石本身含有大量色彩丰富的杏仁体和细脉状条纹,这些大大小小、形态各异的杏仁体和细脉状条纹组成天然彩色花纹和图案。这些图案,有的如朵朵梅花,含苞待放,栩栩如生;有的如各种珍禽异兽,呼之欲出;有的花绽如烟如霞,像飞天的仙女;有的图案像一头鹿,又像一只鹤,千姿百态,令人浮想联翩,意寓无穷。因此,梅花玉具有极高的观赏价值。这些花纹和图案个体不大,适合于近观,因此,梅花玉适合制作一些中小型雕件。另外这些花纹图案在光洁的平面上才能得以充分地展示,因此,在工艺品设计中应力拓正面,例如玉屏、玉扇等造型。

## 二、河南汝阳的梅花玉

(一) 主要特征

梅花玉颜色呈黑色、黑绿色、少量黑紫色。斑状结构杏仁状构造及块状构造。具油脂光泽,基质雏晶—玻晶交织结构。玉石致密坚硬,摩氏硬度5.2,密度 2.74 g/cm$^3$。

梅花玉的岩性为黑色或肉红色杏仁状玻基粗面安山岩。玉石可分为两大部分:基质和杏仁体。基质呈深色,矿物成分以火山玻璃为主,钠长石次之。火山玻璃具明显的羽状脱玻结构。钠长石占20%～30%,呈细板柱状,柱长约 0.04 mm～0.3 mm,互相穿插,形成毡状交织结构。少量钠长石晶体粗大,呈柱状斑晶分布在基质之中。细粒矿物呈交织结构,从而使岩石质地坚韧、细腻。

杏仁体颜色丰富多样。梅花玉中杏仁体占20%～40%。杏仁体的形态各异:有圆形、椭圆形、豆荚状、云朵状和不规则状。杏仁体的粒度 1 mm～10 mm 不等,个别大者可达 20 mm。杏仁体长轴按一定方向排列,显示出火山岩的流动构造。

杏仁体中充填物主要为石英和长石,其次为绿帘石、绿泥石、方解石或以上矿物混合物。这些矿物充填在岩石中不同方向和形态的裂理中,形成树枝状,酷似干腊梅树,因而得名"梅花玉"。

(二) 梅花玉的成因

火山岩在原岩形成时,其内部的杏仁处均为气孔,成岩后岩石遭受后期构造运动,产生破劈理。溶液沿劈理进入各杏仁状孔洞,生成各种次生矿物,其中以石英、绿帘石为主,其次为钾长石、方解石、黑云母、绿泥石和含铁矿物等。这些色彩丰富的矿物充填在杏仁体和裂隙之中,组成各种美丽的图案。其中白色杏仁体主要为石英和方解石充填。矿物沿杏仁壁,从边缘向中心生长,外部的矿物粒度比中心的细。绿色杏仁体中生长着绿帘石和石英。绿帘石主要分布在杏仁体中部,呈粒状或他形,粒度 0.05 mm～1 mm。石英主要分布在外圈。有的绿色杏仁体中的主要矿物为绿泥石,绿泥石由绿帘石蚀变而成。黑色杏仁体中的主要矿物为黑云母、磁铁矿、石英。黑云母在薄片中呈棕褐色，可见六边形粒状晶体，粒度 0.06 mm 左右。红色杏仁体主要矿物为微斜长石和含铁矿物。有的杏仁体由多种矿物组成。这些不同颜色矿物组成的杏仁体和细脉状条纹分布在黑色明亮的基底上，形成各种美丽图案的"梅花玉"。

### 三、金沙江畔梅花玉

梅花玉以河南汝阳的梅花玉为代表。据邱朝荣（2002）报道，在金沙江畔的云南水富县与四川宜宾接界处，有质量上乘的梅花玉产出。

据赏石家、地质学家张家志教授考证，该梅花玉形成于八亿年前，分布在巧家、永善、绥江、水富等县以及对岸的会东、宁南、金阳等县的沿江岸。梅花玉在金沙江石种中独显风骚，其特点为石质坚硬、细腻，摩氏硬度在 7 以上。因硬度极大，且韧性又极差，该玉石于河床激流中滚动碰撞，易于破损，多数梅花玉的石体本身均留下不同程度的破损痕迹。其化学性质极为稳定，不易风化，遇酸碱物质不易被腐蚀或褪色。

金沙江畔梅花玉石常以赭石为底色，图案纹样为黑色，古朴典雅。也有以棕黑色为底色，图案为灰色。配以白梅花点，对比度十分强烈、醒目，更为珍贵的是在同一块石头上同时出现粉绿、赭等色块相组合，色彩和谐，颇具观赏价值，为画工之笔所不及。

金沙江畔梅花玉石质地细腻，光泽明亮，花纹别致，具良好的工艺性能。梅花玉底色有黑、褐、灰三种，以黑色最为常见。评判优劣，通常以底色黑，光泽亮，梅花多，颜色俏，枝干全者为上品。

## 第四节 天然玻璃（黑曜岩和玻璃陨石）

### 一、概述

天然玻璃的岩石名称为黑曜岩或玻璃陨石。

玻璃陨石，我国古称雷公墨。一般呈墨绿色或深绿色。直径 1 mm～50 mm 以上，重量一般为几克到十几克，最大重量 3.2 kg。它的主要成分是 $SiO_2$，与地球上其他玻璃质岩石相比，MgO 含量高，$K_2O$ 和 $Na_2O$ 含量较低。有少量其他矿物的细小包裹体，如焦石英、柯石英、锆石、金红石、铬铁矿和独居石等。水分极少，平均为 0.005%。其折射率与密度成正比，而与硅含量成反比。

玻璃陨石中最重要的一种是莫尔道玻璃陨石。这种陨石往往很像黄绿色橄榄石，于 1787 年首先发现于捷克斯洛伐克的莫尔道，因此而得名。在为数众多的玻璃陨石中，可作为玉石的，只有莫尔道玻璃陨石一种。

据报道，西安市的一位宝玉石收藏者在国外收藏到一重约 8 120 g 的玉石，经鉴定，这块 135 mm×196 mm×308 mm 大小的玉石是玻璃陨石。这块褐绿色的玻璃陨石呈自然的"元宝"形，半透明，油脂光泽。据《中国宝石资源大全》记载："我国目前所收集到的最大玻璃陨石单体重量为 900 克。"因此，这块特大型玻璃陨石实属罕见。

## 二、主要特征

(一) 外观特征

天然玻璃的结晶状态为非晶质体，常为致密块状。常见颜色：玻璃陨石为中至深的黄色、灰绿色。火山玻璃呈黑色（常带白色斑纹）、褐色至褐黄色、橙色、红色，绿色、蓝色、紫红色少见。

(二) 物理性质

天然玻璃呈玻璃光泽。无解理，断口呈贝壳状。摩氏硬度 5～6。密度：玻璃陨石为 2.36 $g/cm^3$，火山玻璃为 2.40 $g/cm^3$。

(三) 光性特征

天然玻璃为均质体，常见异常消光。无多色性。折射率 1.49。通常无紫外荧光。放大检查常见圆形、拉长气泡和流动构造。黑曜岩中常见针状晶体包裹体。

### 三、分类

根据黑曜岩的形状可将其分为以下几种类型。

#### (一) 条带状黑曜岩

条带状黑曜岩的条带类似玛瑙,不同之处仅在于黑曜岩的条带呈波状起伏,而玛瑙的条带则呈同心层状或曲线状。

#### (二) 缟状黑曜岩

缟状黑曜岩具有平直的平行条带,与条带状黑曜岩和玛瑙有明显的区别。

#### (三) 菊花状黑曜岩

菊花状黑曜岩的黑色基质中分布着晶态二氧化硅构成的白色斑块(图13-7)。这些白色斑块的分布特征类似菊花的形状。

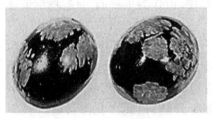

图13-7 菊花状黑曜岩

有些黑曜岩变种在某些情况下可显示耀眼的光泽,原因在于岩石中含有许多微小的高反射率包裹体。浑圆状小块黑曜岩称为"黑曜岩珠",通常为半透明,灰至暗灰色。

### 四、成因和产地

#### (一) 黑曜岩

黑曜岩是岩浆在地表低压条件下迅速冷却而形成的,通常是在岩浆遇到湖泊或其他水体而迅速冷却的条件下形成的。黑曜岩分布于世界各地。较著名的产地有墨西哥、新西兰、冰岛、匈牙利、希腊,以及美国的加利福尼亚州、怀俄明州等地。我国产地主要有河北张家口和东南沿海等许多酸性喷出岩分布区。

#### (二) 玻璃陨石

玻璃陨石是一种外观很像黑曜岩的天然硅酸盐玻璃物质,在大陆表面较为多见。玻璃陨石似圆形的水滴状、纽扣状、哑铃状和纺锤状等,表面有坑槽,这种坑槽是熔化后在冷凝过程中由空气动力造成的。

玻璃陨石在世界各大洲的许多地方都有发现,但主要集中于亚澳区,捷克斯洛伐克的莫尔达维地区,北美的贝迪亚、乔治亚和巴巴多斯地区以及非洲的象牙海岸等地。我国的玻璃陨石主要分布于海南岛和广东雷州半岛。

据记载,唐代以前广东雷州地区将玻璃陨石称为雷公墨。对玻璃陨石的成因,最初认为是火山玻璃,随后认为是月球火山喷发或彗星等外来天体陨落的产物,是一种陨石。

最近几年来,人们研究发现玻璃陨石的源岩并非地外物质,而与地表分布最广的长英质岩石很相似。

### 五、海南岛玻璃陨石

海南岛玻璃陨石主要由 $SiO_2$ 和 $Al_2O_3$ 组成,两者所占比例高达85%以上。它们的化学特征是 $SiO_2$ 的含量高(71.89%~76.29%),CaO 和 MgO 含量低(分别为 1.16%~3.00% 和 2.20%~2.40%)。而且,其 $K_2O$ 和 $Na_2O$ 的含量较低,$K_2O$ 大于 $Na_2O$,$K_2O/Na_2O$ 比值为 1.52~1.64。$Fe_2O_3/FeO$ 比值为 0.102~0.115,MgO/CaO 比值为 0.85~1.91。

海南玻璃陨石这些特点与东南亚和澳大利亚散落区以及北美的玻璃陨石相似,表明它们可能具有相同的成因,同时也表明形成玻璃陨石的母体物质曾经历过熔融,易挥发性元素有所丢失,并在氧的分压较低的条件下迅速冷凝形成玻璃陨石。

据研究,海南岛玻璃陨石的原岩不是来自上地幔的物质,而是来自上地壳的物质,可能是来自陆壳上部富硅铝的较新的沉积物。海南岛玻璃陨石应属于亚澳群玻璃陨石,其源岩应为上部地壳富硅铝的物质,即较年轻的沉积物。

### 六、广西玻璃陨石

广西是我国广东雷州地区外的又一玻璃陨石散落区。广西玻璃陨石散落区主要分布于靖西、贵港、桂东南的博白县和桂西的田阳县、百色市,产于更新世地层中。

(一)基本特征

据陈世益(1996)报道,广西靖西的玻璃陨石见于海拔标高 500 m~600 m 的峰丛洼地中的残坡积红土层,特别是含铝土矿红土层的上部。贵港玻璃陨石则分布于海拔 110 m 的红土台地中,散布于三水型铝土矿上部。

广西靖西和贵港两地的玻璃陨石特征相同,石体呈大小不一的颗粒状、砾块状,形态各异,有椭球状、水滴状、牛轭状、弹头状、块状以及棒状等不规则形状。个体较大,长约 1 cm~4 cm,宽约 0.5 cm~3 cm,厚约 0.5 cm~2 cm。外表类似于核桃的外壳,呈墨黑色,具沥青光泽;新鲜断口呈贝壳状,强玻璃光泽,漆黑色。内部为均一的玻璃质,不透明,见不到任何晶质矿物颗粒,在石体边缘较薄处或沟槽之间的薄片,可见淡褐色或棕色半透明的玻璃质。外表十分粗糙,尖棱刺手,有密密麻麻的小圆坑、长短不一的刻痕和沟槽以及指纹状条纹等。小圆坑在每个玻璃陨石中都可以见到,直径为 0.5 mm~4 mm,深不足 1 mm。刻痕和沟槽宽 1 mm~2 mm,长 2 mm~6 mm,深 1 mm~3 mm,无方向性。

(二)主要化学成分

广西玻璃陨石的化学成分中 $SiO_2$ 的含量一般都大于 70%,$SiO_2$ 的含量与 FeO、MgO 的负相关关系是地球物质化学成分的重要特征。广西玻璃陨石化学成分的研究,为冲击地球成因说提供重要依据。

同时,广西玻璃陨石中 FeO、$Fe_2O_3$、$K_2O$ 和 $Na_2O$ 的质量分数低,且 $K_2O$ 大于 $Na_2O$,($K_2O+Na_2O$)质量分数近似于 FeO。这些特征被认为是形成玻璃陨石的母体物质受到过熔融的证据,易挥发性的元素挥发,并在氧分压较低的条件下迅速冷凝形成。

# 参 考 文 献

[1] 郭守国,施健.宝玉石学教程[M].北京:科学出版社,1998,24~35.

[2] 欧阳秋眉.翡翠的矿物组成[J].宝石和宝石学杂志,1999,1(1):18~22.

[3] 郑姿姿,王时麒.市场上一种常见的仿松石[J].珠宝科技,2001,1:40~43.

[4] 魏权凤,孔宪春,吴爱国.等.一种色泽秀丽的绿色符山石[J].陕西地质,1999,4:86~89.

[5] 杨伯达.中国和田玉文化叙要[J].岩石矿物学杂志,2002,21(增刊):1~2.

[6] 林嵩山.台湾软玉的种属及特征[J].宝石和宝石学杂志,1999,1(3):18~22.

[7] 张晓辉,吴瑞华.俄罗斯贝加尔湖地区软玉的岩石学特征研究[J].宝石和宝石学杂志,2001,3(1):12~15.

[8] 陈克樵,魏家秀.鸡血石与新血石原料——朱砂玉的研究[J].矿床地质,1996(S1):105~108.

[9] 陈美华,狄敬如.青海钙铝榴石玉的宝石学特征及其鉴别[J].珠宝科技,1998(2):50~51.

[10] 薛秦芳.天然欧泊、合成欧泊、塑料欧泊的鉴别研究[J].宝石和宝石学杂志,1999(6):49~52.

[11] 李娅莉.东陵石的宝石学特征与鉴别[J].珠宝科技,1997(2):21~25.

[12] 潘建强.绿松石的工艺性质及主要产出类型和特征[J].国

外非金属矿与宝石,1991(1):36~40.

[13] 谢意红,张珠福.加州软玉和缅甸软玉特征及矿物成分的研究[J].岩矿测试,2004,23(1):33~36.

[14] 珍源.菊花石"九龙百花屏"[J].上海工艺美术,2000,4:20.

[15] 张刚生,李家珍.来宾县二叠纪菊花石研究[J].广西地质,1999,12(2):40~46.

[16] 张守亮,崔文元.巴林鸡血石的宝石矿物学研究[J].宝石和宝石学杂志,2002,4(3):26~29.

[17] 欧阳秋眉.翡翠结构类型及其成因意义[J].宝石和宝石学杂志,2000,2(2):1~5.

[18] 杨梅珍,朱德玉,毛恒年.绿松石的优化处理及鉴别[J].珠宝科技,2004,3:58~63.

[19] 涂怀奎.河南宝玉石分布及其地质特征[J].河南地质,2000,18(2):92~96.

[20] 汤德平,曾耀南.福建华安玉的宝石学研究[J].宝石和宝石学杂志,2002,4(2):33~36.

[21] 雷威.贵州某地虎睛石的宝石学特征及加工研究[J].桂林工学院学报,2001,21(2):120~124.

[22] 汤德平,郑宗坦.寿山石的矿物组成与宝石学研究[J].宝石和宝石学杂志,1999,1(4):27~30.

[23] 包绍华.浙江昌化鸡血石的地质成因及鉴定特征[J].浙江地质,2002,18(1):82~86.

[24] 朱选民,蒋红旗,厉群勇.浙江省非叶蜡石型青田石的宝石学研究[J].宝石和宝石学杂志,2002,4(1):6~11.

[25] 栾秉璈.中国宝石和玉石[M].乌鲁木齐:新疆人民出版社,1999.

[26] 滕瑛,廖宗廷.昌化鸡血石的成矿构造背景及成因探讨[J].上海地质,2001,3:43~46.

[27] 周世全,江富建. 河南淅川的绿松石研究[J]. 南阳师范学院学报,2005,4(3):63~66.

[28] 李荣清,卫林芳,张迫新. 乌兰翠岩石矿物学特征的初步研究[J]. 湖南地质,1994,13(3):45.

[29] 钟华邦. 矽卡岩型符山石玉——回龙玉石矿的发现及玉石特征[J]. 矿产与地质,1996,10(4):256~258.

[30] 张娟霞,罗保平. 蓝田玉石矿地质特征及成因初探[J]. 陕西地质,2002,20(2):75~79.

[31] 王昶,申柯娅. 青金石玉石鉴赏与质量评价[J]. 珠宝科技,1999,3:50~52.

[32] 廖喜林. 宜昌玛瑙主要品种及其商用价值[J]. 宝石和宝石学杂志,1999,1(2):18~20.

[33] 陈世益. 广西的玻璃陨石及其裂变径迹年龄[J]. 广西地质,1996,9(3):25~29.

[34] 李荣清,卫林芳,张建新. 乌兰翠岩石矿物学特征的初步研究[J]. 湖南地质,1994,13(3):152.

[35] 张建洪,李劲松. 河南汝阳梅花玉的矿物学特征[J]. 岩石矿物学杂志,1993,12(1):76~86.

[36] 邱朝荣. 金沙江畔梅花玉[J]. 花木盆景,2002,5:38.

[37] 黄学雄,王长秋,王时麒,等. 白云石—伊利石质玉的宝玉石特征与相似玉石的鉴别[J]. 超硬材料与宝石(特辑),2002,14(4):52~55.

[38] 熊燕,翁楚炘,徐志. 白色软玉及其相似玉石的红外吸收光谱差异性比较[J]. 红外技术,2014,3:238~243.

[39] 鲁楠楠. 云南保山南红玛瑙与四川凉山南红玛瑙的对比研究[D]. 成都:成都理工大学,2018.

[40] 陈慕雨,兰延,陈志强,等. 广西大化"水草花"软玉的宝石学特征[J]. 宝石和宝石学杂志,2017,2:41~48.

[41] 朴庭贤,尹京武,闫星光. 贵州罗甸玉矿物学及成分特征[J]. 岩石矿物学杂志,2014,33(增刊):7-18.

［42］百度文库—https://www.baidu.com.

［43］天然玉石名称国家标准 GB/T 16552-2017.中华人民共和国国家质量监督检验检疫总局、中国国家标准化管理委员会.

# 后　记

　　本书是作者长期高校教学实践和科研工作的总结，是在参阅大量前人文献的基础上完成的。

　　本书在编写的过程中得到中国地质大学珠宝学院亓利剑教授、上海大学材料科学与工程学院翁臻培教授、上海理工大学鲁志昆副教授的指导和帮助，他们对书稿提出了许多中肯和宝贵的意见。

　　作者特别感谢上海大学出版社江振新先生和赵宇老师为该书的出版所做的工作。顾文、孙美兰、张桂莲、卢飞辰、卢新奇和卢周奇等同志进行了文献的查找、图片的拍摄与整理、文字的校对，并对该书稿进行了部分录入工作。在此，对他们的辛勤劳动，编者深表谢忱。

　　最后对本书所引用的参考文献的作者，编者在此一并表示衷心的感谢！

　　由于作者水平与经验有限，书中难免有错误和不足之处，恳请广大读者予以批评指正。

编　者

2021 年 1 月

# 附录一 天然玉石基本名称一览表

| 天然玉石基本名称 | 英 文 名 称 | 主要组成矿物 |
|---|---|---|
| 翡翠 | Feicui, Jadeite | 硬玉、绿辉石、钠铬辉石 |
| 软玉<br>　和田玉<br>　白玉<br>　青白玉<br>　青玉<br>　碧玉<br>　墨玉<br>　糖玉<br>　黄玉（和田玉） | Nephrite<br>Hetian Yu, Nephrite | 透闪石、阳起石 |
| 欧泊<br>　白欧泊<br>　黑欧泊<br>　火欧泊 | Opal<br>White opal<br>Black opal<br>Fire opal | 蛋白石 |
| 石英质玉<br>　石英岩玉<br>　玉髓（玛瑙/碧石）<br>　硅化玉（木变石/硅化木/硅化珊瑚） | Quartzose jade<br>Quartzoite jade<br>Chalcedony(Agate/Jasper)<br>Silicified Jade(Silicified Asbestos/SilicifiedWood/Silicified Coral) | 石英 |
| 蛇纹石<br>　岫玉 | Serpentine<br>Xiu Yu, Serpentine | 蛇纹石 |
| 独山玉 | Dushan Yu, DushanJade | 斜长石、黝帘石 |
| 查罗石 | Charoite | 紫硅碱钙石 |
| 钠长石玉 | Albite jade | 钠长石 |
| 蔷薇辉石 | Rhodonite | 蔷薇辉石 |

续 表

| 天然玉石基本名称 | 英 文 名 称 | 主要组成矿物 |
|---|---|---|
| 阳起石 | Actinolite | 阳起石 |
| 绿松石 | Turquoise | 绿松石 |
| 青金石 | Lapis lazuli | 青金石 |
| 孔雀石 | Malachite | 孔雀石 |
| 硅孔雀石 | Chrysocolla | 硅孔雀石 |
| 葡萄石 | Prehnite | 葡萄石 |
| 大理石<br>　汉白玉<br>　蓝田玉 | Marble<br>Marble<br>Lantian Yu, Lantian Jade | 方解石、白云石<br>蛇纹石化大理岩 |
| 菱锌矿 | Smithsonite | 菱锌矿 |
| 菱锰矿 | Rhodochrosite | 菱锰矿 |
| 白云石 | Dolomite | 白云石 |
| 萤石 | Fluorite | 萤石 |
| 水钙铝榴石 | Hydrogrossular | 水钙铝榴石 |
| 滑石 | Talc | 滑石 |
| 硅硼钙石 | Datolite | 硅硼钙石 |
| 羟硅硼钙石 | Howlite | 羟硅硼钙石 |
| 方钠石 | Sodalite | 方钠石 |
| 赤铁矿 | Hematite | 赤铁矿 |
| 天然玻璃<br>　玻璃陨石<br>　黑曜岩 | Natural Glass<br>Moldavite<br>Obsidian | 天然玻璃 |
| 鸡血石 | Chicken-blood stone | 血：辰砂；地：迪开石、高岭石、叶蜡石、明矾石 |

续 表

| 天然玉石基本名称 | 英 文 名 称 | 主要组成矿物 |
|---|---|---|
| 黏土矿物质玉<br>　寿山石<br>　青田石<br>　巴林石<br>　昌化石 | Clay minerals Jade<br>Shoushan Stone, Larderite<br>Qingtian stone<br>Balin stone<br>Changhua Stone | 迪开石、高岭石、叶蜡石、<br>伊利石、珍珠陶土等 |
| 水镁石 | Brucite | 水镁石 |
| 苏纪石 | Sugilite | 硅铁锂钠石 |
| 异极矿 | Hernimorphite | 异极矿 |
| 云母质玉石<br>　白云母<br>　锂云母 | Mica Jade<br>Muscovite<br>Lepidolite | 云母<br>白云母<br>锂云母 |
| 针钠钙石 | Pectolite | 针钠钙石 |
| 绿泥石 | Chlorite | 绿泥石 |

# 附录二 常见玉石的主要检测数据一览表

| 玉石名称 | 晶系 | 组成矿物 | 折射率 | 摩氏硬度 | 密度/($g \cdot cm^{-3}$) | 放大检查 | 备注 |
|---|---|---|---|---|---|---|---|
| 翡翠 | 单斜 | 硬玉 | 1.66~1.68 | 6.5~7 | 3.34左右 | 纤维状、粒状变晶结构（"翠性"结构） | |
| 软玉 | 单斜 | 透闪石 | 1.60或1.61 | 6~6.5 | 2.80~3.10 | 质地细腻。毛毡状结构、杂质少 | |
| 蛇纹石玉 | 单斜 | 蛇纹石 | 1.560或1.570 | 2.5~6 | 2.57左右 | 质地细腻、常见白色棉绺"石花" | |
| 玛瑙 | 三方 | 石英质玉 | 1.53或1.54 | 6.5~7 | 2.66左右 | 隐晶质结构、环带构造 | |
| 玉髓 | 三方 | 石英质玉 | 1.53或1.54 | 6.5~7 | 2.66左右 | 隐晶质结构、颜色均匀 | |
| 木变石 | 三方 | 石英质玉 | 1.53或1.54 | 6.5~7 | 2.66左右 | 纤维状包体 | 有猫眼效应 |
| 东陵石 | 三方 | 石英质玉 | 1.53或1.54 | 6.5~7 | 2.66左右 | 鳞片状、星点状绿色包体 | 查尔斯滤色镜下红色 |
| 独山石 | — | 斜长石黝帘石 | 1.560~1.700 | 6~7 | 2.7.3.09 | 杂色多，交织变晶粒状结构 | 查尔斯滤色镜下红色 |
| 绿松石 | 三斜 | 绿松石 | 1.61 | 5~6 | 2.76左右 | 不规则白色脉纹，褐黑色铁线 | |
| 孔雀石 | 单斜 | 孔雀石 | 1.654~1.909 | 3.5~4 | 3.95左右 | 同心层状深浅环带结构 | 孔雀绿色 |

续表

| 玉石名称 | 晶系 | 组成矿物 | 折射率 | 摩氏硬度 | 密度/$(g \cdot cm^{-3})$ | 放大检查 | 备注 |
|---|---|---|---|---|---|---|---|
| 青金石 | 等轴 | 青金石 | 1.50左右 | 5~6 | 2.75左右 | 金黄色点状黄铁矿、蓝白斑杂色 | 查尔斯滤色镜下褐色 |
| 火欧泊 | | 非晶质体 | 1.37 | 5~6 | 2.15左右 | | 紫外荧光为无至中等的绿褐色,可有磷光 |
| 方解石 | 三方 | | 1.486~1.658 | | 2.70左右 | | 粒状结构或纤维状结构,遇盐酸起泡,有"阿富汗玉"、"汉白玉"等称法 |
| 玻璃陨石 | | 非晶质体 | 1.490左右 | 2.36左右 | 5~6 | | 表面常有高温熔蚀的结构,内部圆形和拉长的气泡,俗称"莫尔道玻璃"、"雷公墨"等 |
| 火山玻璃 | | 非晶质体 | 1.490左右 | 2.40左右 | 5~6 | | 常见晶体包括似针体包体;带白色斑块者被称为"雪花黑曜岩" |